# 目之所及

张佳晶 著

东华大学出版社

2022年，高目成立25周年，
也就是当年的FROM25工作室满25周岁了。

这一年发生了很多大事，是我们每一个人的"大年"。
台风梅花从上海市中心大摇大摆地穿过，破了上海一直引以自豪的所谓的结界，
让上海这个一直觉得自己跟其他地方会不一样的城市终于认识到，
在强大的力量面前，大家没有什么不同。
这一年也经历了我来沪以来最炎热的酷暑和与之伴随着的最漫长的静默。
在这一年里，很多人也从来没有像现在一样那么期待过一个宣判，
那个大盒子里的结果就像薛定谔的思想实验一样——
我们都是那只由薛定谔方程式决定的猫。

在2015年高目18周年成人礼的时候，我觉得未来的时间似乎还如水流淌、缓慢悠长，
就信誓旦旦地给7年后的高目25周年定下目标：搞一场回顾的展览，
开一场小型的摇滚live——纪念工作室25周年的同时也顺带为自己50周岁庆生。

而这一切想法，在对现实心灰意冷的情绪中，被我放弃了。

最后我选择了"出一本书"作为一个交代，也算一个悠长的仪式。

编书既是一个整理过程，也充满着对未来的展望，
同时也是遥遥无期的静默日子里的一个消遣。
我就利用封控在家的三个月，选择了高目的25件事作为纪念专辑的架构，
整理修改旧文以及重新编撰新文——每件事可以是一个建成作品的阐述，
可以是一组未建成项目的回顾，也可以是一个研究行为，甚至只是一篇纯文章。

而每一件事都在5×5的25宫格里对应着一个数字，
这25个数字背后蕴含的数理关系，也基本概括了高目的设计哲学。

我们不想简单地做一个25年的回顾"作品集"，
而是更想做一本有血有肉的"故事会"，高目留下的作品不少——但故事更多。
因为在这许多年里左冲右突，孤军奋战，也尝试着将自身纳入某个系统，
怎奈各个系统的兼容性都很差，高目终究还是执拗地活成了另类。

高目的含义从字面来看,可以是高瞻远瞩,可以是眼高手低。
但很多做过的事情被时间证明了,
高目曾经在专业上的那些胡思乱想、天马行空几乎无一例外地都成为了预言。
因此在不被理解的任何时刻,我们都开放着数据库,坚守我们的信念,
兼容着那些"目之所及"的理性和"心之所向"的感性。

高目的25年回顾是在目外工作室完成的,那此书的大名就叫做"目之所及"吧;
而25周岁创办的工作室的25周年的25件事则变成一个公式 —— "25 + 25×25",
成为了这本书的小名和注解。

张佳晶
2022年9月12日
于上海

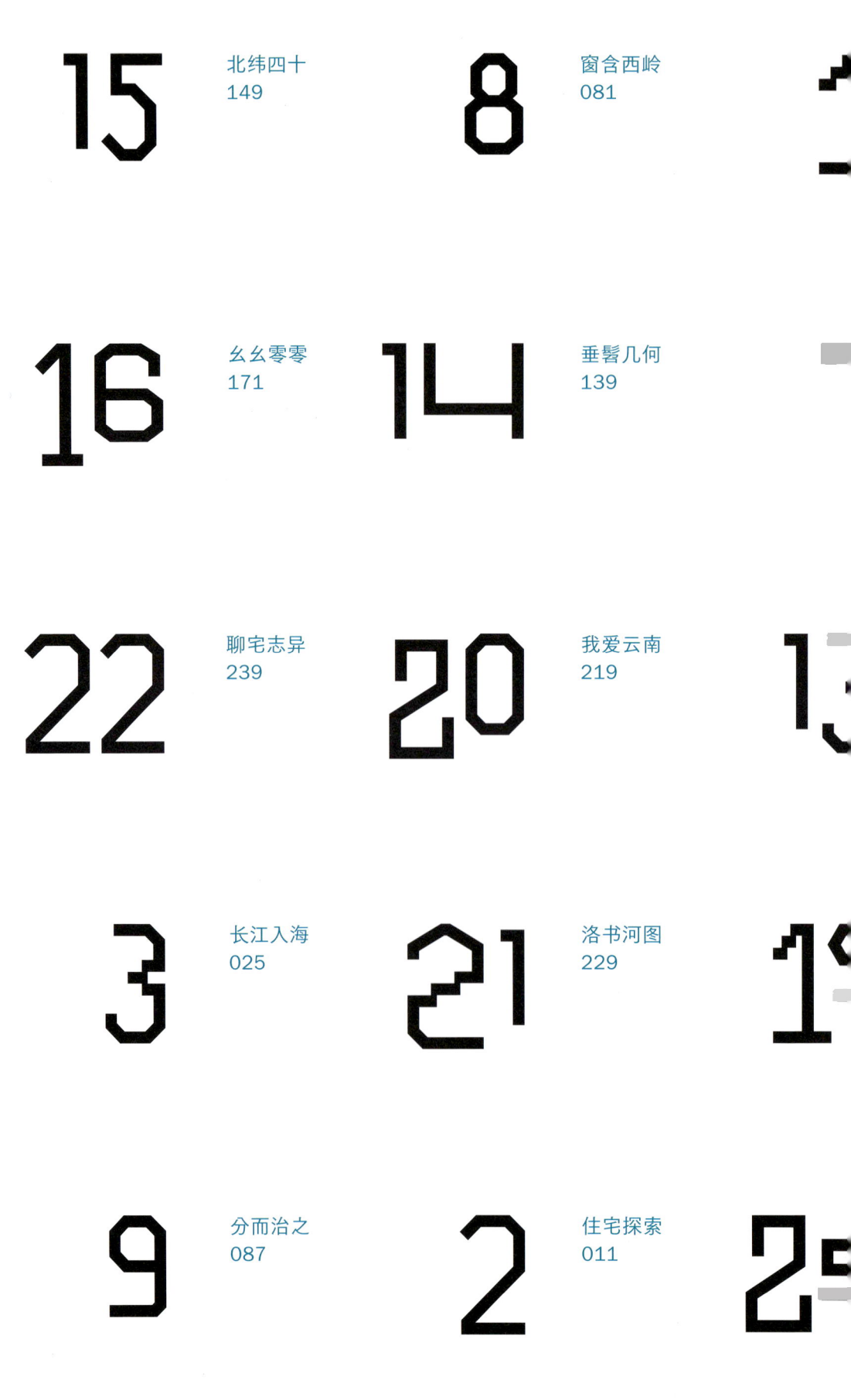

| 15 | 北纬四十 149 | 8 | 窗含西岭 081 |

| 16 | 幺幺零零 171 | 14 | 垂髫几何 139 |

| 22 | 聊宅志异 239 | 20 | 我爱云南 219 |

| 3 | 长江入海 025 | 21 | 洛书河图 229 |

| 9 | 分而治之 087 | 2 | 住宅探索 011 |

高目之春
001

西岸以西
265

装置艺术
183

天空之城
065

地产实践
041

致敬江南
255

上海之鱼
029

潮浦之畔
055

壹叁陆玖
031

鳌耋南桥
011

见贤思齐
119

比白更白
095

阿法狗
079

在水一方
203

白的拼配
109

# 高目之春

## 1

### 德富路中学

时间：2010—2016
地点：上海市嘉定区
人物：张佳晶、赵玉仕、徐文斌、易博文、孙永刚、SJW

# 德富路中学

高目的春天是从2016年的冬天开始的。

那年的一月份据说是上海几十年来最冷的一个月份，因为阳光特别好，我和苏圣亮就约在了这个最冷月的最冷一天，去了德富路中学现场，准备拍摄建成定妆照。德富路中学是高目最重要的作品之一，我们的作品空窗期也随着德富路中学历时六年的建成而结束。在那之前的几年里，高目几乎没有什么像样的建成作品。一些零星的闪光点诸如北京塞纳维拉住区、上海外高桥港系列建筑、新江湾城邻里中心、永业公寓二期，不可谓做得不好，但总和标准意义上的好作品相去甚远。

德富路中学建成后，我们像开了挂一样，在两年里陆续实现了龙南佳苑、福临佳苑、奉贤老年大学、目外工作室、奉贤市民中心天幕等作品，其实也都是前几年同时进行的或缓慢、或搁浅的项目。后面几年虽说放慢了速度，但也建成了临港双限房、临港湖滨天地等大型项目和浦东三桥、奉贤思贤小筑、奉贤三桥、那年那天婚庆岛、西岸听风台等小型项目，当然最近建成的还有阿那亚犬舍。高目的重要项目，几乎都产生于这六年。

因此，德富路中学的诞生使高目有了春天到来的感觉。

德富路中学项目的获得和新江湾城邻里中心有一定的关系。在邻里中心竣工并拍完照之后，我把一些方案和刚建成的邻里中心做了一个简单作品集，印了几本小册子，分发给公司合作过的老客户、老业主和一些政府领导，目的是自我炒作一下。

结果过了几天，我在睡眼蒙眬的早上接到了嘉定新城公司的电话，问我有没有设计过学校，我那时候还没有完全醒来，说道："设计倒是设计过很多，但那是很久以前了……而且都没实施，可能做得也不是非常好。"她就"哦"了一声，把电话挂了——中午醒来，我其实抽自己的心都有。

谁知,过几天再去该公司配合别的项目时,就被通知要做一个初中的设计,说是领导钦点的,这时候我才庆幸自己的实在——只要你不低估人家的智商,人家就不会泯灭你的能力。

其实在这之前,我们在学校设计方面已经积累了很多经验和想法,以及基于对标准范式的厌恶从而产生的对新类型的研发。学校是个"规范"非常复杂和"习惯"思维非常强大并且很多东西难以触碰的建筑类别,但是由于多年以来的设计一直被大院垄断,并被保守的教育部门和审批部门严格管控,"习惯"成自然,很多要求都是很严格甚至提级的,"不宜"和"不应"都是"不应"——我这里要提的是,并不是要违背法规,有些规范我们必须严格执行比如人员安全、日照时间、采光系数、窗地比、通风、噪音、消防、交通等——我们只是想突破一点点"习惯"。

对自由的渴望和对传统行列式的厌恶直接反映在德富路中学田字型的布局中,方形内院的尺度保证规范要求的25米见方——南北向为主要教室,东西向为功能教室。相比行列式加连廊串联的格局,田字型建筑的空间交互方式在四面围合和双廊交叉联络的组合下大大增加。建筑从一层到三层根据阳光的照射角进行错落,满足日照的同时还保证每层教室都有就近的屋顶平台和就近的楼梯。当时偏激的我还提出了两个反流行操作的要求:一是外立面不能用穿孔板;二是必须好好地开窗。

至今为止,我依然认为德富路中学是个设计密度相当高的作品,这么低造价的前提下,没有一处吊顶和立面穿孔板的情况下,能藏好所有的空调冷媒管、冷凝水管、雨水管、电缆桥架——尽管它看上去施工有些粗糙。

最初我抛出设计给同行的时候,迎来了很多不同的反应,当然最经典的反应是师兄章明看到方案后惊喜地问我:"这方案居然报批通过了?"

从工程可行性研究就开始的报批阻力一直持续到施工图审图,每个评审阶段都要回答这些同样的问题,比如:采光通风、田字布局、正方形教室、半地下食堂、双廊设置、过多的楼梯……一个小小的教育建筑设计带来的一些触碰价值观的超强反应，出乎我的意料，但思量之下也觉得正常。这就是我们的社会心态，没人鼓励你创新，我们的生活就是在"不宜"与"不应"之间。

在一些方案评审会上，专家们说，教室的尺寸是他们这辈建筑师一厘米一厘米算出来的，怎么可以轻易改变，我听到这的时候就特别反感。上海市的初中教室建筑示意图是9.6m*7.5m，这是教育建筑圈子里约定俗成的规范，但是我所设计的是正方形教室（8.5m*8.5m面积相等），教育局和专家说不行。我只好把教室座位排布图画出来给他们看，并用软件计算了采光系数。"你这个传统的教室可以，那我这个正方形的教室也可以，不管是国家规范50个人还是上海规范45个人，都能够满足间距、视角、光线等要求。"初中生已经长大了，他们也会有换衣服的时刻，因此，我在每个教室旁边额外加了一个衣帽间，这就是对他们的尊重——这个设计也是双线网格布局额外带来的好处。

而莫比乌斯环一样的外形设计，也遭到很多专家的诟病，因为坡道楼梯很多，专家就说不安全，容易发生踩踏。其实这是一个惯性思维，我告诉他们是——"楼梯少了才会踩踏"。

外墙立面材料采用的是传统干粘石的做法（因为十块钱的差价，建设方不肯用更耐久的水洗石），教育局就认为容易蹭伤学生。这想法很幼稚，这种材料在国外和上海的风貌区比比皆是，但是代表孩子家长的教育局却认为，只要墙面是粗糙的，就一定会受伤。我只好现场亲自演示，拿手去使劲地蹭这个事先做好的小样，用自己蹭过的手出示给他们看，告诉他们这样不会受伤，而且之前类似材料也没听说孩子被蹭伤的案例。我在一个面对德富路初中生的讲座里说过："你们要是谁能被这样的墙面蹭伤，你们可以转学去特殊学校。"

教室面对走廊设计的是低窗台，教育局开始也不同意，说窗台太低会影响孩子的学习。其实，孩子的成绩好坏跟窗台高低能有什么直接关系？而窗台高低关乎性格的形成，健全的人格来自于不受桎梏的少年时代——"初中男生一定要在教室里瞟得到隔壁班马尾辫女生走过的身影。"

而走廊外栏板的高度规范是1.1米，但教育局就要求做到1.5米，说是怕孩子

005

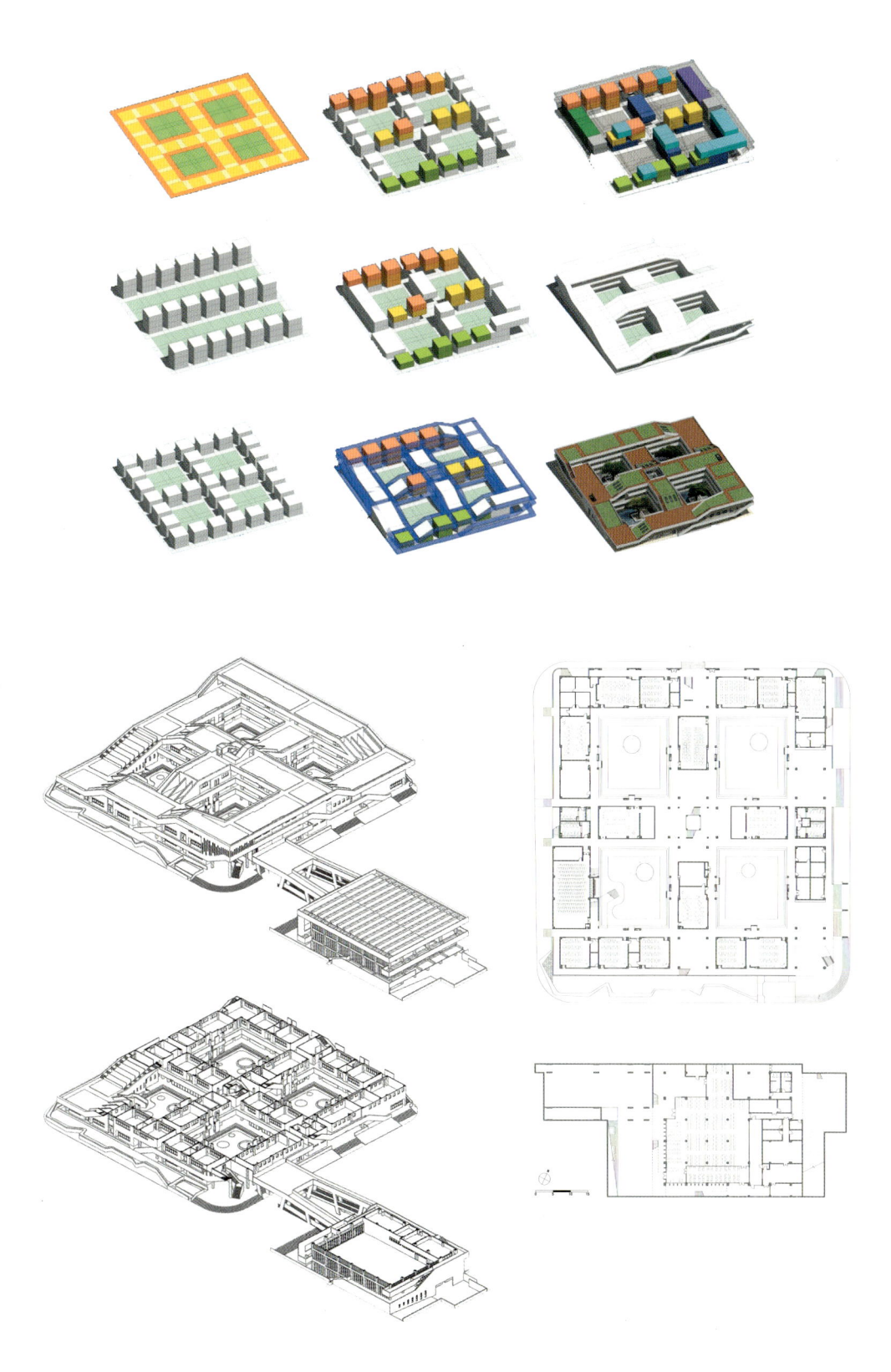

跳楼。但是我跟他们争辩说1.5米也能跳得下去，爬过去不就跳下去了吗？后来经过协商只好折中到了1.25米。风雨操场没有设置外窗，是用细密变化的混凝土立板加金属网隔起来的，空气可以直接流通进来。这也被人质疑，他们觉得这样的设计没有全封闭的好。其实风雨操场，只要能遮住雨就可以了，参加体育活动的时候，能感受到风，看得到阳光，感受大自然的感觉是美妙的。而且上海也不是非常寒冷的地区，半室外体育活动完全可以接受。

还有一个半地下的食堂，也曾经成为争论焦点。为了把整个学校的几个功能交互做得顺畅，我们特意将教学楼和辅助楼错了半层，形成一个顺畅的变标高的无障碍之字形交通。虽然半地下食堂抗议声很大，因为规范没有明令禁止，所以也就坚持了下来。直到项目完成，看到明亮的半地下食堂成品之后，建造方才明白原来半地下食堂是这个样子。

应对最严苛的日照规范也不是去对抗它，因为不满足日照计算根本通过不了报批和审图。田字型布局中采用"需要算日照的普通教室南北向布置，不需要算日照的功能教室东西向布置"的方式，转角处的底层如有日照问题可以通过架空或设计成辅助用房等特殊处理来完成。

项目在六年过程中暂停过很多次，比如领导调任、土地转性、造价超支（主要是因为人工费用和社保的提高）等，当年在写《谈点建筑好不好》的时候，学校都还没有开工。

但事情的发展中也不是一点好运气都没有，抽签抽到的施工图审图公司偏巧隶属于我同学的设计院，而我同学在里面大小也是个官儿。我心想：同学给打个招呼，终于不会被"审屠"了。在得到这个消息的时候，我只能理解成老天眷顾我，觉得这个项目的挫折已经足够多了。

可第一次见到审图建筑负责人的时候，我还是被泼了一盆冷水，老先生说："操场为什么不能南北向？教室为什么不是标准尺寸？日照有没有问题？……"又来了，但是我越熬到最后内心就越皮实，就耐心委婉地解释了方案。在我最终说服他之后，他还安慰我："你何苦呢？给自己找那么多麻烦。"

但最后，审图公司还是通知我：让教育局领导开个证明吧，证明他们同意这样的设计。

我认为，德富路中学的设计过程就是一首粗粝的摇滚乐。

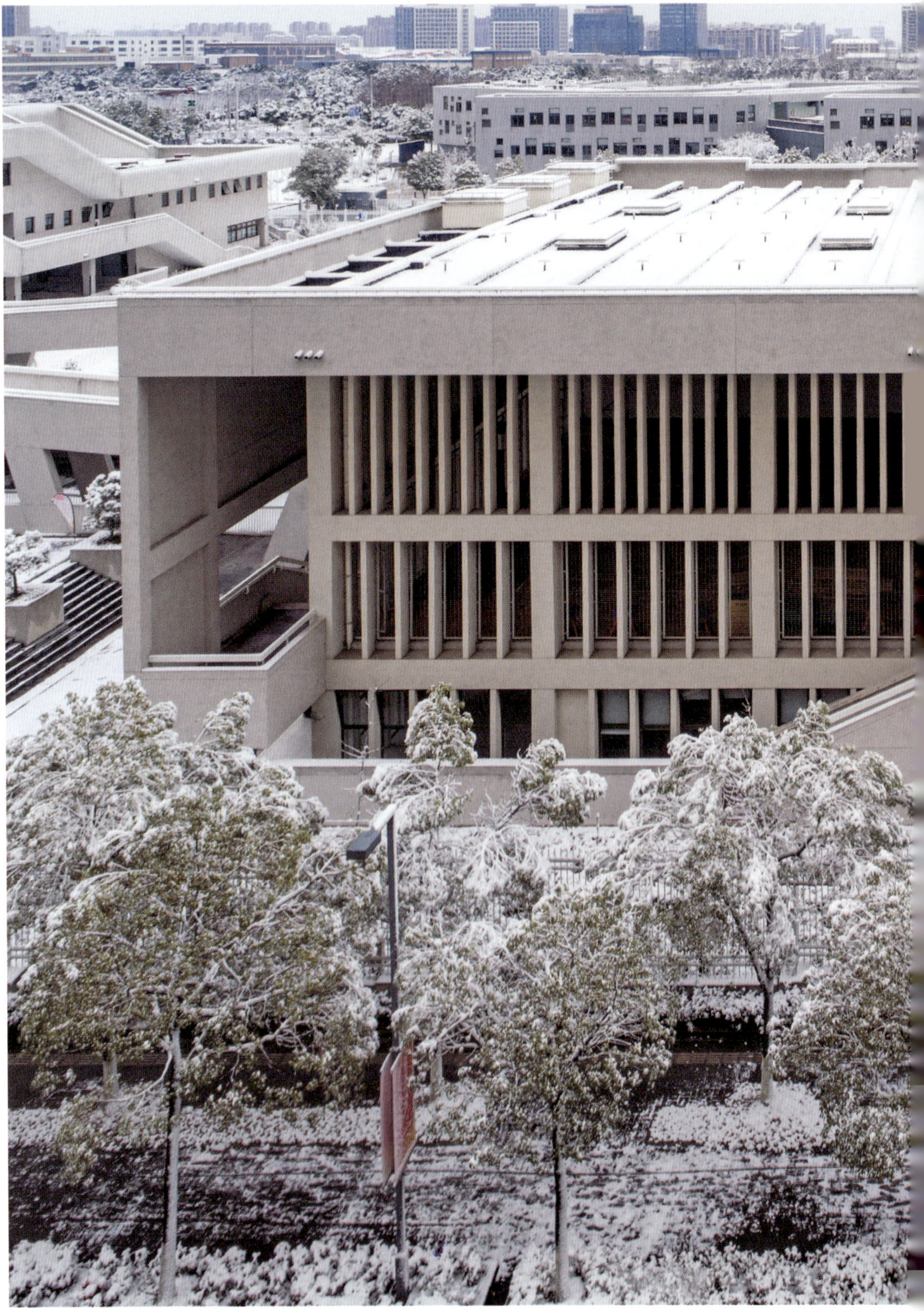

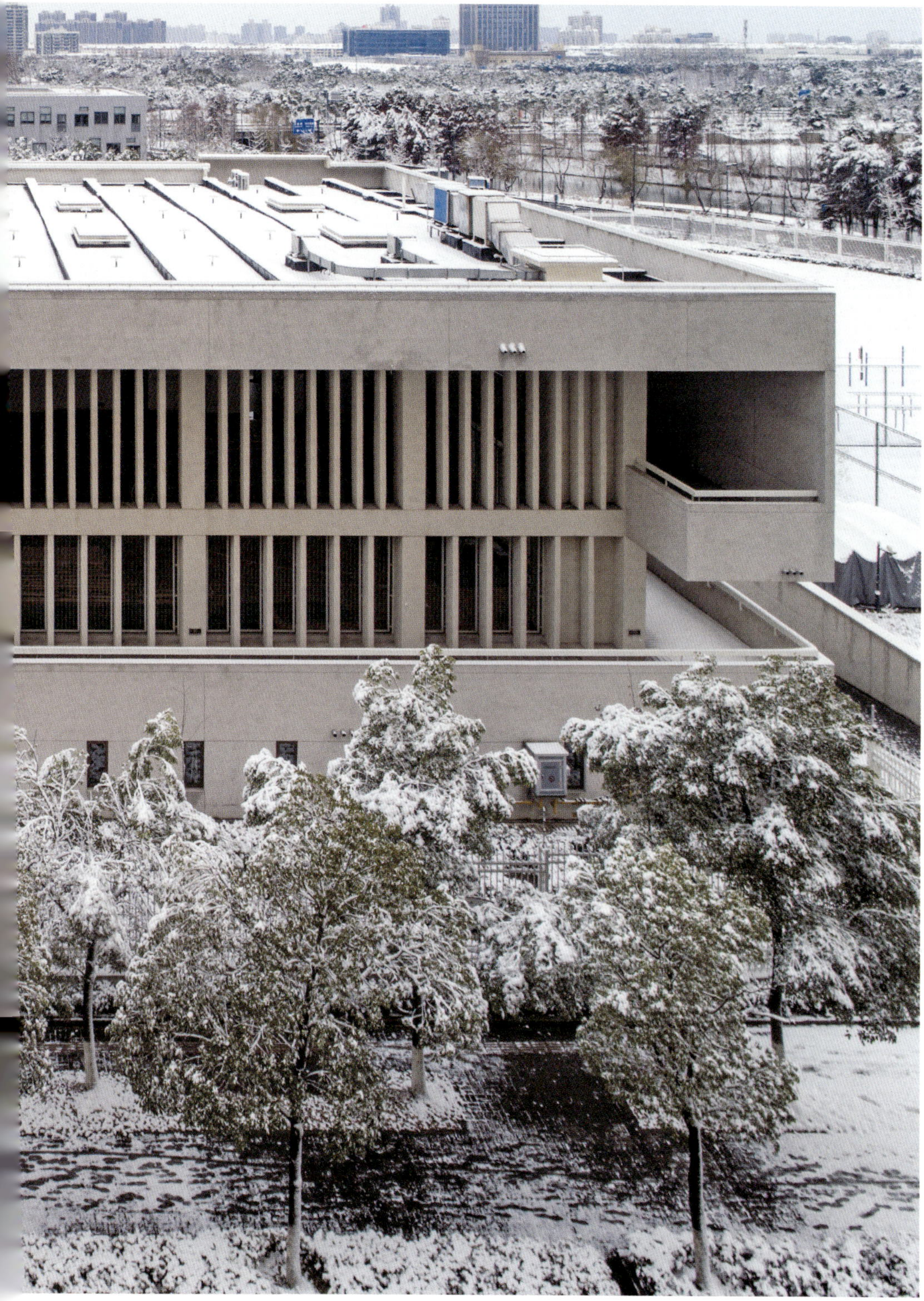

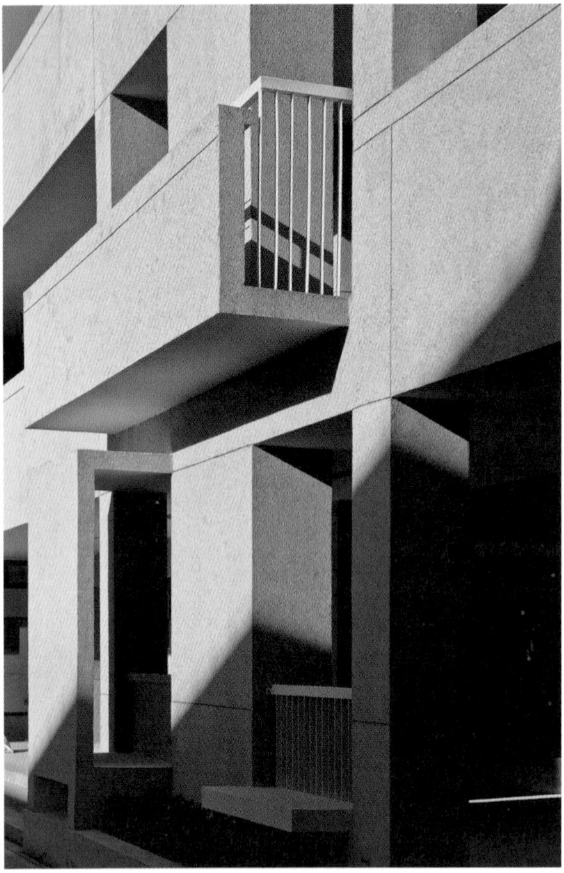

# 住宅探索 2

### '96上海住宅设计国际竞赛
时间：1996—1997
地点：上海市
人物：张佳晶、蒋力航、马捷、陈伯清、张轶群

### 塞纳维拉
时间：2000—2003
地点：北京市朝阳区
人物：张佳晶、张弘、袁青、施爱华、蔡海骏、汤烨

# '96上海住宅设计国际竞赛

2011年8月12号我生日那天,我在豆瓣写下这么一段文字:

今天是我的生日,无意中在整理网站资料的时候翻到1996年的上海住宅设计国际竞赛获奖方案,回想起Charles Correa当年力挺我的获奖方案的过往,和24岁的声色犬马的生活,我不胜唏嘘。令人欣慰的是,时隔15年,我们的竞赛方案里关于居住和城市的思想依然是当下并不落后的理念。我们当年灵光乍现的方案被Charles Correa先生误认为我是从国外学习归来的人,那句"Are you living in China?"至今依然受用,就用我当年青涩的蹩脚英文回答的"Yes, I living in shanghai!"作为我送给自己的生日礼物吧。

参加当年的住宅竞赛完全是因为创业初期没有什么事情做,只是一次偶然的机会在新民晚报的一个豆腐块上看到了竞赛的信息,发现离竞赛截止日期还有半年,就决定了参加这次上海历史上最高级别的住宅设计竞赛了。

当时的我们,在和陈伯清老师(当时是陆家嘴开发公司总建筑师)的交流中,或多或少地接触了一些比较国际化的思维和一些接地气的设计手段。因为那些来自陆家嘴项目中翻云覆雨的国际大师的思想,经过陈伯清老师没有任何理论修饰的转述,到我这,就成了一本略有残破的武功秘籍。

因此在竞赛的前期,我们三个人(我、蒋力航和马捷)主要是先"聊","聊"设计这个前戏成为我们团队后来做事情和做设计中很重要的一步,就是几个参与人员通过简单的聊天,看清这个事情或者设计任务的本质,再决定方向和手段。我们当时聊到现有小区的优缺点的时候,忘记谁提出的:"为什么有的小区走进去感觉就很舒服?哪怕立面不好看,绿化很一般。"

我们说的那些舒服的小区一般都是指老上海的新建小区,由于历史原因,不可能大规模成片开发,一般都尺度很小,形态混合。最后,我们将答案锁定在"尺度"上(现在也可以叫颗粒度),也就是说,人能感受组团的适宜度与尺度规模有关。这也解释了当时流行的300~400米郊区路网形成的住区那种缺乏人情味的原因。

而我们竞赛的基地恰恰是这种300~400米的路网构建的郊区地块。

于是，我们在当时的白板上画下了那个十字架草图，这种缩小了组团规模后的网格与车行网格，不但重构了住区，也重构了城市。这个结果出来后，我们实在是太兴奋了，马上将这个好消息告诉了陈伯清老师。

没想到陈伯清老师没觉得这个想法怎么好，过两天还带来一张草图，是强调上海里弄肌理的草图，说竞赛要结合本地的文脉。这下我们为难了，一边是恩师，一边是割舍不下的好构思。当然，老师不愧是老师，他看到我们为难后，想了个办法，分别请一两位评委，匿名汇报然后内部投票。

为了显示公平，在我们找来的老中青都有的专家团面前，由陈伯清老师将两个方案一起汇报，这样不会诱导评委。结果，我们的方案胜出。陈伯清老师沉思良久，说："那就按照你们这个深化好了，我来给你们讲一些竞赛要注意表现的点，你们好好听着。"

Charles Correa先生问我的那句："Are you living in China?"是在竞赛进入初选后的展览厅里，他拉着另一名评委大老远地专门来到我的模型面前，看到我是设计师后才问我的一句。而我的回答，也就是由于紧张和大师被其他粉丝簇拥没有时间继续理我的这仅此一病句："Yes,I living in shanghai!"。

颁奖的当天我们被通知要参加，但没有被通知是否获奖。竞赛一共设了三个等级20个奖，当评审主席念完了18个获奖机构后，几乎在最后才念出了我们的名字。

竞赛获奖成为我的职业生涯中方向性的一步。

以下是当年竞赛出版物的原文：

论语云："里仁为美"。
里：居住区。
仁：人情味。

人情味包含两方面的含义：居住首先应该是私密的（对个人而言）；居住其次应该是开放的（对小区而言）。私密和开放的选择权在于居住者本身，而不在于设计师；设计师的义务是给居住者选择的权利。

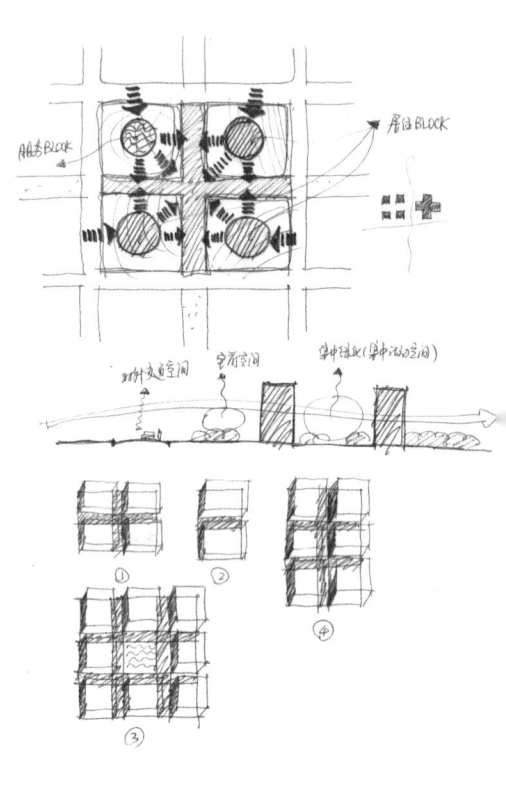

前庭后院

试想抛开一些已有的模式——我指的是设计师的模式——为的是多想想居住者的想法。

当你站在居住者的角度去看很多设计师的作品时，你肯定会讨厌那些设计师强迫你走没必要多走的路，你不会喜欢设计师自认为得意而让你必须经历的空间。所有的人只想尽快地回到他们自己的家；还有去朋友家吃饭要在有一百多个单元的小区内寻找他家的门牌号是件无聊的事情。我也尝试在一片很好看的集中绿化上走了一会，但我觉得不很轻松，因为周围来往的车和人与我的心情是不同的。……我更不想去感受那些只能在平面图上感受的诸如大圆弧之类的形式……

10公顷的居住区有四个出入口，与四块2.5公顷的小区各有一个独立的出入口，给人的领域感是不同的。对于住宅来说，地面上车辆的交通面积应该更多地考虑与环境的结合和渗透，单纯的交通是一种浪费。车辆的安置对未来的社会来说是个重要的问题。

绿化的位置决定了它的使用率。如果是处在小区的中心，四周道路环抱的大绿化，得意的只是设计师在看到模型的一刹那。如果绿化是近人的，很小的面积也会出来不凡的效果。关于集中绿化，我的出发点也是优先考虑它的用途，并在它周围的介质设计上力求创造符合中国人思想的一种安静的感觉，大概我希望有一种"前庭后院"的感觉吧。这是年轻建筑师们经常在一起进行非专业讨论时的一些感受。

三加一居住模式——居住小区与居住重构

我在虚拟的城市居住区道路网上重叠一个由一条条绿色走廊构架的绿化网络，相当于在每个方形居住块上划了个绿色的十字，道路网与绿化网错位所产生的小地块难道不正是我们想要的吗？兴奋之余，我发现所想的几乎在这个"田"字型的图形中全部包含了。

四块更小的组团对外有独立的交通，使各自的门牌号管理可相对独立，进户的方式非常直接明了，每个小组团可作为独立的上海旧里弄方式进行划分。在每个小组团中，私密性、认知感、归属感、领域感明显加强，居住者说："我几乎是住在只有几栋房子的小院里。"这就是缩小了小区规模带来的好处，这里推荐的是4公顷左右的规模。

十字型的部分是绿化，包围它的介质不是道路，是住宅，也就是说是人而不是车，为什么我总是强调人活动的绿化要远离车辆，因为我始终认为开车与躺在草坪上晒太阳是两种不同节奏的生活。四块可建造区与一个十字型绿化（实际是包含活动的场地）是融合相通的，是互补的，是互相限定的。

之所以是"三加一居住模式"，是因为有一定规模的住宅就必须有一定的服务于它的配套用地，这中间当然包括学校、幼儿园、商店以及物业管理等，但"三"和"一"是定性的概念，而不是规模大小，都可以根据不同情况进行类似的重构。其在城市意义上就是居住区的绿地系统、道路系统、居住地块的划分；对每个街坊来说就是小区的绿化、住宅、道路的划分。

多元化活动——多元化需求

上海是个国际性大都市，随着社会活动的日趋复杂化，人的行为心理及性格特征在国际化大趋势的前提下，又存在着各种各样的个体差异。人们的活动内容、对空间的需求及感受、活动的时间都随年龄、性别、职业、健康等条件的不同而不同，因此在住宅规划设计中，多元化的空间、多元化的组团、多元化的房型、多元化的活动方式在本构想中有了充分实现的可能性。在以人为本的前提下，我们试图提出一种"以家为本"的概念，因为居住区中最重要的单位是"家"。

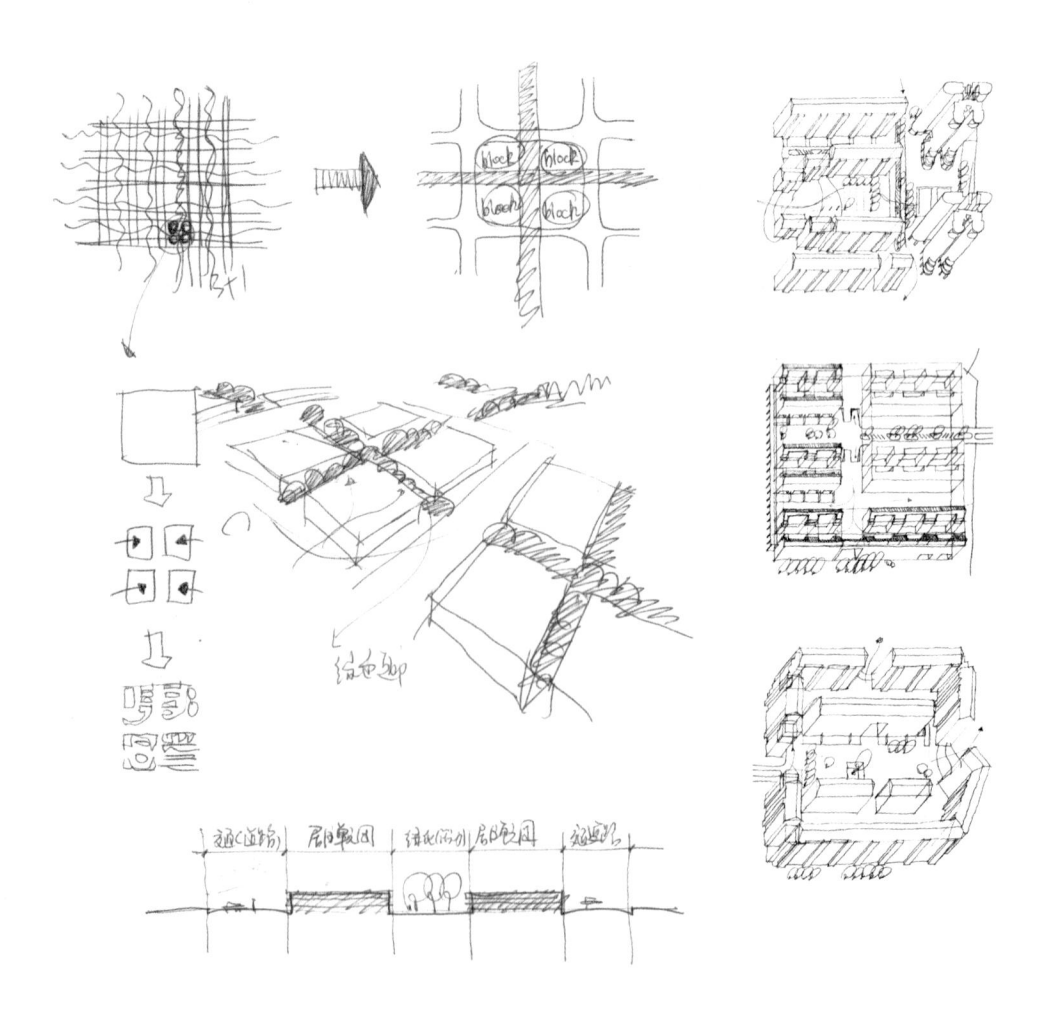

017

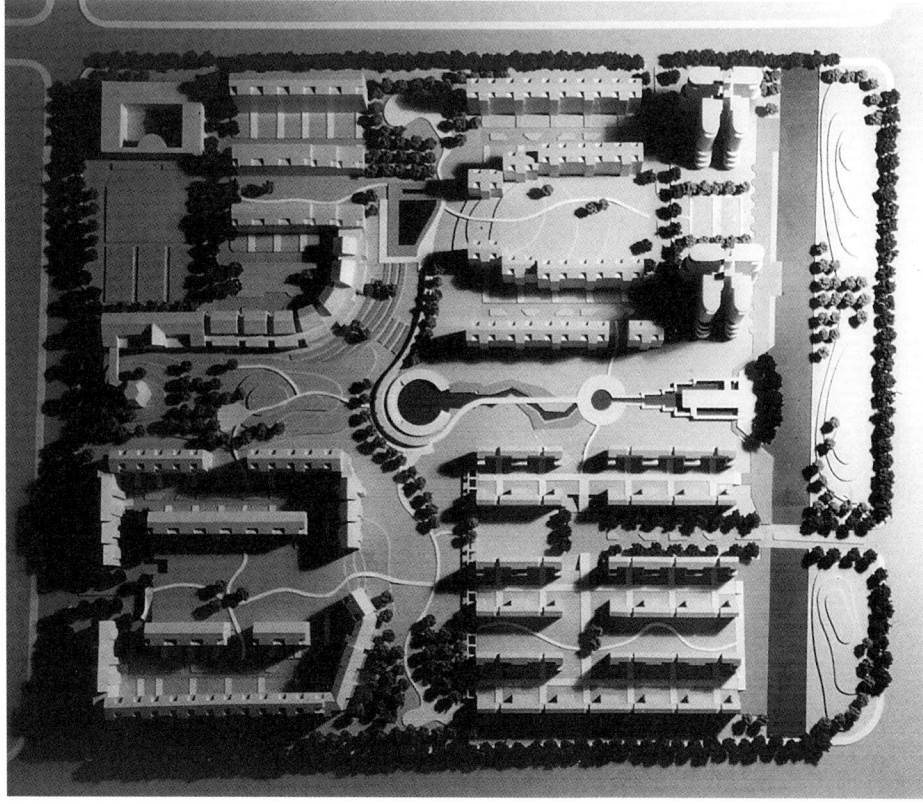

# 塞纳维拉

2000年的时候,三鑫花苑已经造好一年了。在设计完这个新古典主义的房子后,还得咬着牙去接一些赚快钱的活儿,因为花了三年造起几栋房子只赚到吆喝——得了建设部"创新风暴奖",算给了个安慰。

得奖这热度过了没多久,一个号称某名人姜某之堂弟的人电话我,说北京一个开发商大老板要见我,我那时候钱少但人屌,还不想见呢。后来才知道,这个开发商太有趣了——他是开着车在上海兜风看到我们三鑫花苑那个新古典的住宅立面,觉得很大气。由于北京人天生的骄傲,觉得上海怎么会有这么大气的立面呢?就通过假装买楼了解到设计单位的名字,当然肯定是——他了解到的一定是我的施工图配合单位,结果几经辗转,终于最后找到了我,开门见山地说,北京有个项目。

我们认识后,开始了洽谈。这是个特别容易兴奋而且相当嗨的甲方,北京人,中国香港身份,前国安局的,虽没怎么干过房地产但热衷于现代主义——我比较佩服的是他看到我们的新古典设计就能断定我能做现代主义,太牛了。

现在的我老是抱怨业主无知不专业,但是不专业有时候也意味着百无禁忌,也常常带来意想不到的结果。除了我以外,相信还有很多人的设计历程都是从一个"无知而无畏"的甲方开始的。

这个业主很特别的是,喜欢到处看新东西,尤其要专程去现场看。他知道我年轻、缺少见识,多是靠着天分纸上谈兵,就在很长的一段时间里带我去北京、深圳等地看他喜欢的房子、景观甚至某个停车场。因为他不是专业建筑师出身,所以只能用实物向我表达他的诉求——我也没空跟他干耗,跟他跑了全国几个城市之后回上海就直接开出了130万的方案费,试想那还是2000年的时候,谁让你要求那么高了。他咬了咬牙,说:"行!你真敢开。"

他也是聪明人,先给了我一个小院子让我设计,在限造价、限时间的情况下试探了我的执行力之后才答应和我签合同。并且他说服了北京的合作方——国营的西城住宅集团（简称西住），并不惜用骗人的手段来说服他们接受我。北京西住这样的公司，打死他们也不会请我这28岁的无名鼠辈做总建筑师，而且还不投标，还没资质，还这么高设计费。后来我才知道他是怎么骗他们的，他骗他们说我是贝聿铭的关门弟子，家里上头也有人。我一年后知道这个当时就喷了，我说，求你了，辟谣吧，我还想在建筑圈混呢。

这个可爱的业主叫老汤，跟他的姓一样，他说他喜欢水，喜欢看到墙体直接延伸到室外的无阻碍感，喜欢大玻璃，喜欢自由平面，喜欢群植的树阵，喜欢功能决定造型，喜欢大，喜欢低层高密度、崇尚植物无贵贱——这些都是建筑师喜欢听到的。

我回到上海根据和他的讨论花了几个礼拜设计了初稿，并做了几个模型来揣摩了一下他大概的内心想法，结果当然是一拍即合。

我们把一个本来规划为小高层的地块设计成了低层高密度的五层住宅区：一二层是一户，三层为大平层，四五层是一户，定位较高因此都是大户型。规划的手法也很随性，我当时用一张四米长的基地红线图，一个助理配合我进行电脑绘制（主要是为了尺寸精准），我趴在地上从一头一直徒手画到另一头，时不时看看电脑上的尺寸是否走样。因为画得也很随意，所以，楼的走向是没有直线的，但能干得了这事儿要求是事先必须对总体尺度的把握了然于胸，而且要有书法鉴赏的底子。我书法虽然不咋地，但父亲多少给了点遗传。

塞纳维拉这名字，是一个上海的销售总监看到我在总图上曲曲弯弯的水和房子之后给这住宅区起的洋名儿：Seine Villa！

甲方当然也不能由着我的性子干，时不时就展开无穷无尽的方案讨论，老汤虽然信任我，但也需要别人的看法进行印证。就有一个作为甲方顾问的台湾建筑师看到我的方案后，说，模型布撩开的一刹那，他脑袋"嗡"的一声，很疼——后来一期建好之后他去了现场，啥也没说。

设计过程中有很多难点，一是玻璃够大，虽然中空加胶带上 Low-E 也算当时很厉害的设计了，但是旁听了布鲁诺凯勒（瑞士建筑节能专家）关于建筑节能的报告之后，我也才明白大玻璃建筑是有多么复杂的技术内涵，于是我们也学着做了一套昂贵的外遮阳系统（就为这个，老汤又是带我走访各种新型建材展示会，什么内遮阳、外遮阳、中遮阳全看了个遍）。

二是水系处理，在北京这种地方做缓慢流动的潜溪系统，需要处理流动、过滤、防渗、防污、补给等问题，我们只好聘请了一位老法师。他是杭州的水利专家——章贻烈先生，在此，我第一次也是唯一一次向老章致以崇高的敬意。他带着自己生活不能自理的太太走南闯北、浪迹江湖十几年，而他自己当年也年逾67，还能带着老太太去北京住在我们租的劈柴胡同的破房子里完成了复杂的水系规划设计。

我依稀记得他那个形象——充满着神经质的眼神，戴着红色法兰西帽，手里拿着中华牌香烟，半寸长的烟灰摇摇欲坠，用胳膊肘颤抖着搥着你，梗着脖子用吴越口音的普通话跟甲方的人大声争吵——祝他身体健康！（此文原文写于2012年，修改此文时为2022年，老章工已经去世四年了）

创新的代价是要得罪很多人，因为你破坏了他们谋生的惯例。我们除了"自虐"以外，还是各专业设计师"恨之入骨"的连规范都不懂的"方案建筑师"。比如，我们对结构专业的要求是希望无梁楼板，追求极致的自由平面，这在住宅项目里不多见——清华大学的结构工程师提出楼板自重和层间位移以及柱截面的关系之后，大家讨价还价地处理了；还有内部的柱不能突出内墙面这等变态的要求，我们还希望结构的柱子L型与墙同宽，结构觉得我们太过分和太无知了，哪里有这样的可能？为此，我又动用了老前辈结构大师江欢成院士的力量，老前辈说技术上是可以实现的，但规范不允许，算了吧。既然他都这么说了，我们只好建议把大于墙体的柱子反过来突到外墙去了。

最大的难度是老汤的过分要求——我不能仅仅只负责建筑部分，所有机电结构都得经我过目签字出图，这些我哪儿懂啊？他表示，为了建筑与技术的完美结合，我要审阅所有专业的设备、材料、节点等细节——号称项目总建筑师负责制。

为了这个项目，我几乎每个月都要在北京住半个月，北京这个地方很多事情的做法是诡异的。比如，听说规划局领导是个围棋迷，而我围棋又下得不错，老汤就给我一任务：要赢了他，但是要赢得少一点，偶尔输一盘，这样他心里痒痒的没事就得过来下棋，对项目报批有利。我心里想，这尺度拿捏的，够精确的，比做设计难。但下过后，才发现那个局长的围棋比我厉害。

项目的一期在无数的争议声中磕磕绊绊地造起来了，包括在清华建筑院当领导的师兄都不看好这个项目。是由于销售定位失误或者说是运气问题，一期造好之后叫好不叫卖，而且还被司马南来打了个假，说我们那些遮阳、保温、无梁楼板的新技术都是骗人的，间接的雪上加霜地影响了甲方的销售。由于

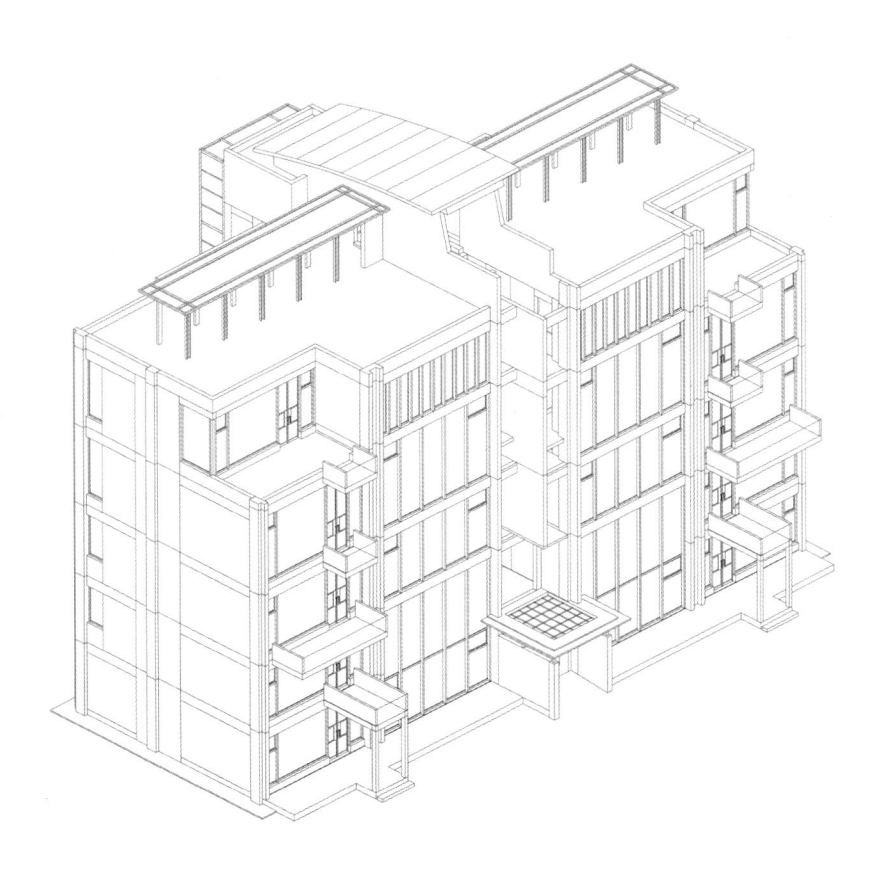

之前一直对我不太信任的西住的董事长曾经放下豪言：你个小伙子如果设计不好房子，我拿板砖把你拍出北京。结果，卖得不好，责任则推在建筑师身上，我真的被"拍"出了北京，也就是一期结束后，我们双方终止了合同。但之后过了半年，房价飞涨，销售良好，然后一期所有当时能得到的荣誉都归为清华大学建筑设计院所有。

再后来，当这个设计已经淡出大家视线之后的某一天，北京的一个摄影师朋友发短信跟我说："有个热播连续剧里拿你的房子做了场景，那个连续剧叫'奋斗'，主角儿还是个建筑师。"我上网一查，是海润影视拍的。想起当年我设计房子的时候，老汤还真带过海润的一二把手和海岩来跟我聊过几次，我只依稀记得两件事：一是那两个海润的老大，一个叫二哥，一个叫刘燕铭；二是海岩的名片上有四个头衔，其中之一却是室内设计师。我后来也终于在电视上断断续续地看到了关于塞纳维拉的那几集，虽然觉得太假太二了，但在以后作为资本跟别人吹嘘的时候，我也充满得意，一副"原型就是我"的厉害样儿。

我后来也有过一次再回到了项目现场，穿行在那些跟五层楼一样高的加拿大白杨林中，物是人非，也只有回忆。回想起因为杨树飘絮问题都能讨论一个月的往事，不胜唏嘘。因此，这些不完美和缺憾都是另一种圆满——或许那些建成照片是值得建筑师炫耀的，但是如果只把建成当成设计的生命，那么设计本身就失去了生命。

后来很多年后，许久未联系的当年的项目介绍人老姜，给我打了个电话，"没啥，就告诉你一件事儿，以前西住的董事长进去了，十年。"

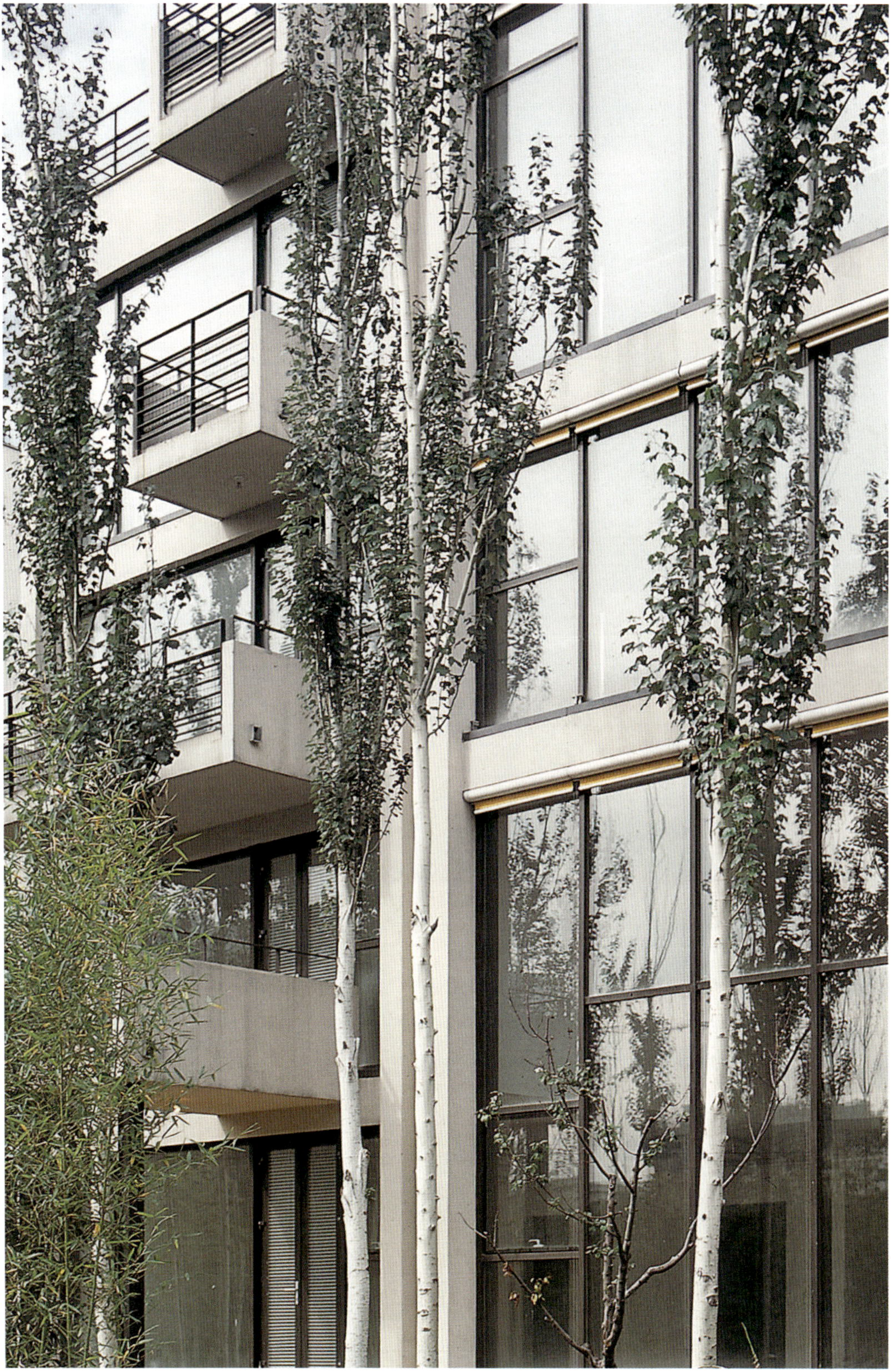

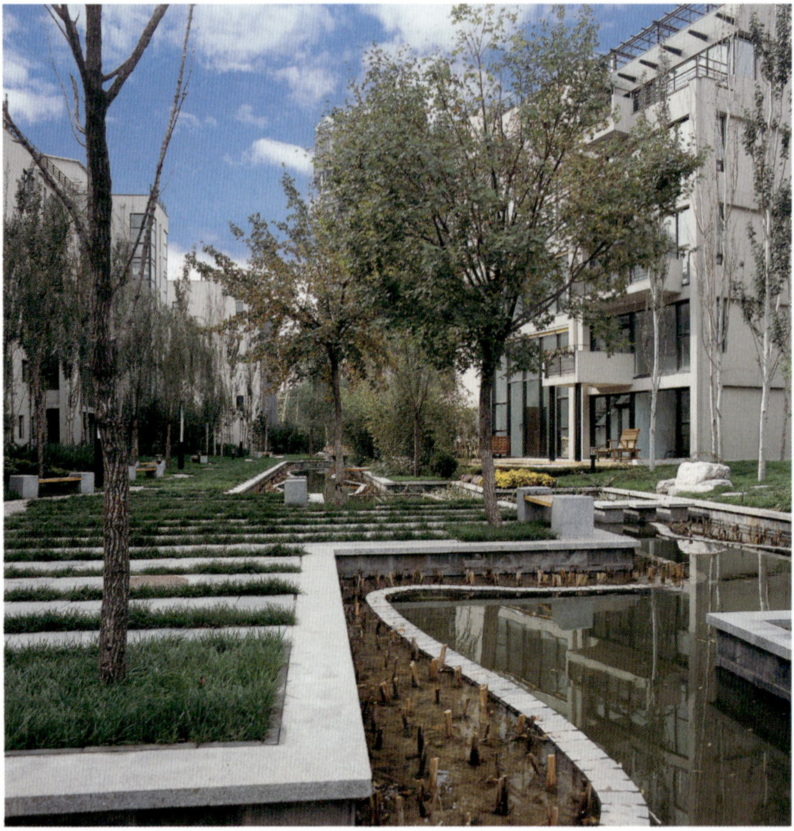

# 长江入海

### 3

**外四期 + 外五期 + 外五期临时指挥部**

时间：2001—2007
地点：上海市浦东新区外高桥港区
人物：张佳晶、徐类邻、黄巍、吴佳、孙庆霖、李峰亮

（外四期、外五期分别是上海港务集团外高桥港第四期工程、第五期工程的简称。）

# 外四期 + 外五期 + 外五期临时指挥部

一个偶然的机会看到了 NASA 发布的航空站拍摄的上海夜景，骄傲地发现在上海最亮的三个点中，画面右侧那一大片亮，就是我们参与设计的外高桥港区。

外高桥港项目是同济大学结构学院的老同学马志远介绍的，那时候我刚在北京塞纳维拉项目中铩羽而归，情绪低落。马志远为了给我找活儿，逢人便吹我多厉害，说我是上海年轻建筑师里最牛的，连清华大学设计院都给我配施工图等。于是在一位港务集团领导信任的水利学博士的间接推荐下，我被约去了外高桥现场聊聊，那年我正好三十而立。我能清楚地记得，在第一次去指挥部见邓总和曹总的时候，外环还在施工，我要路过一片村庄和一片芦苇地才能在尘土飞扬中看到那些现场指挥部的临时板房。

由于和两位老总谈得很投机，加上心态处于低落期就会显得做事风格实在，不会像有的得志的同龄人那样飞扬跋扈，也正好切中了指挥部领导想要做不贵的有设计感的房子的初衷，并希望建筑师能全情投入。那么大家就一拍即合，于是从外四期开始，我就成为了港务集团在外高桥的保姆建筑师，每周三一次例会，事无巨细，所有管理区和部分生产区的建筑物、构筑物全部由我来设计或指导，当然会有很多大型的设计院跟我们合作。在项目上，我几乎什

么都管，有时候也超出建筑专业范畴，与其他行业的设计院讨论港口生产建筑的一些细节。我也向他们灌输了全过程建筑师负责制的好处，他们也赋予了我很大的权力，其中最大的权力就是在材料样板上签字。

在项目初期开始现场工作的时候，我通常是包一辆出租车，来回三百块。我在那边开会的时候，司机在车上休息等我，这种状态一直持续到一年多以后我学会了开车。而且，在学会开车后上路练习也是在当时刚造好的港建路上，一是因为人少，二是因为经常开例会的原因和港口派出所非常熟，"有恃无恐"。

这次港口建筑设计的工作不同于以往的经历，其中涉及的建筑类别特别庞杂，像集调中心（码头集装箱调度中心）、一关二检（海关、边检、检验检疫）、消防站、临时指挥部、门卫、H986（自走式集装箱检查系统）、材料工具库、机修车间、港口检查桥都是第一次出现在我们面前。里面的功能也是包含生产、维修、办公、报关、厨房食堂、生产辅助等多种功能，我们的设计包含且不限于建筑设计、室内设计、景观设计。而且一些港口管理单位之间的关系比较微妙，还要在位置、布局、造型上考虑一些政治因素。我和年轻的团队也在这些平淡无奇的设计中和与大量的非建筑专业的交流中，见识到了真实的行业生态。

由于港务集团的定位和港口建筑具有半生产性的特点，管理方并不希望有过于花哨的建筑语汇和复杂的建筑空间，我们的大量工作就是将复杂的多功能进行规划与建筑的整合。也由于超大的尺度，使得建筑小伎俩在此毫无意义。加之造价和工期有限，所有的建筑语言都必须简单明了，建筑布局也必须流线清晰。因此在外高桥港的实践中，我们也获得了城市建筑中无法体会的超尺度训练和对低造价建筑的掌控能力。除了连续实施的外四期、外五期、内支线以外，我们还帮罗泾散装码头的一些建筑做了些善后。直至港务集团及外高桥港建设指挥部的领导换任后，我们在外六期竞标中以技术标第一名出局，这也标志着高目设计港口建筑的一个时期结束了。

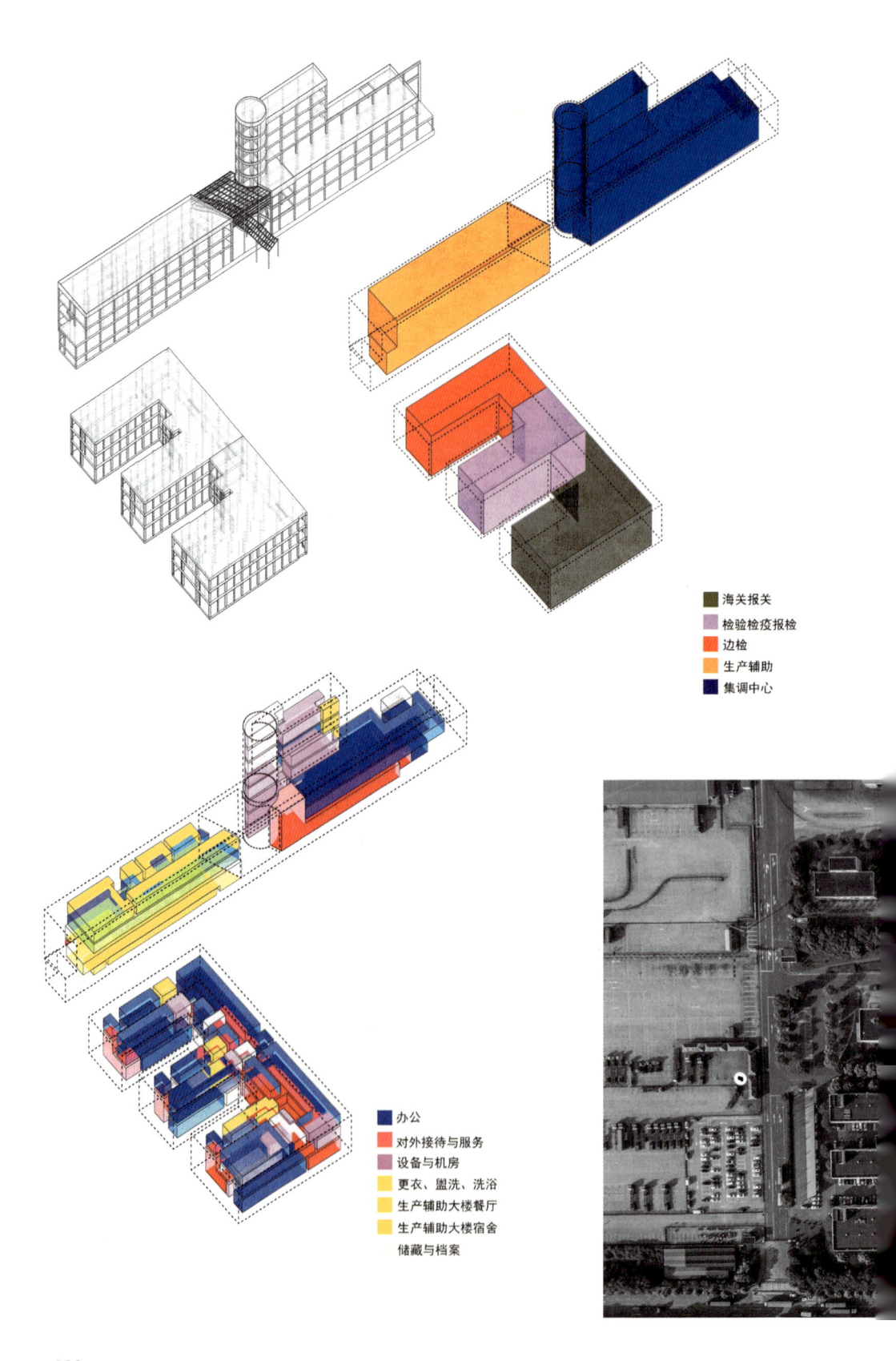

■ 海关报关
■ 检验检疫报检
■ 边检
■ 生产辅助
■ 集调中心

■ 办公
■ 对外接待与服务
■ 设备与机房
■ 更衣、盥洗、洗浴
■ 生产辅助大楼餐厅
■ 生产辅助大楼宿舍
　 储藏与档案

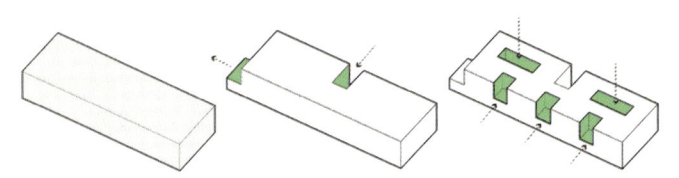

起始体量
基本满足功能需求的
严肃的长方体

初步演变
加深其与环境的互动

核心演变
引入内院,露台等元素,
基本形成四单元体量

加深演变
悬挑凸显了四个基本
单元的存在

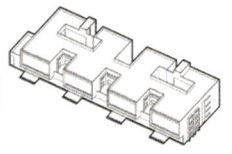

经过外表皮设计后的
最终形态

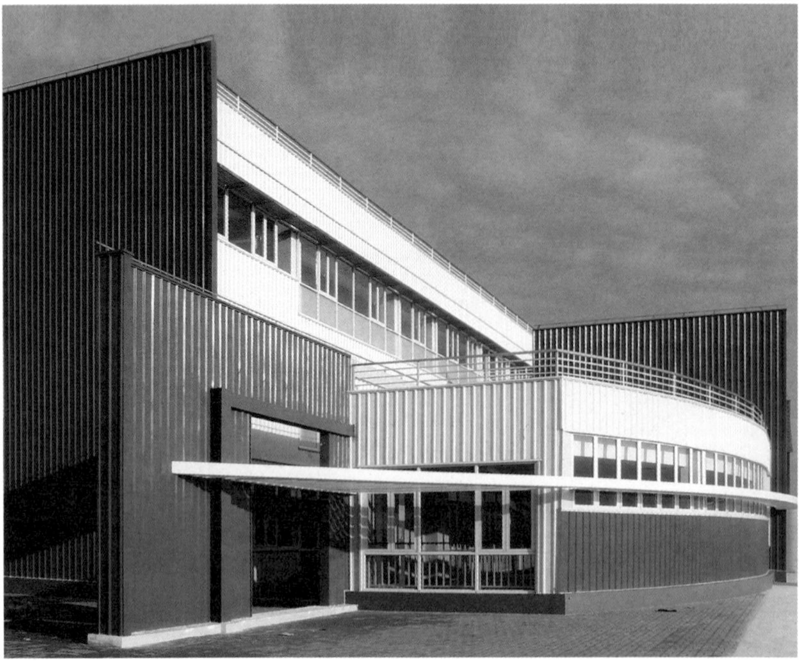

# 壹叁陆玖

4

### 新希望半岛科技园
时间：2004—2007
地点：上海市浦东新区张江高科技园区
人物：张佳晶、吴光辉、徐文斌、张灯

### 新江湾城邻里中心
时间：2005—2009
地点：上海市杨浦区新江湾城
人物：张佳晶、金鑫、王幼笛、王明曜、徐文斌、江欢成、葛清

### 厦门东方高尔夫售楼处
时间：2005 年
地点：厦门市海沧区东方高尔夫别墅区
人物：张佳晶、孙铭健、李亚明、严佳伟

高目的黑铁时代是在华山路1336号的玉嘉大厦的3年和1399号的医药广告公司商务楼的5年。这个时候的高目人员凋零，捉襟见肘，做的项目大都是费力不讨好的，并且基本来自于一些同学朋友的介绍，很多是帮政府和地产公司进行善后的小项目或鸡肋项目。

这个阶段高目建成的三个稍微有趣一点的项目就是新希望半岛科技园、新江湾城邻里中心、厦门东方高尔夫售楼处。因为这个阶段跨越了华山路1336和1399两个时期，而且两个地址就在马路的斜对面，我们就暂且就将其称为"壹叁陆玖"时期。

# 新希望半岛科技园

有一天我接到一个电话，电话那头自称自己是当时的中国首富刘永好在上海的地产公司的设计总监，有项目想跟我们洽谈。

后来在1336号见面的时候，我发现这个年轻人还始终抱有着建筑师的热情，同时他也是他们老板的粉丝，也成为他来到这家公司工作的理由。因而，他希望能在一些项目中做出一些不同的好作品，经人介绍找到了我。那个时候（金融危机前）的地产公司还比较注重产品本身，建筑师的地位也相对比较高。经历了一些不太确定的项目后，终于等来了一个实际的机会，但不是传统的住宅项目，而是在张江高科的一个办公地块。新希望集团准备打造一个小总部办公园区，那时候，这种概念才刚刚兴起。

我们和另外一家设计公司作为竞争对手被邀请投标，在汇报最终提案之前，被通知要去北京，刘老板要亲自听汇报。

在只听过没进去过的长安俱乐部的顶楼会议室，桌子上我们每个人面前都有些精致的小吃和水果。但我的心情并没有在这些食物身上，因为我作为第二个汇报的人，看到了第一个设计单位跑题的设计后刘老板的脸上已经映衬出"听完这个我就不听了"的厌恶情绪，我当时很紧张，希望前面那个人快点结束。

等到了我之后，我明白给我的时间并不多。于是迅速打开文件，掠过前面虚的部分，直接对着鸟瞰图，将前面那个跑题设计的印象扭转回来。回头看到刘老板的表情，我知道，搞定了。

我从那时候起，加上后来的一些经验，就找到了一个汇报的窍门：对于这些财富和权力顶端的人，如果汇报的不是天大的事，就要简明扼要，一语中的。

那我们那个方案是什么打动了刘老板呢？再简单不过，既然是小总部办公，就不要搞那种上天入地、连来连去的大办公楼，独栋的小办公楼的组合是必然的。除了整栋出售，还要应对分层的出售可能，并满足策划给的每栋不大于2500平方米的要求。其实就这么简单，总平面和单体根据这个前提进行设计就是了。多层，公用消防钢梯的策略也是为了提高平面的利用效率。

这个建筑外立面是全部石材干挂，当时还用了流行的U型玻璃，但事实证明这个选择是错误的，2017年的航拍发现，有些U型玻璃早就被用户换成了普通玻璃。

后来，随着正常的地产公司人事变动，我们和他们的关系也渐渐疏远。这个项目还没有完全做完，新希望就结束了上海地产的所有项目，然后退出了房地产行业。

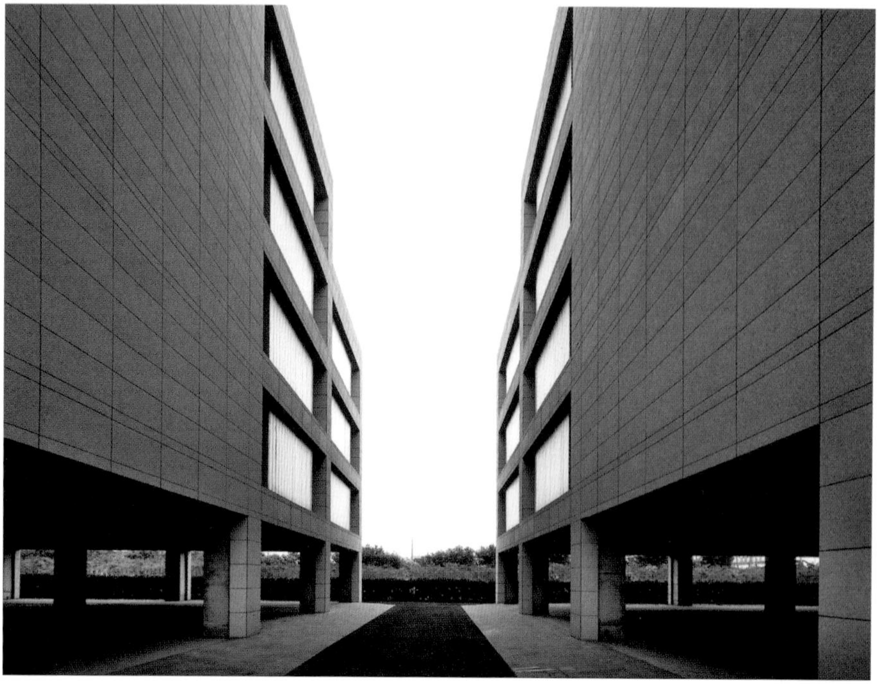

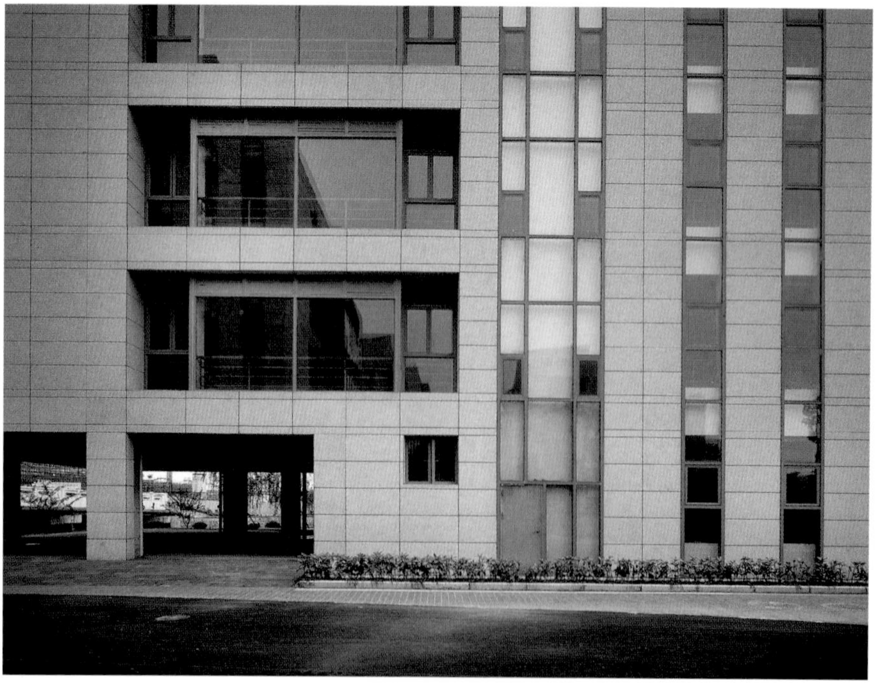

# 新江湾城邻里中心

2004年的时候,我有一个同济的师兄,是上海新江湾城的开发商上海城投的总建筑师,他曾经介绍我参加他们的学校和幼托的投标。我们当然会尽心尽力地做好方案,师兄看到成果后也甚是满意,于是头天晚上都在电话里跟我沟通以后的设计费了,还语重心长地说"你要好好干"等一些鼓励的话。第二天正式专家评标,一些老专家试探性地问了问他,意思就是:"你们业主方可有倾向性意见?"师兄很坦荡地说:"没有!"结果最后被老专家们给上了一课。

我年轻的时候虽然不太喜欢专家,但是几年后,我自己也成为了上海市规委专家。当我对别人的方案评头论足、夸夸其谈的时候,往往会怔一下,脑海中短暂地弹出对面曾经年少的我,那愤怒不屑的脸。

言归正传,我们幼儿园没成那事使得他的面子上也确实挂不住。你想啊,师兄、总建筑师,头天晚上还信誓旦旦,而且还有充满着建筑学情怀的男低音的语重心长,这打击多大啊。他说他一直想通过其他项目来补偿我,我也没在意。

果然,过了一年后我都快忘记这事了,他忽然说有个邻里中心项目,也在新江湾城,不知道我愿意不愿意接手。因为在我之前已经请过一个叫LXG(应该没记错)的建筑师做过一个很粗的概念,甲方已经认可。因为各种原因必须重新请个建筑师从概念发展出方案一直到建造,我就接手了这个方案。

一般建筑师写项目回顾的时候很多都会刻意不提这一段,以体现从概念到建成的设计过程的完美性,但相对于作品来说,诚实更重要。

这个项目是个新江湾城最大的邻里中心,位于五百米宽绿化公园的边缘。当时邻里中心概念盛行——所谓邻里中心,主要是把散布无序的居住区配套功能尽量集中整合在一起,虽然由无序分散变成有序集中听上去不错,也诞生了新问题,但毕竟也是种新的尝试。当时业主试图把菜场、商业、社区事务受理、警署等功能整合在一起，形成一个处在大型绿地和城市干道之间的市民中心。

我上一任的建筑师（LXG）给我留下的基本概念是——人工秩序叠加在自然秩序之上，我认为是个非常好的想法。

这是个非常清晰的概念，下半身自然秩序为商业和上半身人工秩序为办公——有的概念是充满着智慧和可行性的。

有个小插曲，就是我虽然是这个项目的总建筑师，但必须有个设计院来配合我的建筑、结构和机电施工图。给国企做设计，配合单位还不能太没名气。尊敬的结构大师江欢成，在设计生涯初期对我也有知遇之恩，也恰逢江老师自己的事务所开张，我感恩之余无以为报，就介绍了这个项目给老江。作为江氏事务所开张的大礼就是我就跟他的经营老总放下豪言："设计费比例怎么分你说，我都同意。"随着这个江湖气十足的承诺和对方合理的回应后，设计就开始了。当然，建筑施工图的进行中也得到了大学同学金鑫和王幼笛的帮忙，感谢。

随即开始了长达四年的设计和建造，周期长主要是政府部门之间的审核过程较长。街道和警署在设计过程中不断申请增加使用面积，生生地把一个以市民活动、商业、事务受理为主的邻里中心变成一个行政类建筑，最后硬把这个建筑变成了一个形式极不追随功能的房子——正如设计初期的概念一样，人工秩序凌驾在自然秩序之上。这就是这个概念的妙处，整个设计过程完美地切合了这个概念而成为了一个行为的艺术。

我们要做的是维持原来上下叠加的空间关系，并尽可能在复杂变化下让功能、交通变得合理，并利用简单的结构形式来适应随时可变的平面功能——有人说，一看到标准八米柱网就知道是中国人的设计。

设计开始的时候，上部形体的表皮曾经是玻璃幕墙，后来由于节能的大旗迎风飘扬，只好修正成了现在这个立面。竖条窗的主要目的是无论平面怎么乱都能找到一个实墙面把隔墙撞上——当你面对无休止的平面修改而无可奈何的时候，你就会变得简约聪明。

本来的功能分布是上面方正的部分提供街道和警署的办公功能，下面支离歪斜的部分是商业、活动和对外受理部分，并把西侧大公园和城市路口连成一体。开放空间不影响上部功能的私密，人工秩序与下面的自然秩序虽然姿势不雅但可做到和谐共处。

房子建好多年以后，我还接到过新江湾城某个业委会代表的电话，就是询问这个邻里中心原来承诺的商业区和菜场哪里去了，我说，别问我，那边路口左转，问政府。

设计中期，我的师兄换了岗位，迎接更大的挑战去了，留下我孤军奋战，乐彼不疲（我们有过一间咖啡馆叫乐彼）。当然除了上面那些琐碎的事务以外，建筑师永远绕不过的就是对空间、表皮的坚持。我们开始希望基座部分是个斜向错缝拼贴的木纹砖肌理，由于斜上加斜，3D的斜，拼贴图变得异常困难。本来都用三维软件做了展开图以及原比例实样，然后就被通知这个材料不用了，改涂料吧，我们说："不行，至少也得是真石漆。"甲方说："成交！"

为了强调上下的对比性，我们希望上面的方盒子表皮是一个略有反光但造价不贵的东西。这时刚好有一个合资的面砖厂送来一种金属光泽的小面砖，觉得不错，那么最终经过现场若干小样的对比决定采用竖贴错缝完成了立面。

邻里中心终于建成，也成为了一个我这个主创建筑师都进不去的房子。

这个项目算是上一位建筑师给我留下的礼物，这个礼物也使我取得了后来的另一个礼物——德富路中学。

# 厦门东方高尔夫售楼处

我的另一个师兄，在著名大企业绿城做过区域总经理后，就到厦门自己做了开发商。绿城一系的建筑风格本来不会青睐我这样的建筑师，但架不住我另外一位师弟的鼓吹。于是，他们试探性地找我来设计一个临时售楼处，来试试我的水平，设计加施工一共只有两个月时间。

至于建筑风格，现代的风格并不是开发商们喜欢的，因为整个别墅区就是那种"大家一看就知道很贵"的风格。不追求现代的风格但追求建造速度要快的初始诉求，这也给我们不得已采用现代风格的一个借口，就是按照绿城那种装饰线条特别多的风格进行设计，没法在两个月内施工完成。于是，甲方对时间的要求和我们的不得已，浓缩上演了一个古典主义向现代主义进化的历史。

设计的立意很简单，就是售楼处采用快速装配的全钢结构，局部二层。一楼展厅大玻璃全通透，让购房者一眼就能看到这个项目的卖点：高尔夫球道和远山，这比做一个精彩的沙盘的用处大很多。大厅挑高部分用木百叶做遮阳，躲在玻璃后面；二楼办公部分，木板作为外立面，给予一些员工专用的暗示。其他的地方该做雨棚做雨棚，该开窗就开窗，水落管好好隐藏，空调外机妥善处理，设计就简单地做完了。

后来几年，这个临时售楼处就是我去现场配合其他项目（也就是通过售楼处试探后给我的赚钱项目）的临时办公室。那段幸福的日子非常难忘——每天先用一根七号铁和开发商下场打个九洞，然后整个下午都在这个心旷神怡的地方边工作边喝下午茶喝到晚上，然后，就是各种吃。

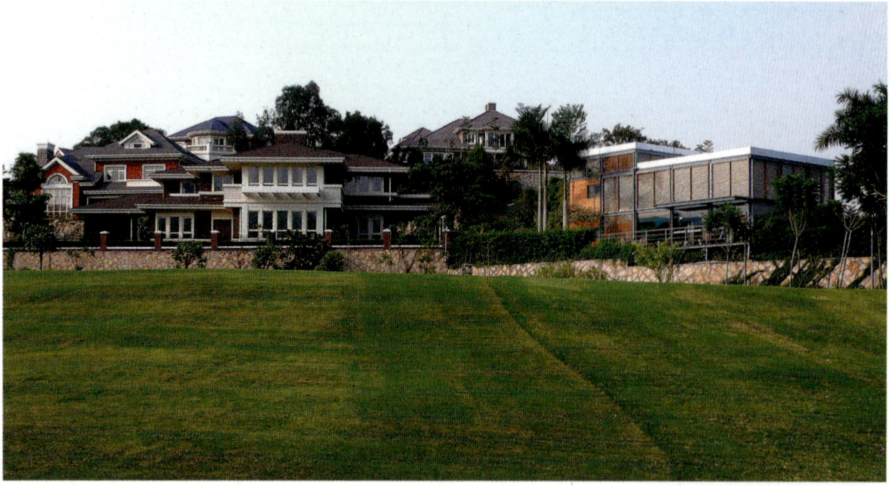

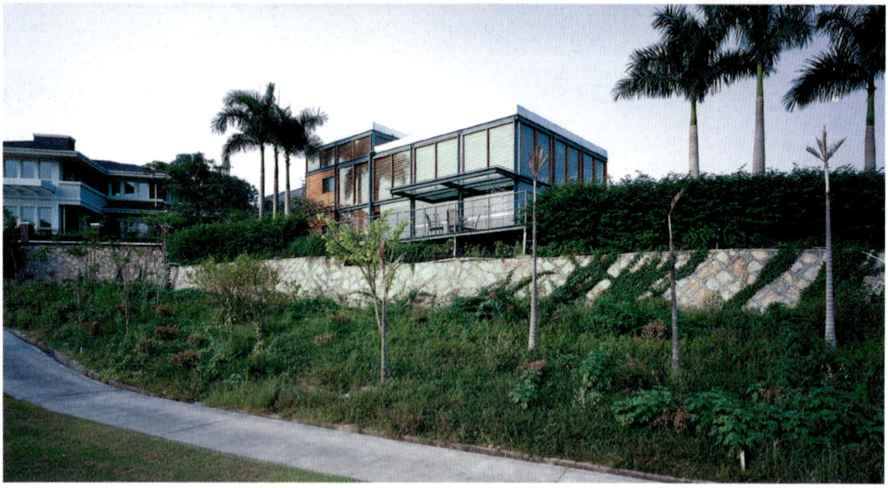

# 地产实践

## 5

三鑫花苑＋永业公寓二期＋复兴商厦＋万科

时间：1997—2011
地点：上海市静安区、卢湾区、闵行区、浦东新区
人物：张佳晶、蒋力航、马捷、徐文斌、孙铭健、吴光辉、黄子凯、赵玉仕、黄巍、孙庆霖、陈群、郭振江、孔少凯、沈咏、张建一、翟蓉芳、金永庆、张海涛、Fushikyo、周俊庭

# 三鑫花苑

我在大学里交好一个地下工程系的同学，上海人。他们寝室在大学期间是我在别校读书的高中女同学在同济的联谊寝室，通过这个拐弯的关系，加上他又是个舞会高手，我们很快就熟络了。我毕业后很长时间混迹于田林新村附近，而他当时住在父母家里，也在田林这儿。在那个交流必须见面的时代，住得近成为进一步熟络的基础条件，然后我们的接触就更多了。

我能在1997年才25岁的时候，就跟地产商建立联系的主要原因有二：一是因为我，刚刚参加了上海住宅设计国际竞赛并获奖；二是因为他，第一份工作是在房地产交易中心，所以认识很多开发商。

当时的房地产开发商和现在的是两码事，那时候，大资本和标准化还没有开始浸透房地产。大家都是摸着石头过河，设计创意的合理和新颖是关乎收益的。而上海那时的房地产公司多半是国企或政府人员下海创办的小公司，且项目大都是在中心城，人事组成也很简单，一般来说，公司里从董事长到司机基本都是上海人。前面说了，通过我那个同学的介绍，复兴西路的一个老洋房里的房地产公司想找我谈谈，我就跟漂亮的销售经理吹了一通，经过销售经理的面试审核，我最后见到了他们的总经理，也就是后来三鑫花苑项目的总经理沈咏。

我钦佩这位总经理的眼光，很难想象他把他们公司投入全部身家的这个家底项目就这么轻易就交付给了一个这么年轻且无任何经验的建筑师。我开始非常小心谨慎，怕被骗方案，就提出我先画概念方案进行试探，而且要去我工作室听汇报。总经理同意了，后来在我们那个只有20平方米的工作室里，他看到在墙上的一张三鑫花苑项目的正草图，经我简单介绍后就决定和我们签合同了。

先讲一个当年的笑话：说当年潘石屹名字的网站被人抢注，是个大学生。潘石屹很紧张，让助理打电话过去谈收购价，对方狠狠地开了两万块钱。潘石屹心中大喜，但还是不露声色地让助理砍到一万五，然后顺利成交。我当时设计费也是类似这种方式成交的，总经理让他助理打电话给我，要谈下设计费和工作方式，我狠狠地开了一个现在看巨低的"高价"，总经理还都没还。

当时的我没有什么建筑追求，所学所见也很局限，在那个古典即高档的审美环境下，选择古典主义是必然的。区别是被陈伯清老师点拨的那句"古典主义的表达是平面先于立面的"，指导了我们设计出三鑫花苑的总平面，而立面除了我们自身的基础修养以外，还有在石材施工阶段，建筑师孔少凯在细节方面的帮助。

其实对这个开发商我一直心存感激，因为他在利用我的性价比的时候同时也给了我机会，让我实现了第一个建成作品。而且这位可爱的总经理在楼盘销售过半的时候对于较低的设计费曾略感歉疚，为了补偿我，曾经提出把一套小复式户型以全盘最低的价格（5800元/平方米）卖给我，但是我没买。

虽说设计费不高，但我权力还挺大，通过摸索也开启了建筑师全过程负责制的萌芽。我推荐了我熟悉的轻工设计院(海诚的前身)做施工图，这样配合起来互相比较信得过。有一天，一个轻工设计院的建筑负责人来开会，我当时并不认识这个女士，只是会议结束后跟她简单客套攀谈起来。

她说："你好瘦啊，跟我老公一样瘦。"我说："你老公是……？"

"哦，我老公他也是建筑师，叫柳亦春。"

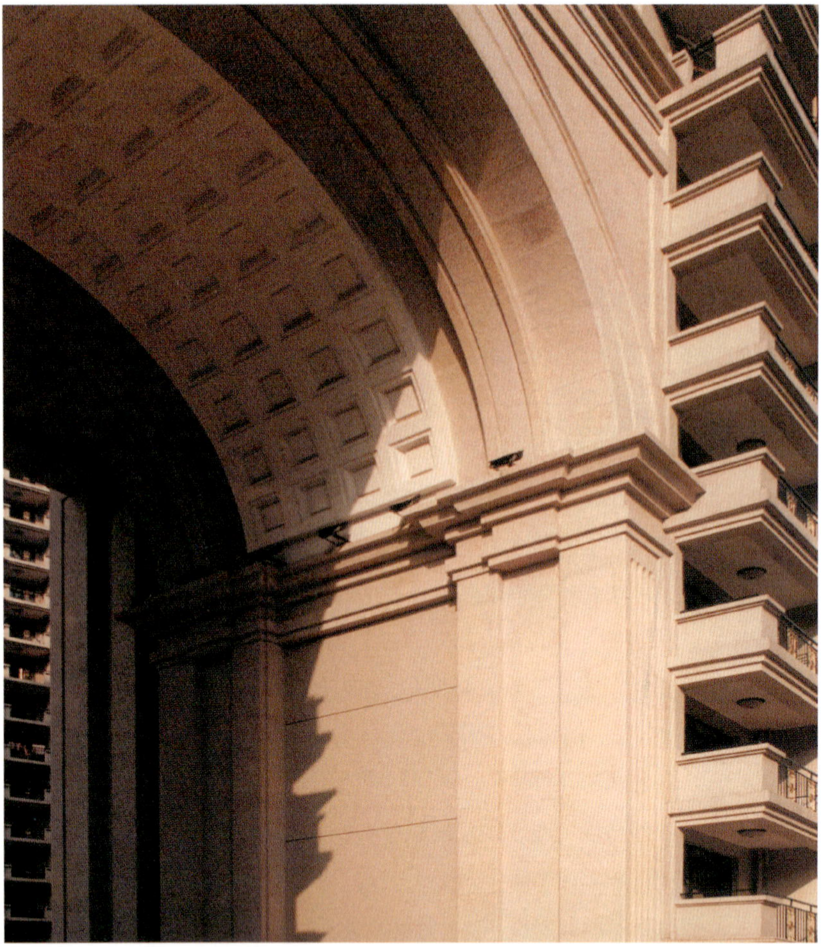

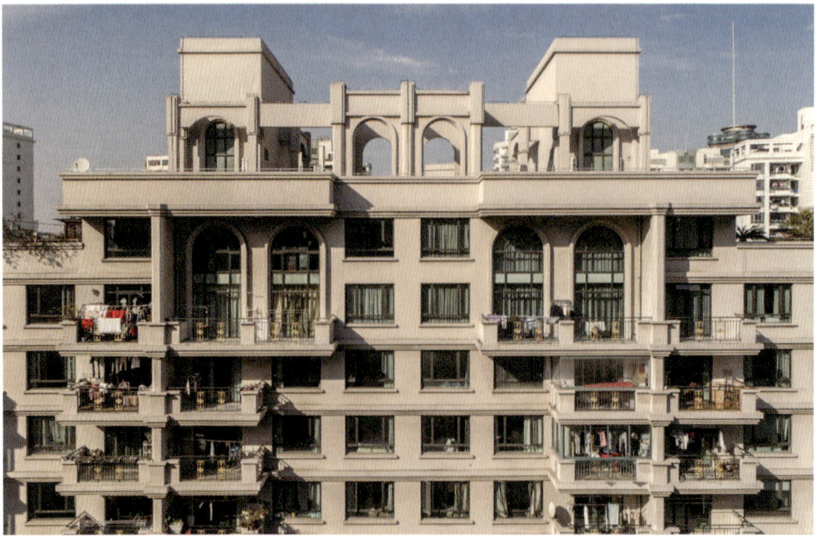

# 永业公寓二期

三鑫花苑的销售成功让这个开发商得以从静安进军卢湾,虽说公司发展顺风顺水,可是人生就是会充满意外,总经理因为一些事情意外入狱。

老大入狱以后,他的老部下都陆续离职,其中一位工程总监就到了卢湾区下属的一家国有开发公司。因为这些国有开发公司基本上就是政府的钱包,所以我从未奢望过能够做到他们的项目。但是那位工程总监去了之后,实在对他们的原设计单位忍无可忍,在施工图做完的情况下还是把我叫去了。我说:"你施工图都完了,还有什么好做的?"他说:"看看能不能微调?能不能把户型优化一下?能不能把商业改一改?能不能把立面做好看一点?"我说:"你管这叫微调?"

谁知那个坑很深,原有的单位虽然很差,但是不能炒掉。原因是除了有关系以外,国企中途换将在审计上是很难解释的,尤其是建筑设计这种设计质量无法量化的行业。因此,得留着原单位,一分钱不少还追加修改费的情况下,他们被要求按照我的设计修改施工图,然后立面施工图我来画、他们盖章。这个听起来经济上很划算的事儿可能对很多"有追求"的建筑师来说是奇耻大辱,尤其对方是年纪不小还年富力强的中年建筑师。

Art-Deco 的建筑立面,其实没什么好说的,全凭对海派风格的理解和在上海这么多年的耳濡目染。那几年,高层建筑贴面砖并没有被明令禁止,我们为了面砖贴的精准,就把六个楼四个面共十一万平方米的面砖拼贴图都画了一遍以保证全部都是整块,但是基座石材的细节和质感的要求被无视了——有些一贯的苦恼我以为随着时间的推移会变好,但其实并不是,就是审美不好的人往往还特自信。

商业内街的方案本来不是这样的,是我们中途重做的方案,是高目在清水混凝土建筑的第一次尝试。这五个水泥盒子能说服甲方也不容易,我举了"他跟他儿子穿衣服不同但一样很和谐"的例子,来阐述这五个水泥盒子与装饰主义的大房子之间的对比，才得以说服通过的。当然，商业内街的招商也赶上了2008年的金融危机，后来一度跟个鬼街似的，但到2017年重新航拍的时候，就显示了很强的烟火气。

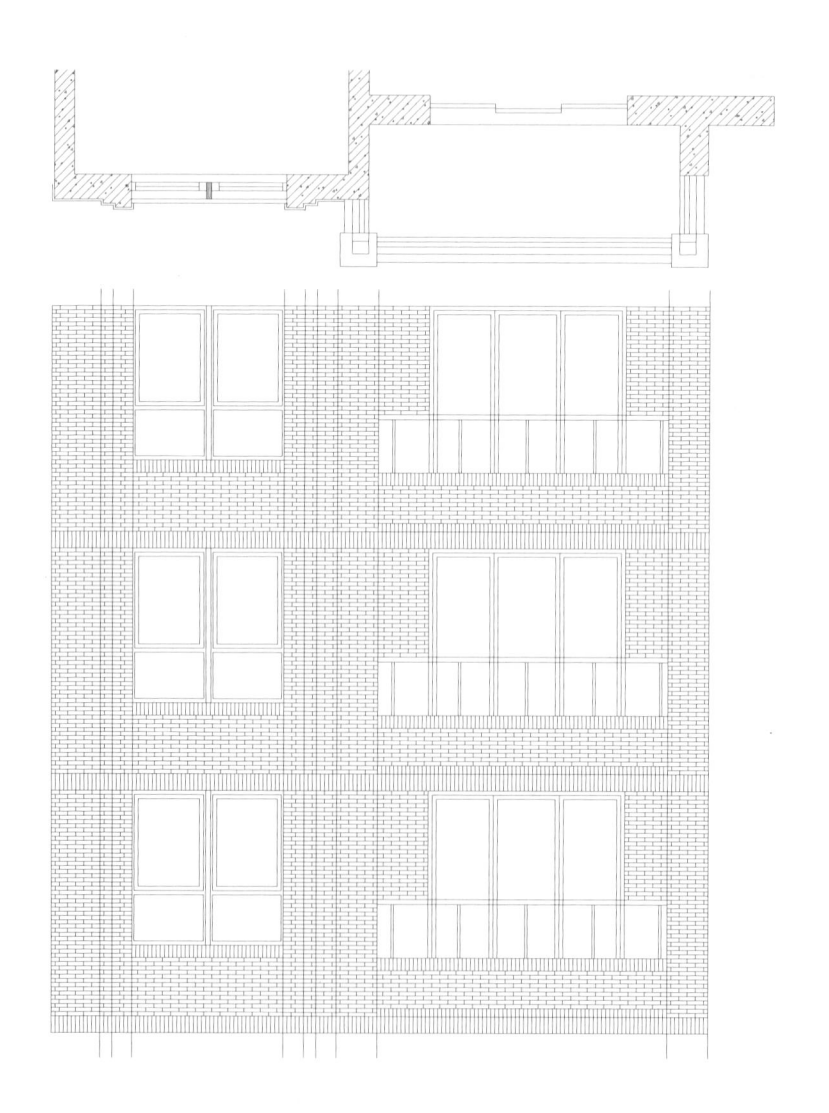

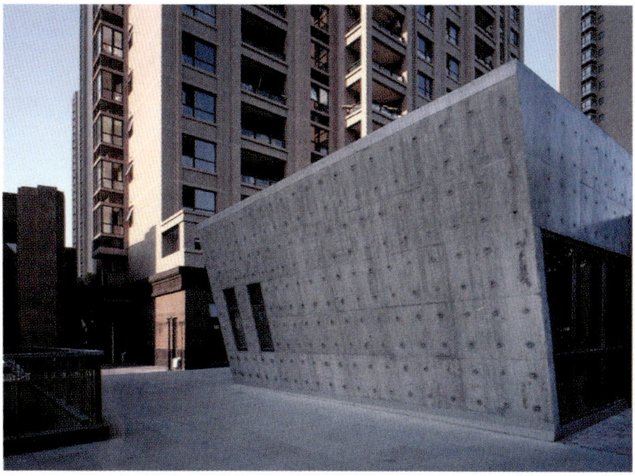

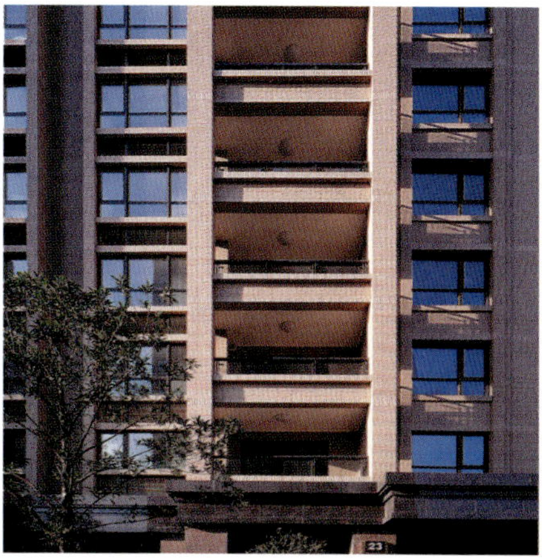

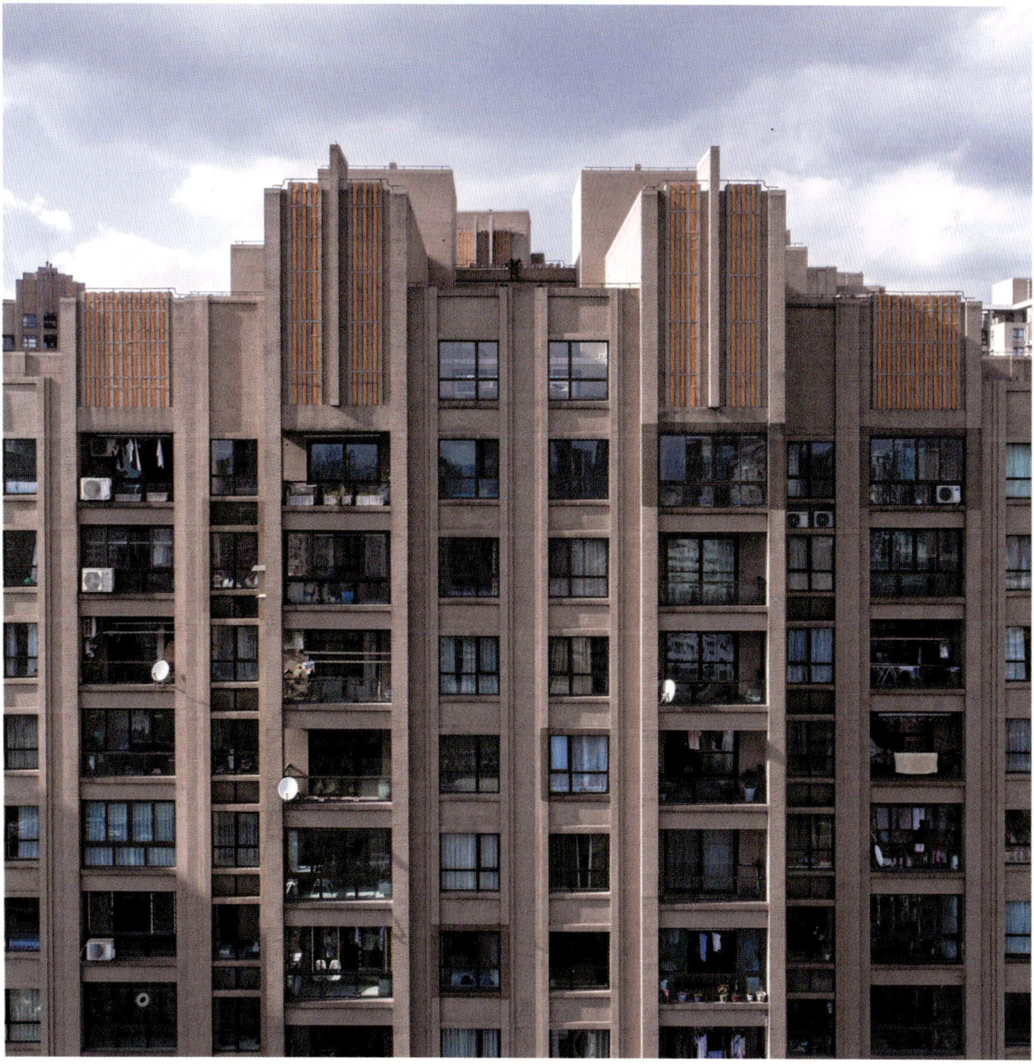

# 复兴商厦

三鑫花苑的老总进军卢湾的时候，是跟卢湾的区属企业合作的，通过这层关系，我跟这些卢湾本地企业混熟了，他们也渐渐地认可了我的水平，就希望我能帮他们把老办公楼改造设计一下。

在这个时期，由于甲方的特殊性和卢湾区这个特殊的区位，Art-Deco装饰主义风格往往是最安全的。尽管我也曾经尽力地用现代主义风格输出过，但客气的甲方往往会赞扬我的水平但脸上没有惊喜，直到我明白后用精致的Art-Deco效果图再给他们看的时候，才能看到他们眼里的光，并接受着"看来我要重新认识一下高目了"的赞许。

Art-Deco其实有很多种风格，但在大众眼里主要还是以突出多个层次的竖线条加顶部装饰的那种风格更被认同。跟三鑫花苑一样，无论是新古典还是Art-Deco，关键是比例和细节。为了显示高端，外立面采用石材干挂，但为了减轻新增荷载，用的是蜂窝板石材幕墙，因为这个楼已经非常老旧而不堪重负。

在设计过程中有些有趣的事情，比如原建筑是三层悬挑底层缩进的，为了竖线条的风格我们很想将悬挑部分的外立面落下来，虽然没有越过红线，但怎么说都突破了建筑底层的退界范围。甲方请了专家组从风貌的角度来论证立面元素落下来的可能性，专家组组长莫天伟给予了方案大力支持，在他的支持下，规划局才破格批准，在此，感谢与缅怀莫天伟老师！

一楼的中国银行，是商厦的重要租户，改造完，他们还是要续租的。但我们的竖线条打断了本来横长的银行店招，并不符合他们通用的视觉模式。我们就出了张效果图，在每个竖线条之间都重复了一个短的中国银行的招牌，字体不变。我说只能这么放，不然你们得考虑下要不要继续租给他们了，甲方说我只能去沟通下，结果他们也同意了。

上面三次经历是一个连贯的故事，代表着在上海房地产初期的小地产商的那个年代，没有那么多KPI，更不会有那么多PPT，也不可能有西装领带白衬衫的标准化。在做项目的同时大家更讲人情，很多当年的老人至今还是朋友。而与中心城这些小地产商不同的大地产商，则是另外一种风格，高目在另一条线也深度接触过这类大公司，比如万科。

这两条线交织着，构成了高目在住宅领域的起步阶段。

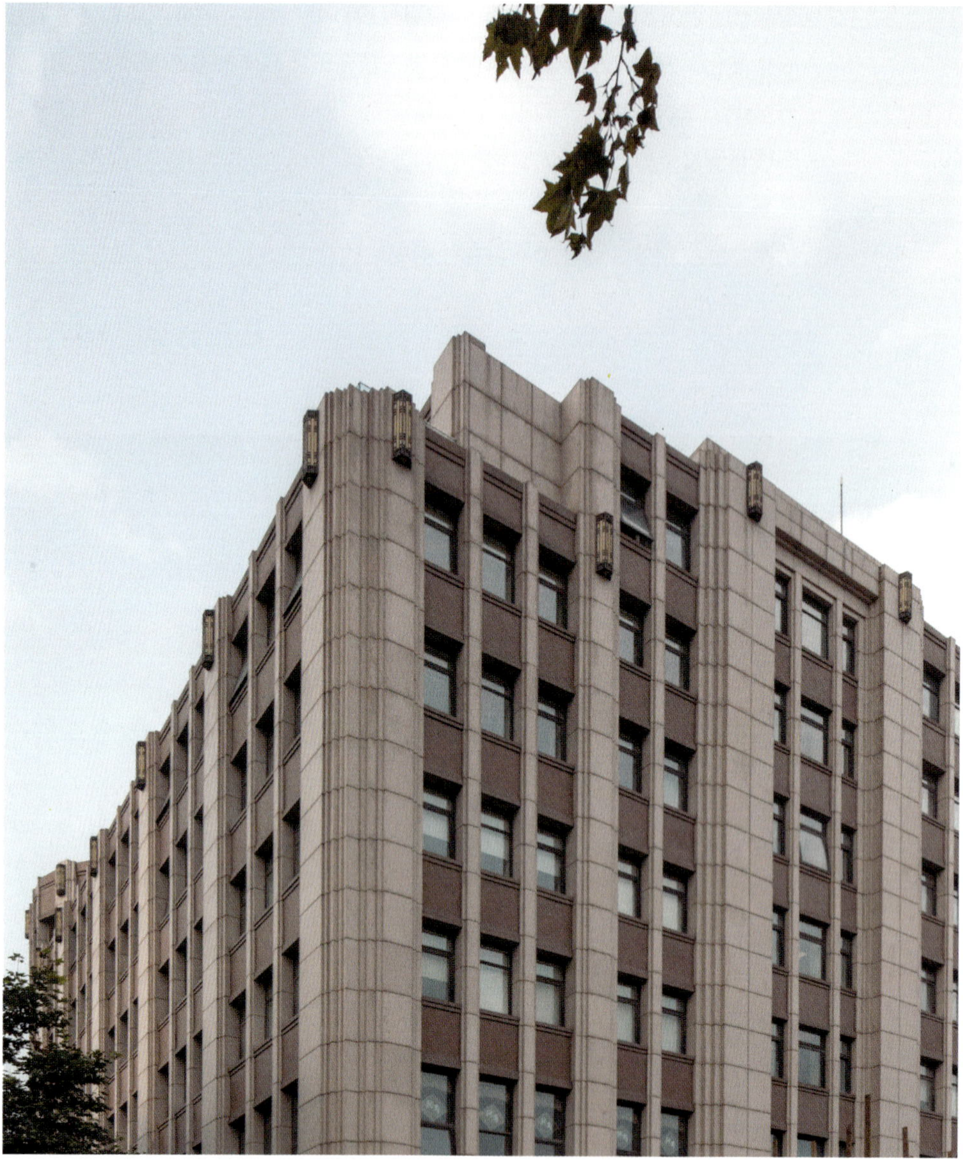

# 万科

万科的一位上海区域副总曾经在公开的一个论坛上对我说过："万科其实是亏欠你的，你为万科做了那么多贡献，万科却没有给过你一个好项目。"

说这话的时候，我跟万科已经打交道十几年了。

2002年的时候，我年满30，和团队开始策划了一本介绍公司研究项目的小册子，叫 HOUSE CHATTING。由于我买了万科的房子，因此会经常收到万科的杂志宣传品，也就对万科的产品和思想有了些兴趣。当时我们针对万科造镇计划的一段文字产生了质疑，是当时万科上海老总在媒体上说的一通言论。我年少轻狂，自以为是，觉得那段话说得虽好，但万科做得很差，比如万科假日风景。然后在 HOUSE CHATTING 上就写了一篇关于"造镇"的文章，无非就是借用些新城市主义的思想，指点江山。（一个题外话，年轻的时候，写文章是真敢起名字、真敢胡说的，我那时候写过《哲学层面上的建筑设计》《建筑与爵士乐》《中国北方的大玻璃建筑》，这些大嗑儿，只有年轻才敢唠。）这本册子，当时只印了200本，我就给万科的那个内部杂志快递了一本，不久后接到他们编辑的电话，说文章写得很好，他们会呈交领导过目。

过了没多久，我在龙漕路的办公室里接到了一个电话，是公司的座机，对面一个谨慎的声音说道："你好，我是万科公司的设计总监，我想来拜访一下，明天你在不在办公室？"

刚见面寒暄了几句后，他就直说了："领导看到你这篇文章，觉得很有道理，但对万科并不是很有利，让我来看看是敌是友。"随后又补充了一句，"从你们公司规模来看，也不可能是敌了，那就只能是友了，万科会请你做设计的。"我哈哈哈一笑，就开启了跟万科长达十年的战略伙伴关系的历程。这段历史被我讲给后来的万科某建筑师并转达给当时那位被我当成伯乐的领导的时候，那位老总已经全然不记得这件事情了。

接到的第一个活儿就是我在 *HOUSE CHATTING* 上抨击过的万科假日风景项目的四五期的设计研究。我来到万科位于七宝的总部，设计总监说，张副总想找你唠唠，我说啥事儿？他说你去了就知道了。我就来到了万科公司当年唯一一个可以抽烟的办公室，就是穿着体面背带裤的张副总的办公室，原来假日风景的规划就是他主导的。因此，针对我那本册子上的质疑文字，他就跟我激烈地辩论了一番，因为我是来接活儿的，那辩论肯定是不会赢的。张副总在说爽了之后说："你可以去找设计总监了。"

那时候的万科的设计部类似大型设计院，仅清华大学建筑系毕业的就好几个，同济和其他院校的建筑类毕业生更多，这实力几乎强过一个大院的方案所。我就亲眼所见张副总和设计总监对着一个铝合金龙骨的颜色进行激烈讨论，那时候的万科设计部三十几个人，也是万科用技术主导产品的黄金时代。

在这个黄金时代，我充当了上海万科的智库，研究产品创新、规划创新，最后由万科设计部进行选择性修改，发给设计院进行深化。那时候，我才惊诧万科的厉害，产品全系列都会研究一下，包括允许我们天马行空，然后选择最合适的产品放在最合适的项目里。那时候我对万科的感受是：以前看到万科的房子觉得不厉害，现在觉得太厉害了。后来，随着房地产的过度成熟，住宅标准化和地产金融化的趋势不可逆转，万科也在悄悄地转变。但由于转变的速度并不算太快，反倒是件好事。

我跟万科的第二段渊源是和刘总和周副总。起因是我们仅用了两天时间就做了一个低层高密联排别墅的概念方案，得到了周副总的青睐，就让设计部找我去跟他做一个更大型的拿地方案。

周副总不是专业学建筑出身，但却是一个极其缜密细致的房地产人。面对着一个两平方公里的大地块，我开始用专业那套城市肌理、规划结构之类的切入方式，他根本不感兴趣。在他的带领下，我们用最直白最通俗的PPT语言做了一个很"业余的"概念设计——总图就画了两天，PPT排版和内容用了一个月左右。从文字到图片到阐述节奏到文本呈现方式，周副总都给我上了一课，让我知道大部分的非专业人士是怎么看待居住区规划的。直到跟某区领导汇报非常成功之后,将信将疑的我才觉得,周副总很厉害。

由于这件事情的成功,我又顺理成章地接了一个终于可以建造的项目,是个农民房改造。在那之前,我在万科什么房子都没造过。乍一接个真活儿,一般都用力过猛,满脑子现代主义、地域主义——"把那几个农民房改得更农民了"。方案汇报的时候,刘总和周副总都很客气。刘总对着我们的方案说了一句:"看来你们适合做现代的设计。"周副总补充了一句:"我们万科以前的房子都略显廉价,就是太现代了,兰乔圣菲之后才算有了好房子,你要理解一下刘总的意思,再改改吧。"我沮丧地回去改了下方案,改成了房地产业内普适的比较高档的一个形式,第二轮终于过了。

周副总说为了感谢我,决定和付副总请我吃个饭,饭的议题是,希望我能正式签约和万科成为战略伙伴,我十分感动,然后微笑着拒绝了。

还有次周副总出国了,我趁机为万科又设计了一个小房子,是一个半现代半古典的住区小会所。但这种风格在当时的万科已经算是很现代的了,周副总在回国看到生米煮成熟饭后说:"我要是不出差,不会同意这个方案的!"

除了后来碰巧在临港双限房又碰到了万科作为代建之外,最后一次作为万科的合作方是针对万科城市花园的两轮城市更新研究。此后,和万科再无新的故事。

万科之后,永业建完,高目的地产实践时期就结束了。

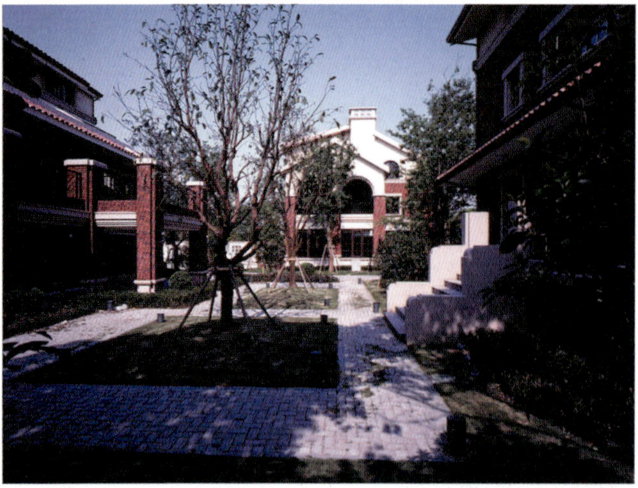

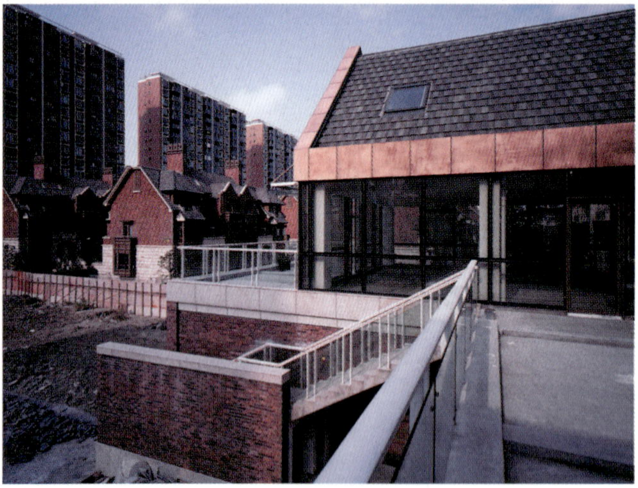

# 潮浦之畔

**6**

## 世博会龙馆 + 潮河生态展示馆及历史博物馆

时间：2007—2020
地点：上海市浦东新区黄浦江畔、承德市滦平县潮河畔
人物：张佳晶、黄巍、王明曜、张科生、徐文斌、徐聪、易博文

浦江右岸，潮河之畔，知其不可而为之。

# 世博会龙馆

当年的2010上海世博会中国馆向全球华人建筑师征集方案。这事儿像一剂兴奋剂，打在了所有华人建筑师身上。估计无数人被"肾上腺素"刺激得妄图想成为中国的伍重，设计出中国的悉尼歌剧院以及书写出中国式垃圾桶里拣草稿的伟大故事——当然这个伟大故事最后被一群院士哥们儿书写了。

我也差不多，但是我还没愚蠢到认为自己可以设计世博会中国馆，因为全球征集的事件形式大于意义，只是觉得闲着也是闲着，这么好玩的一次机会干嘛不玩呢。

在设计起点方面，我首先想到的是书法与围棋——围棋是我从小就痴迷的中国游戏，它曾经带给了我很多的力量；而对于书法的很多理解，也萌生出一些设计小伎俩。

由于各种起点都找不到设计的理由，任何和中国传统的联系都很勉强，加上任务要求在那个时候还没有后来那么明确，设计陷入了怎么做都行的状态。于是有一天我坐在车上，和公司同事开了句玩笑："实在不行，就啥也别管了。就在地上写个巨大的'龙'字，模型升起来再一顿Folding成为一个大建筑。天空中能看出是个龙字，下面的人却根本不知道，肯定特酷。中国龙馆！估计体量比胡夫金字塔还大，月球上一定看得见。"——而且，书法的龙字是一笔写成的，刚好和展览类建筑的流线要求相吻合。

我就用笔在草图纸上比着字帖画了个草书的"龙"字，仔细端详，发现手写的龙和画的龙真的差距太大——用我父亲的话说就是我画的龙没劲儿。

只好请父亲专门写个草书的龙，我简单PS拉扯一下——为了更加适合基地。这个改过的"龙"字就成为了我们的总平面——看来字应该是写出来的而不是画出来的才好。

在"龙"字的书写顺序的限定下,模型的空间关系和建筑流线关系就形成了。我们甚至还牵强地将龙字的起笔一小点定成港澳台馆,字的左半部分是国家馆,字的右半部分是地区馆,笔划的比例和面积比都很适配——有一种越做越合适的感觉。

后来中国馆的故事我想大家都知道,我们的模型是在交完方案知道结果之后另行制作的,原因就是我觉得那些设计快感还在持续。后来的事情已经跟我没有关系,我只是想把自己的快感延续到底。

自娱自乐的机会在职业生涯中不可能很多,自娱到爽的就更少。因此,这个设计在后来时常被我讲起的时候还颇为得意,经常出现在我那个时期的讲座中。那个大模型是两个实习生用了一个月时间把小木条用水泡软弯曲再一根一根地粘起来的,随着时间的推移渐渐残破。大模型一共活过了我们三个工作室时期,最后在西岸工作室前期的半室外阶段,在风吹日晒中,它终于肢解风化、寿终正寝。

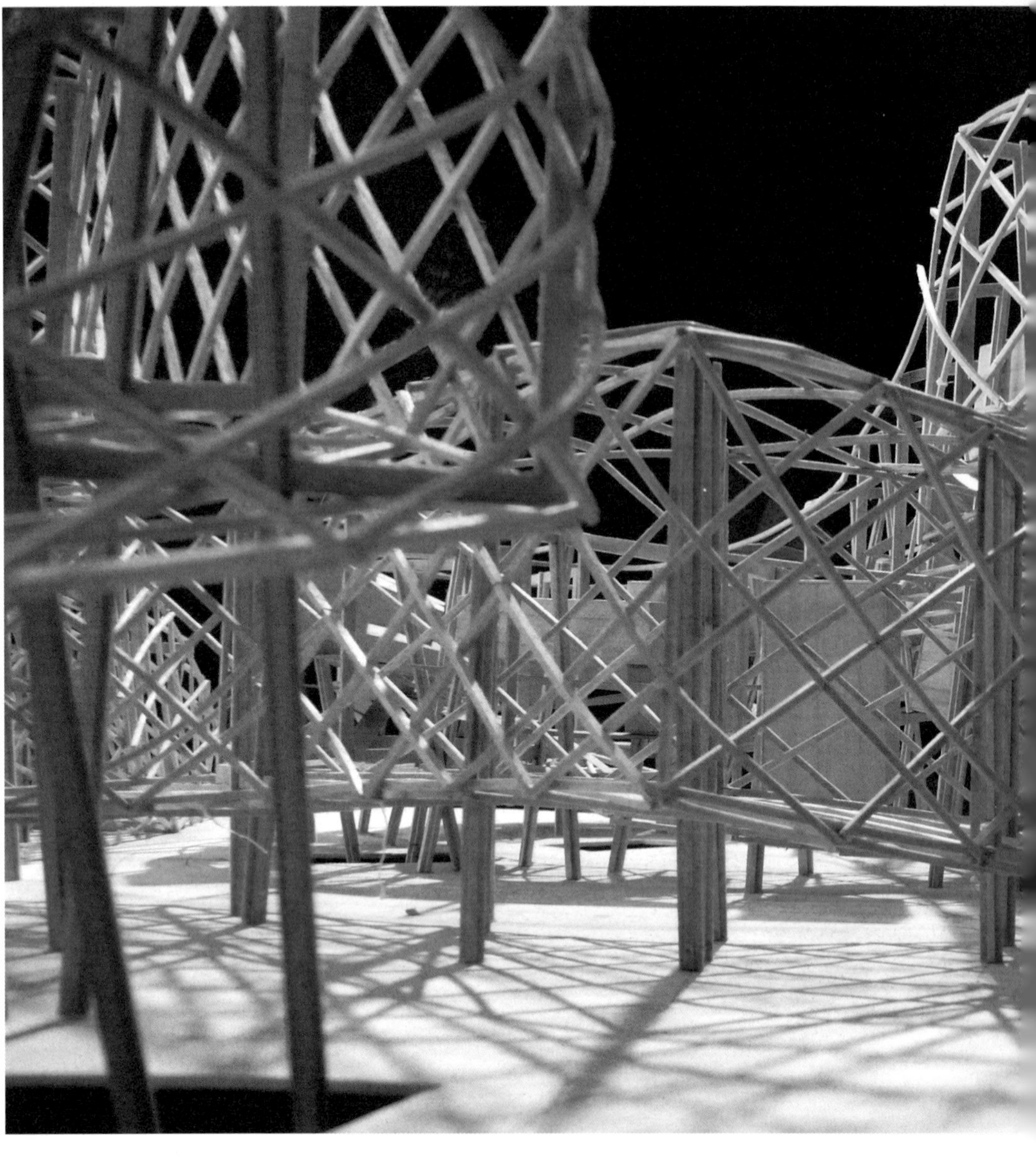

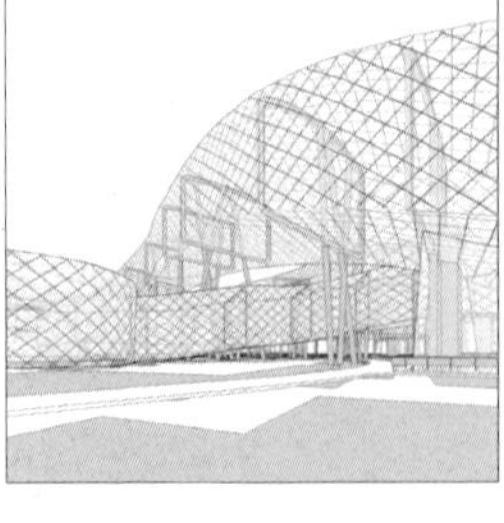

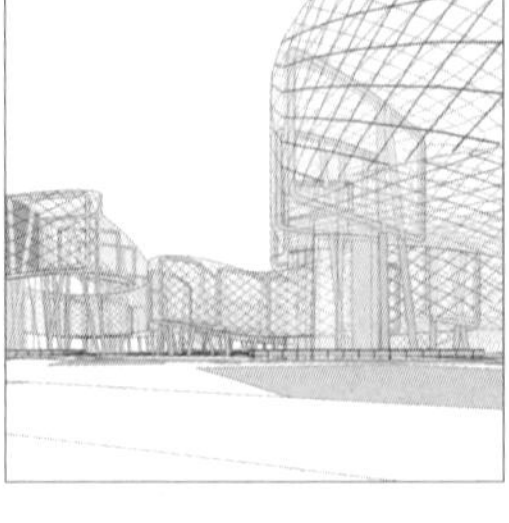

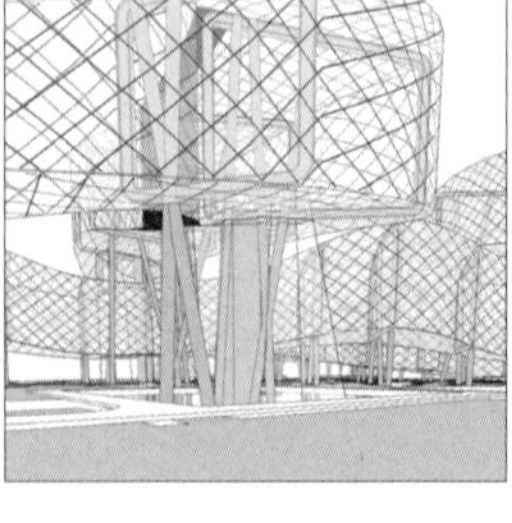

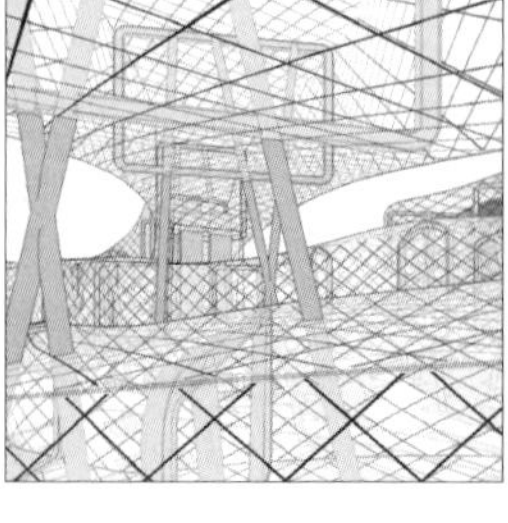

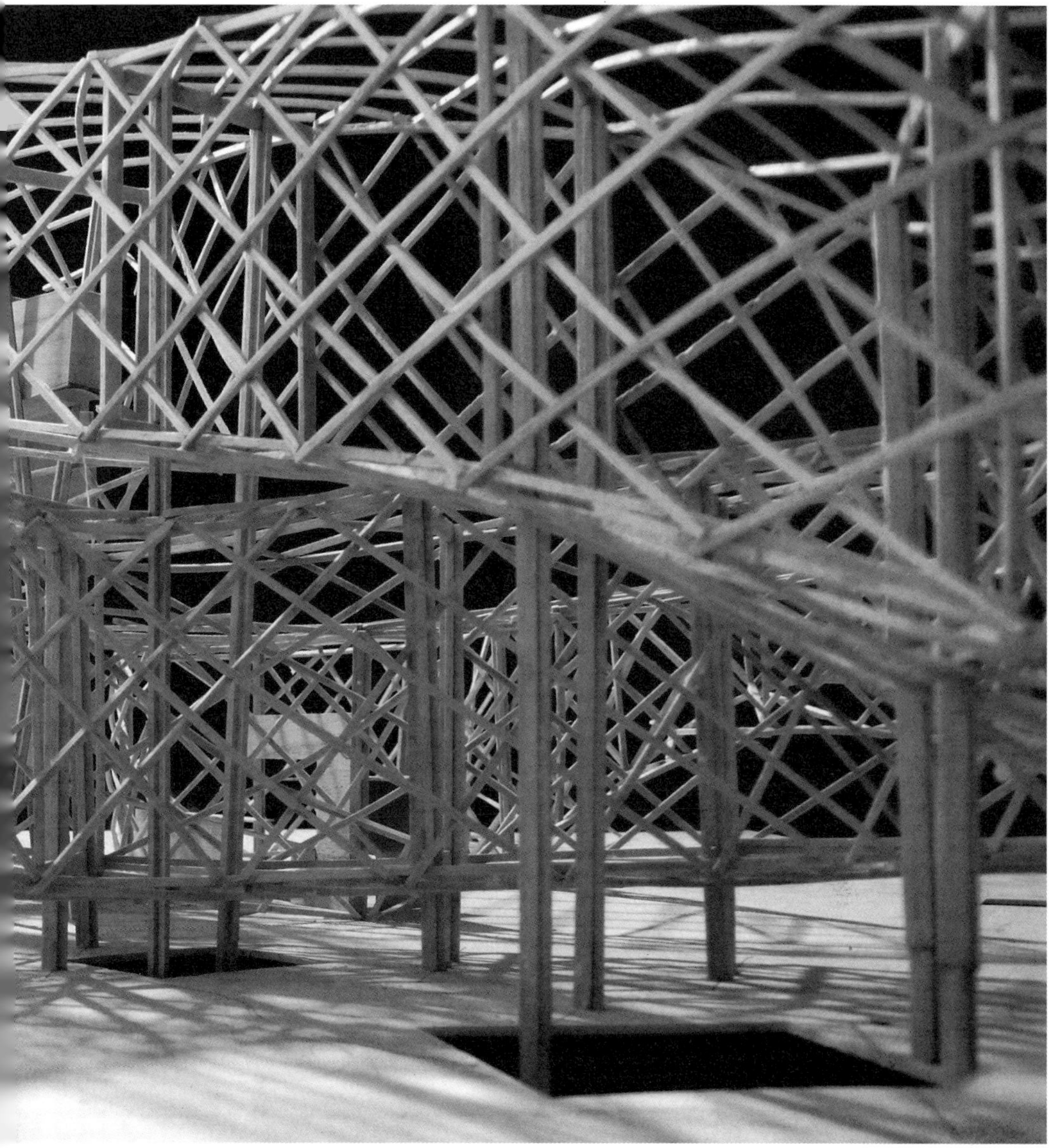

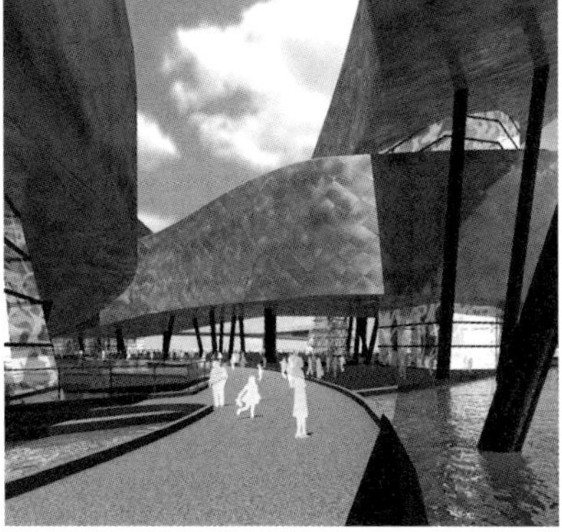

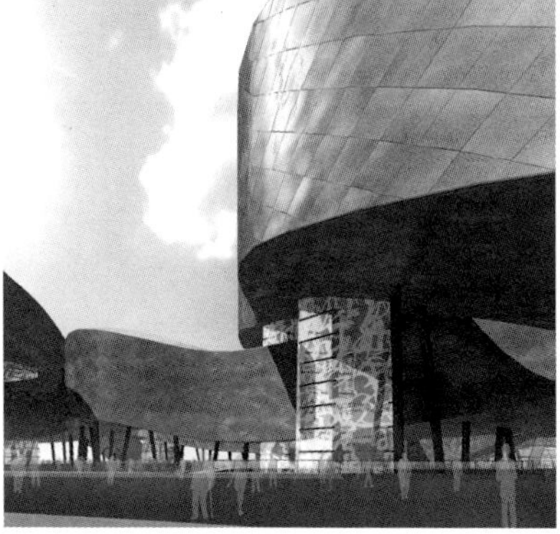

# 潮河生态展示馆及历史博物馆

做龙馆设计的时候，是2007年。而在之后很多年里，高目都没有机会参与美术馆、展览馆、图书馆等文化类建筑类型。直到2019年底，我们在设计阿那亚犬舍期间，马寅给了一个机会，就是在他的金山岭项目的所在地——滦平县。县政府要在潮河边建造一个关于潮河的生态展示馆和历史博物馆，政府希望他推荐一个建筑师，于是他就推荐了我。我也知道这项目可能离实际建造还很远，大概率只是开发公司和政府的一场勾兑，但没关系，有设计费，就当一个练兵机会吧。

基地的最大印象除了潮河本身以外，就是大片的格桑花和杨树林，远处的山峦虽然没有中国西部大山的那种壮美，但也气势连绵，尤其隐约可见的长城烽火台，让这个场地拥有了特别的气质。

在设计之初，我们就像一个初学者，进行了很多宏大叙事的构想。首先想到的，就是在这种山峦起伏的大河边，把两栋不大的建筑合成一个水平向的大房子，形成一种大尺度的气魄，与宏大的山水呼应。我们构思了三个初步方案：一个是屋顶有起翘坡度可进行摇滚现场，一个是屋顶是超长水平可变成溜冰池，一个是屋顶是连绵起伏的丘陵可与群山呼应——虽然形式不同，但总的想法都一样的，就是营造了一个天人分界面（也就是屋面）。屋面以下完成所有必须功能，屋面以上向山川致敬。总的来说，还是没有摆脱想做标志性建筑的幻想。

当我们去给他们县委书记汇报的时候，被明确告知，这是两个项目，不能放在一起。而且，要突出生态的主题和体现两山理论。

宏大叙事之后，我们心态渐渐放平，再根据展陈的策划意见，重新做了设计。我们将两个馆分设于基地南北两侧，地形一挖一填，互相作为观赏对象。历史博物馆那里形成一个浅水系上的线性建筑；生态展示馆则是位于一个堆坡地形上的由四个盒子和四片巨型石墙切割而成的建筑群落，坡下面由辅助空间将四个主展厅相连。

出于对场地的生态环境的喜爱，我们保留了基地内的大片杨树林，也希望今后的绿化依然大量种植格桑花甚至任由野花生长。巨型实墙和地面的毛石板在当地应该是唾手可得。半埋的展厅能较好地利用光线和建筑节能，一段一段切割好的原木经钢结构的承托，形成了展览空间的屋面遮阳系统。这些手段虽说不如最开始宏大构思时的那些"大气"，但"小气"可能是对大自然最大的敬意吧。

比起最开始的那些构思，最后的结果样式是始料未及的。找准了定位后，方案取得了好评并通过，因为新型冠状病毒感染有了些许中断。但后期还陆续进行了一些设计深化和展陈方面的思考，比如在生态展示馆里考虑一些当代艺术展和建筑论坛等。

最终潮河生态展示馆和历史博物馆项目因为各种原因没有进展下去，但是这个过程感觉还不错，是一种建筑师必要的训练过程，而这"知其不可而为之"的心态在设计之初就准备好了。

况且，还有不错的设计费，何乐而不为呢？

062

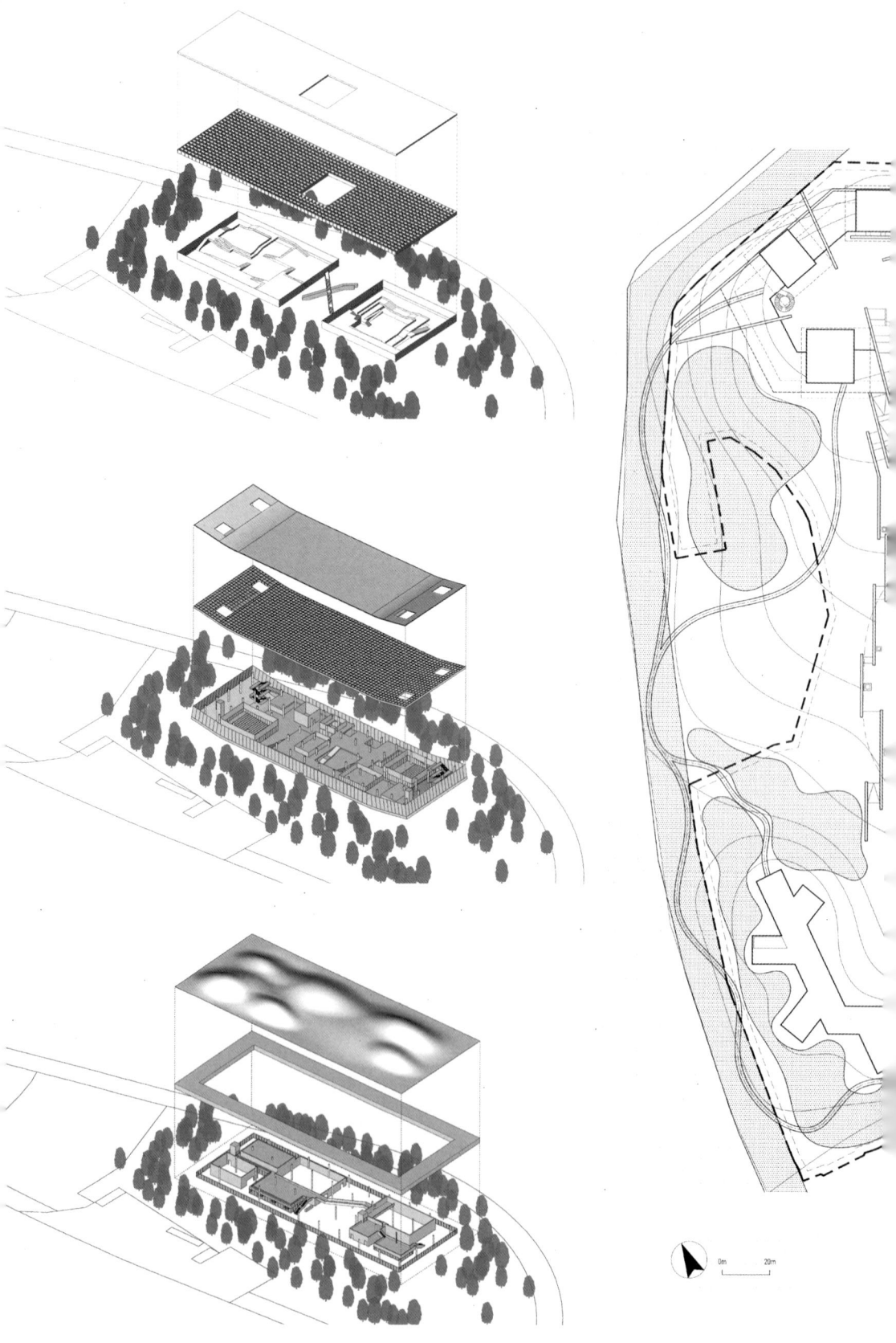

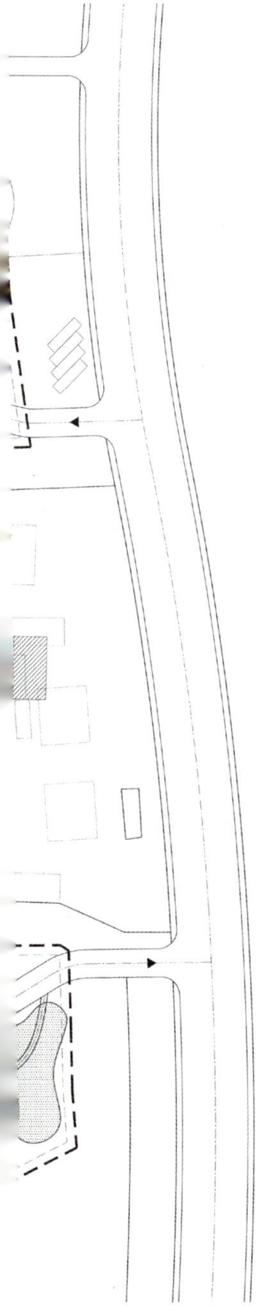

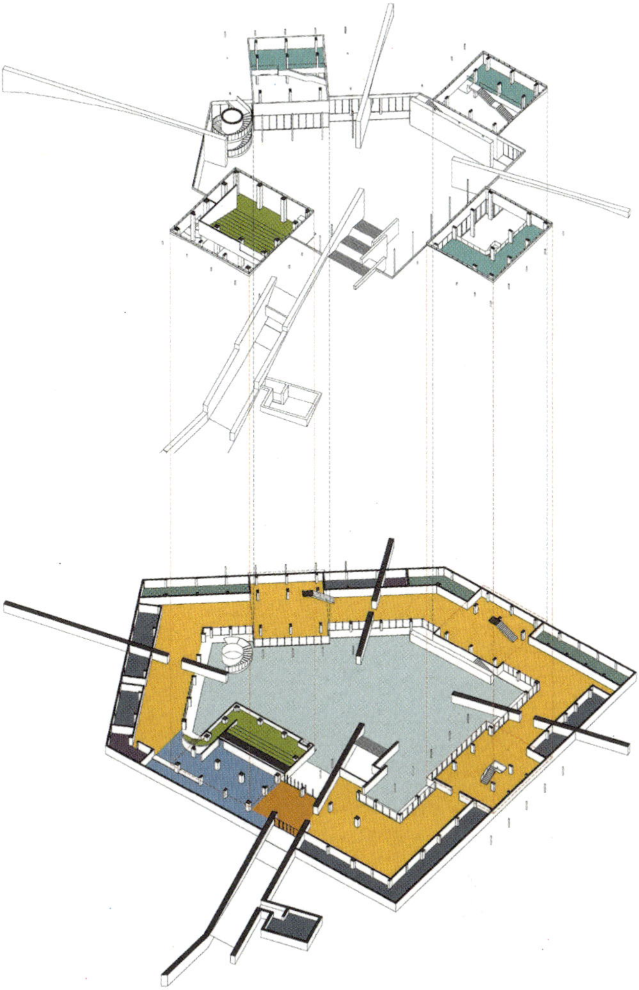

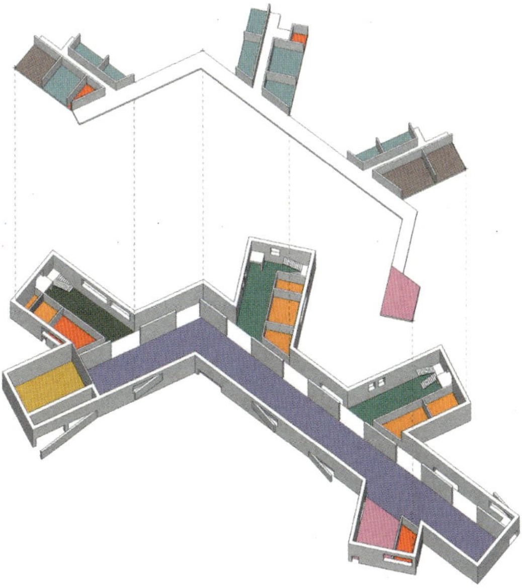

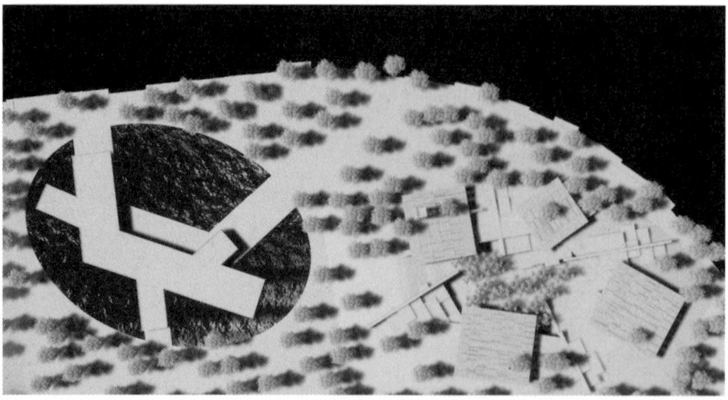

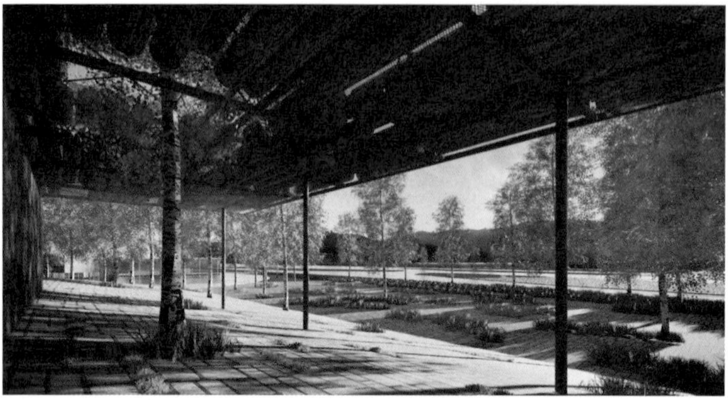

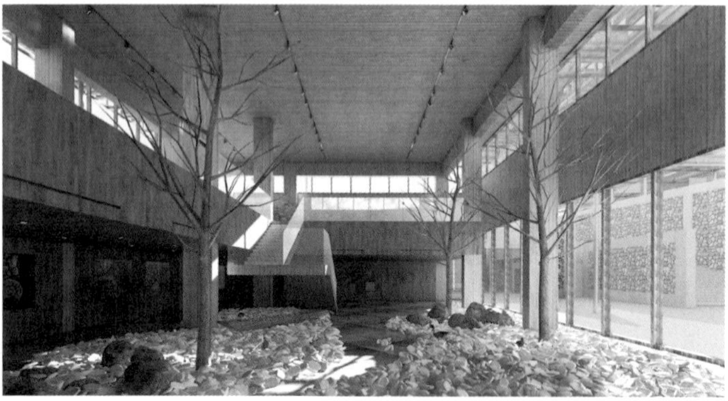

# 天空之城

7

**深圳石厦小学 + 深圳梅丽小学 + 深圳福田中学 + 深圳南约二小**

时间：2017—2021
地点：深圳市福田区、龙岗区
人物：张佳晶、徐文斌、黄巍、易博文、刘苏瑶、李赫、徐聪、赵芮澜

# 深圳石厦小学

如果问这些年我经历的项目中哪些最难忘，我想在深圳的教育建筑系列至少可排前三。难忘之一是我忙了半天项目却一无所获；难忘之二是我间接地推动了深圳新校园计划的诞生；难忘之三是我们在过程中对教育建筑类型的极致推演。这些难忘足以成为高目25年中的一个重要事件，在空间意义上和时间意义上，我们均需仰望，故称之为"天空之城"。

因为德富路中学的建成，我会接到一些教育建筑设计评审的邀请。深圳福田区的有识领导邀请我参加一些中小学的评标，比如何建翔的安托山小学（后来的红岭实验小学），我就是评委之一。评审后，我跟另一位同为评委的某大学教授被邀请参加下面两所小学的新建项目投标。当然，很明显是分别作为两组的种子队员。

福田规划局希望这两个学校，我们可以自行选一个报名参加。我早于教授先去了现场，在梅丽小学和石厦小学两个地块都现场踏勘了一下，由于在梅丽小学并没有遇到校领导，而石厦小学的教导主任则和我交流充分，于是，我没想很多，就选了石厦小学，回到上海开始了方案。其实在飞机上我就有了初步的构想，并兴奋地设计出了原型。

一周后，福田规划局忽然打电话给我，很为难地问我能不能换一换地块，改做梅丽小学，我就猜到大概发生了什么。在极不情愿的换地设计后，我还是把石厦小学的思考连贯了下去，也就是说我两个学校都做到了方案深度，并都制作了模型——为什么故事总会发生在我身上？很好理解，我就是一个不谙世事、毫不妥协的试金石，因此"新校园计划"这个重要的历史事件就会因我而燃。

深圳福田区的新建小学，已经进入了3.0时代，这个3.0的含义除了版本迭代的意思外，还有一层意思就是基本上都是不到一万平方米的占地要建设近三万平方米的校舍，地上地下面积加起来的实际总容积率约3.0。

一定会有人质疑为什么要做这么高的密度，归根到底是一个城市对待人口和土地的态度，有利有弊。

量变势必引起质变，尤其如此激烈的量变，在研究之初就觉得一定会有新建筑类型的产生。

在飞机上，我飞速地思考。首先，抬高操场，是很容易想到的。功能教室叠加在普通教室楼上，大空间功能放在抬高一到两层的操场下，地下两层，这样来满足使用与规范。

日照规范的遵守几乎是教育建筑的第一设计起点。高密度空间创造对于一个公共建筑来说很容易，但难度是把36个有形状及大小要求的普通教室的日照先解决，虽然明知道在深圳还计算这个并不合理，但没办法。

如果抛开一定要靠距离来满足日照的方法，还有什么？我想到一栋建筑日照条件最好的部分往往是屋顶，那能不能把所有的普通教室都散布在屋顶？前后半层跌落解决日照问题，教室之间营造竖向采光空间引入漫射光并产生拔风效应，同时也回避了教室的噪音干扰问题，前面错层教室的屋顶成为后面教室的室外活动空间，使得课间的孩子们可就近活动。

操场策略其实是这种高密度设计的另一个起点。对于小学来说，我们尽可能地让操场不架离地面。

原型有了之后，我们就在基地里根据外部的日照影响回应场地。于是最终有了朝东的总平面，在跌落的屋顶上找出36个日照条件最好、离运动场噪音最远的教室——整个学校就是面对运动场的看台和舞台。

每行错半层，七排正好最高点是规范要求的四层，教室之间的空隙解决下面空间的采光与通风，是非常切合深圳气候特点的方法。

我们在开始的时候没有设想这种3.0高密度的小学会是什么样子，但经过图解、原型到基地到建筑设计的过程后，首次看到结果时还是自我震撼了一下，现代建筑类型就应该是在真实需求和外部限制的挤压下脱模成型。

面对着大操场的跌落空间，增加了上学读书的趣味和仪式感。我可以想象，对于老师和孩子来说，这如天空之城般的课间是美妙的。

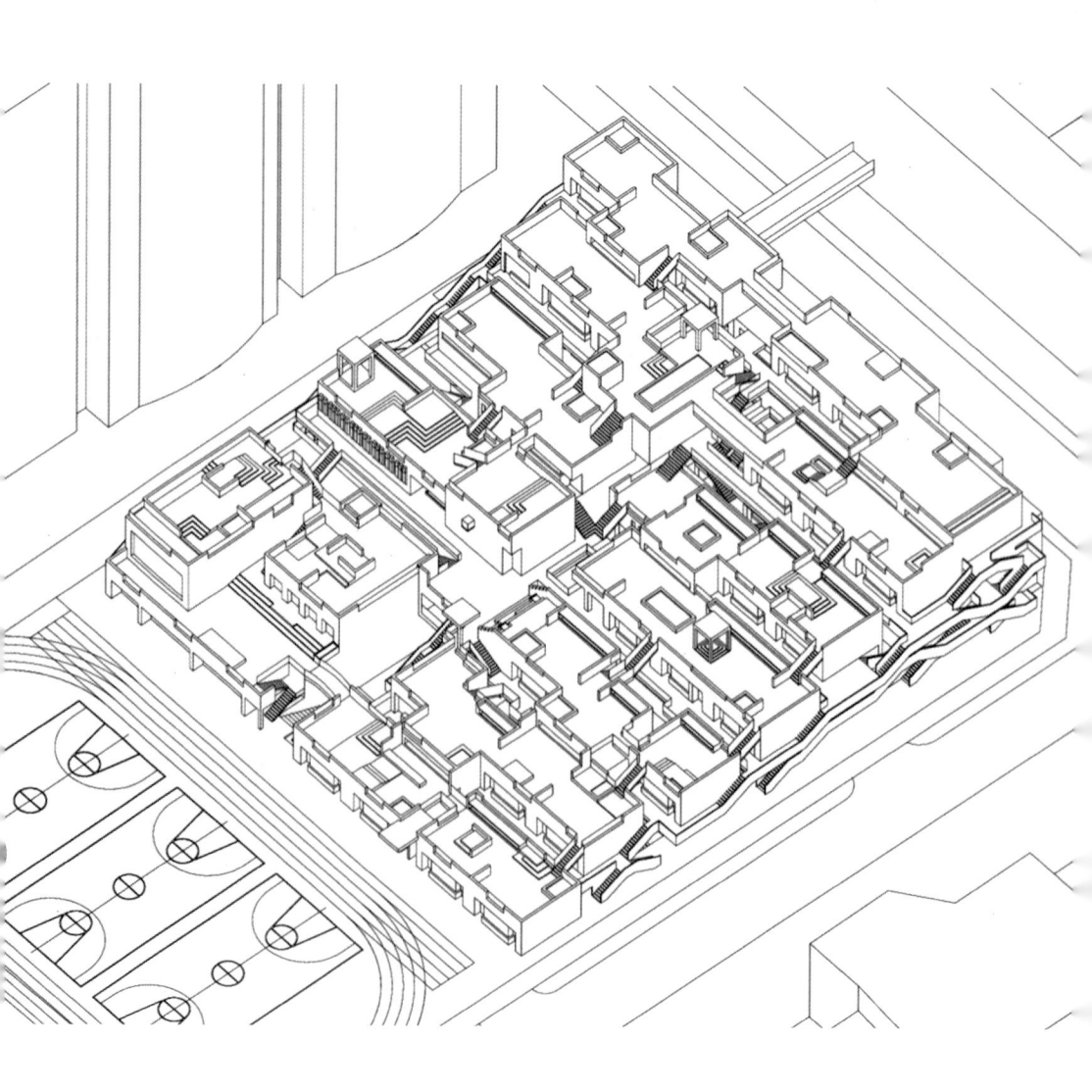

069

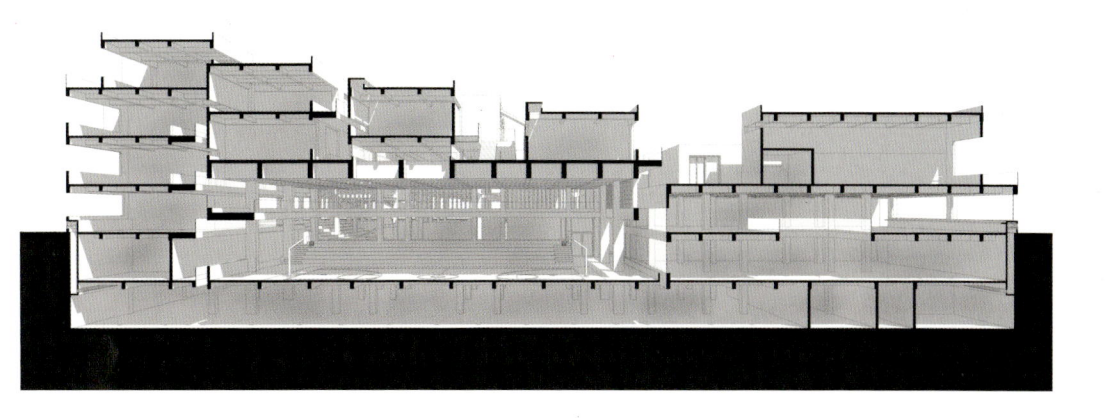

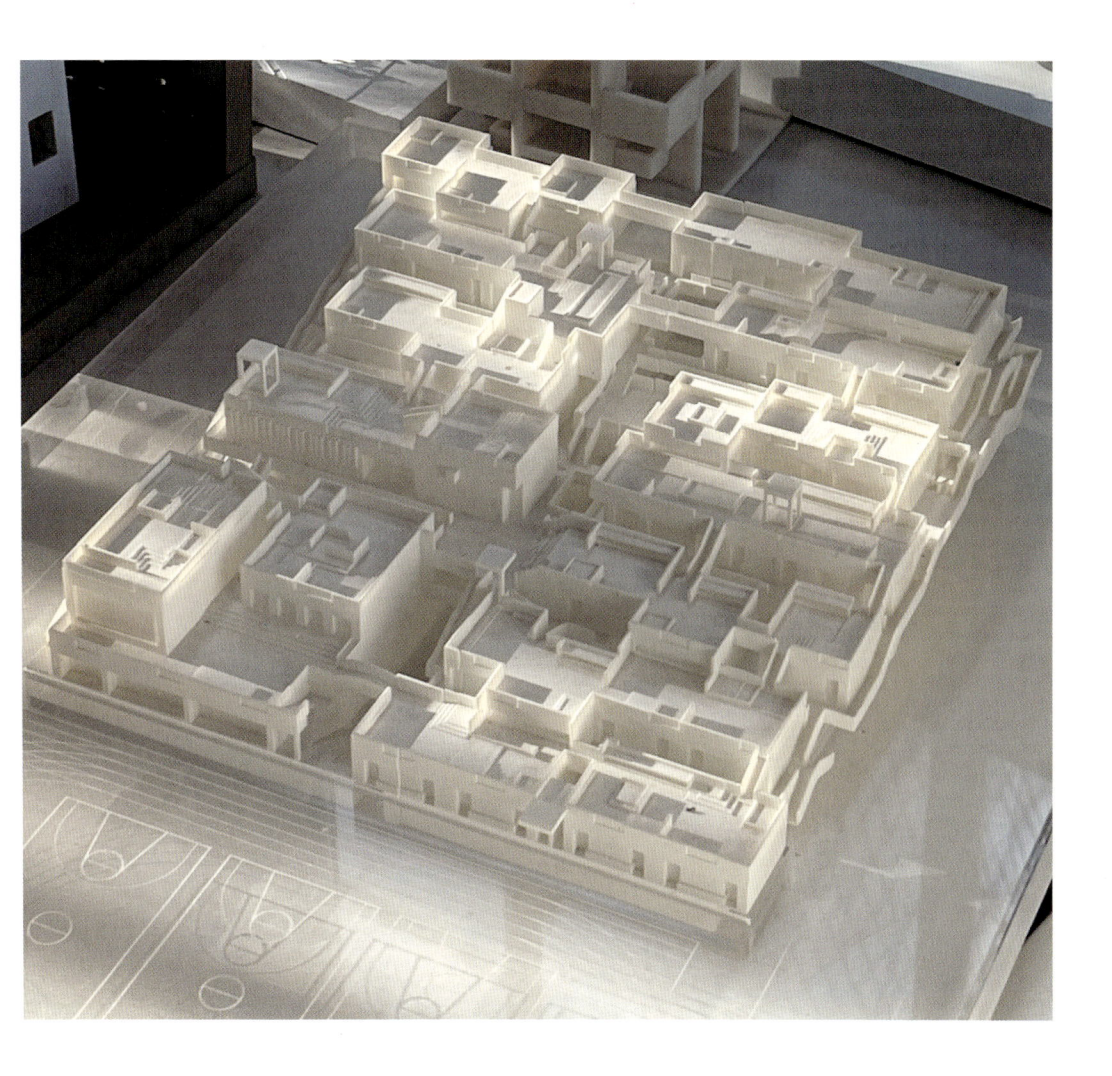

# 深圳梅丽小学

我们但凡做过学校设计和住宅设计的建筑师，大都会对传统的规范有不同程度的质疑，不管在实际设计过程中我们是不是当了帮凶，或者想法中也有"其实人家也是对的"的可能性，但是作为专业人士，就有探讨极限和修正错误的义务。因为你只要还有一点点正常的碳基生命的生理认知，你就应该知道，赞美，不是这个时代该有的。

我之所以对深圳的这次学校设计邀请如此感兴趣，是因为任何接近极限的探讨越接近事物的本质，也就是说容积率0.5～1.0的学校按照现有规范实在太容易做到了，那么突破的合法性和必要性就往往无从谈起。

我跟深圳福田规划局的领导曾经说过，如果想说服相关部门放松或者修正规范，你拿建筑设计的"有趣"来谈，他们会觉得你很"无趣"。但如果拿"利益"来谈，你跟他们就处在共同的语境上，而你的话题反倒很"有趣"了。后来，深圳规范修正了教室间距25米的"铁律"，变成了18米，也证明了在很多更重要的事情面前，那些规范再铁也会生锈的。

在此次小学建筑新类型的研究中，我们归纳了3.0时期的两种原型：一种是上一篇的巨构式，一种是这一篇的中庭式（也可以叫综合体式）。

其实很好理解中庭式的产生，可以理解为放大变异的中走廊式。南向依然尽量满足普通教室的日照规范，利用北向其他功能教室来提高用地效率。说到这，一定会有人问，你怎么能让学生朝北呢，我会跟你说："在北向花槽植物都能长得如此茂密的深圳，不会影响你青春期的茂密的。"

梅丽小学位于深圳的城中村内部，相较地块方正地势平坦的石厦小学来说，梅丽小学占地更为极限，周边情况非常复杂。

这个学校有个比较现实的要求就是：高密度建设之外，还不能让施工打断教学。设计建造过程也要包含腾挪的过程。

这个策略很容易想到，就是在南侧操场上先建造一期，然后腾挪。出发点即使是一样的，不同的建筑师也会选择不同的力度，比起一些大刀阔斧的方案态度来说，我们选择的是小心翼翼。

南北楼格局是适应这个基地的最佳格局，没有之一。做到这个阶段的时候，我回想起曾经在上海参加的风貌区某学校操场覆盖计划的评审，运动空间的缺失在很多条件下是难以改变的，但是"运动时间上不能再缺失"。同样是高密度的学校，这个操场覆盖的思考延伸到梅丽小学这个方案里，全天候使用的"超级风雨操场"的概念就产生了！

利用四层以上连接南北楼的廊桥结构支撑上部的索膜结构，形成通风遮雨的"超级风雨操场"。

学校的走廊和足球场都是孩提时期的重要记忆——我们用尽了招数，让操场留在了地面，是为了给城市一个缓解，也是给孩子们的童年，一个仪式感。

梅丽小学在投标失利后，间接促成了福田区规划局和一些业内人士共同掀起的深圳新校园计划，对于这个结果我有着复杂的心态，就是真中标未必是好事，不中标未必是坏事，做一颗闪闪发光的弃子，有时候可能是全局的闪光点。

事情告一段落之后，我又重新审视了高密度情况下的规范盲点和设计盲点。

我之后评估了竞赛时梅丽小学方案的优缺点，又想了一种"三明治"的建筑类型，其实就是中庭式的进化。教育建筑规范中有个最有趣的事情就是区分了普通教室和其他功能教室。普通教室必须严格满足日照，无论是在海南还是深圳，还是铁岭。而其他功能教室，就似乎跟得到了特赦一样，不需要计算日照而只需满足其他规范要求。

那么把南向一条教学楼全部设计为普通教室，其他几条功能教室和教学辅助用房则整体靠向普通教室，每一条教学楼用10米和6米的中庭分割，只要保证面向内庭的开窗谨慎设计（尽量回避大窗相对），即可满足现行规范（当然这也是极限擦边球了）。互相贴近的条形教学楼在窄中庭里面用很多横向握手的体量和挖空来解决水平交通和拓展教育模式。

最后形成的超级巨无霸三明治——四片面包（条形教学楼），一层芝士（10米中庭），两层蔬菜（6米中庭）。漫游空间就跟牙签一样，将四片建筑、两个6米中庭、一个10米中庭紧紧地拉在一起。

当然，所有的想法和方案都需要经历实战，我们这样的研究只能算比较靠谱的演习。

073

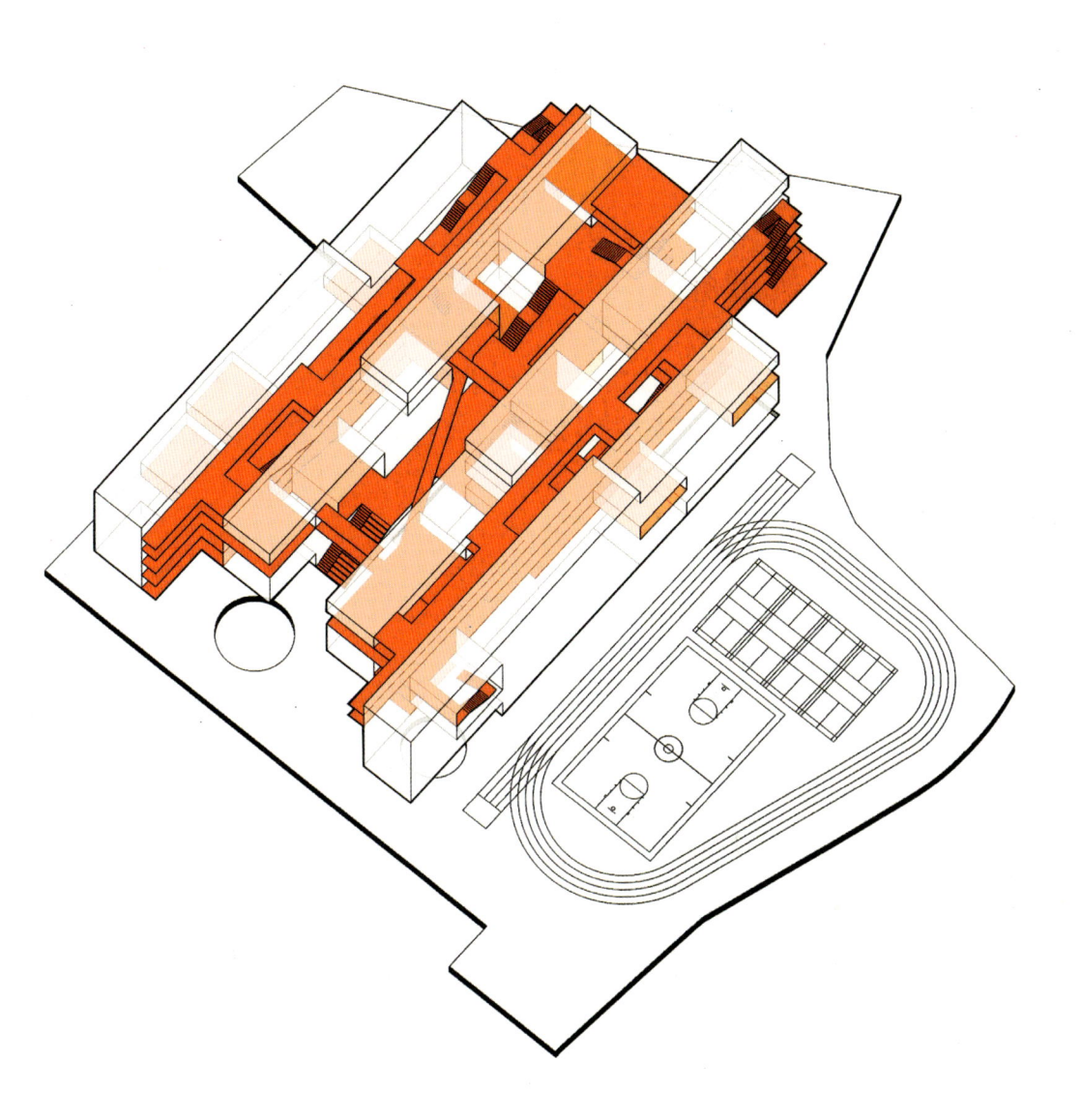

# 深圳福田中学

一个在酒吧喝酒的夜晚，我接到了深圳市福田规划局的电话，说福田中学从57家报名单位里选出了6家，高目幸运入围。

于是我就继续参加了这次新校园计划的重头戏——福田中学。我说过，我对这个事件的经济效益和结果不是那么关注，我只是要支持这种有情怀的操作——这种对僵化传统的挑战力量，在当下更加难能可贵。

在六进三的第一轮我们轻松胜出，而且在彼此保密的情况下还是在媒体报道的视频镜头里看到了另外两家的模糊图样，我当时觉得高目稳赢了。

我在汇报中也说了，我现在不觉得"有趣"可以成为这种超高密度设计的起点，而起点应该是数据分析和价值判断。

基地东侧是一所大型医院，有病房和门诊楼；南北都是超高层住宅（基地西南角两栋小多层先不能拆），基地西侧是大型绿地和CBD的远景。

4万多平方米的基地要容纳近12万平方米的面积，同时还要有400米标准跑道和球场（要有开运动会的条件），还要至少三片篮球场（不含风雨操场的两片）、四片排球场和一片网球场（因为这所学校是篮球特色学校），还要有一个一千人的剧场（因为这里是传媒大学的对口高中），还要有60个自然班及很多走班小教室，还要有3000学生住校！而且，还有一根规划中的地铁线，穿过福田中学，埋深大约二十几米。

这些互相牵连因素之间的取舍和进退，是需要一个极其复杂的运算来进行比对。因为这个外围条件在学校设计领域是前所未有的。因此，拿一般性的"感觉"来审视这个问题，那么前提就是错了，因为这一定会出现以前没有见过的建筑类型。所以在设计方法上，一般会先找到以往的大家认可的建筑原型套用，通过改良一些元素产生新的方案；另一种方法是不作形式预设，先把最难的问题分门别类进行数据分析，并加权分析优缺点，最终确定建筑可能的组合方式。高目选的是后者。

有人在竞赛结束后说我们的方案是最有想法，但最不易实施的，其实正好相反。

这个基地可能出现的方案就那么几种，最大概率的方案是提升操场方案。但这不同于小学的操场提升，小学操场与建筑的体量比值是相对较小，而高中操场（近20000平方米）这块大板几乎占到了基地的一半。也就是说，普通操场提升方案，下面的建筑（基本上是食堂、球场等空间）大部分难有通风采光。当然，可以在操场上开大洞，这个方案也常见，但大操场就不是无损操场了。

但同样提升操场，再升高一点，有趣的事情就发生了。当抬升高度达到20多米之后操场下面的空间就产生了质变，反倒变得有通风采光了。主教学楼在操场下面的西侧面向城市绿地，操场噪音问题也得以彻底解决，并且这个操场和教学楼都拥有无敌景观。操场下的被五大中心所分隔的灰空间营造出南北两个有顶半室外中庭，可以提供无穷想象——而且因此产生的教学建筑是对师生、地铁和分期建设都非常友好的——多层建筑。而按照流行做法的操场提升一两层高的方案最终依然摆脱不了教学楼一定会是高层的宿命，不是高层不好，而是人员密集的建筑如果能做多层为什么不做呢。

还有个思维盲区，就是其实操场提升20米、9米还是5米，结构要面临的问题几乎是一致的。因此，经过将近两个月的设计取舍加上反复比对，我们认为：在外部条件没有重大修改的前提下，我们这个方案是解决所有问题的最佳答案。

最后还是要说明一下，这个方案看似大胆冒进的做法全部基于外部条件分析和未来实施的各种权衡及价值判断，也更加让我坚信了形式和类型永远基于外部数据和算法——理性可以作为起点，但终点是什么，无所谓了。

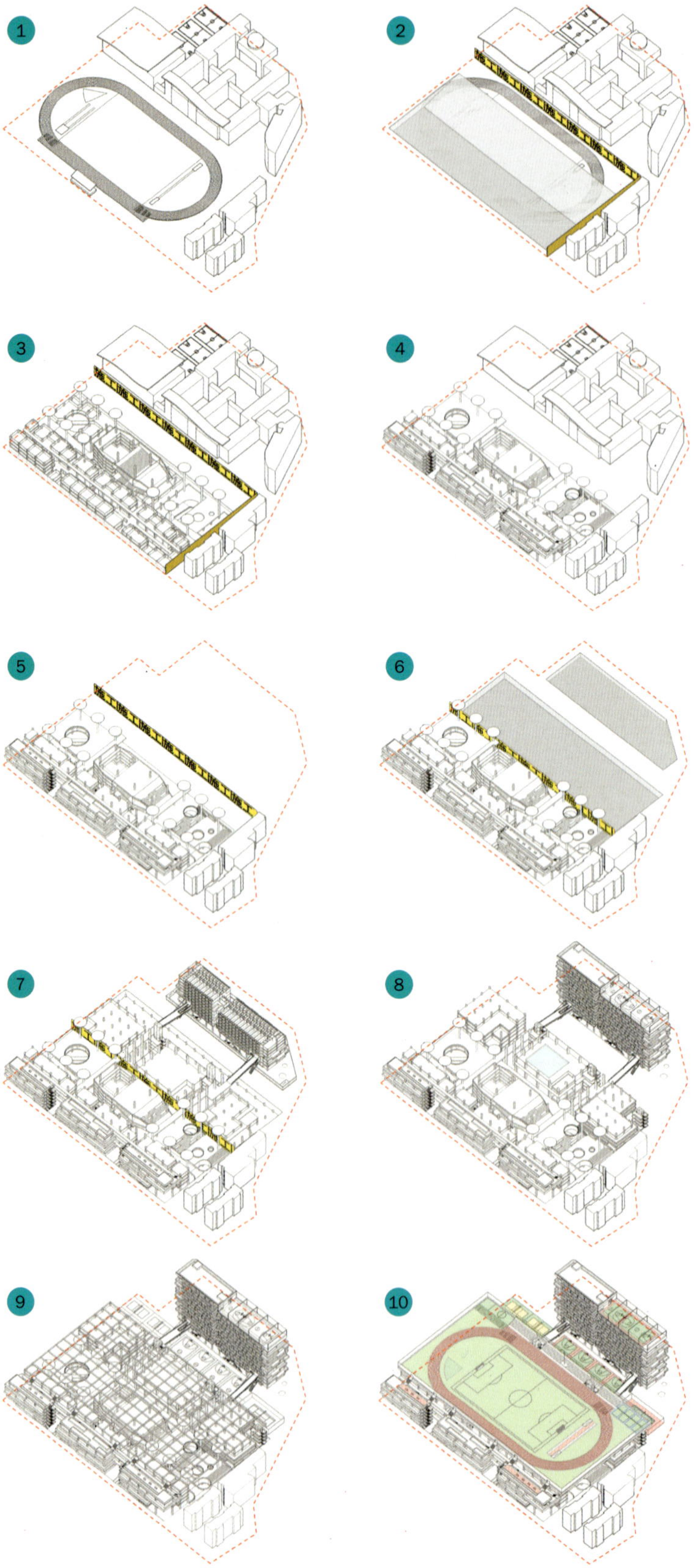
1
2
3
4
5
6
7
8
9
10

077

# 深圳南约二小

在轰轰烈烈地参加完第一季深圳新校园计划后，第二季我们并没有参加，只是默默关注了一下。因为很多上海的同行可能由于第一季的影响力也都分别报名参加了，并取得了很好的成绩，显示了上海建筑师的板凳深度。

在第一季结束时，深圳主办方办了一个新校园的总结展览。在临近开幕的一周，她们忽然想到了我，希望我能在展览中留点什么。我就在众建筑的展览方案基础上，在论坛坐席的上空挂了一块大幕布，上面的图案就是福田中学的空中操场和梅丽小学的空中连廊的抽象组合。

深圳新校园转眼来到了第三季，主办方还是希望我们这种生猛的有话题的建筑师继续参加，说主要是第二季太优秀太平稳了。我审视了第三季的不同基地，发现了一个特别适合我正在思考的一种范式的一个小学基地，就是这个南约二小。我其实就是在找一个更加极限密度的地块，场地要够小，容积率要够高。我正在思考的类型是想将教学楼放在净高7米的操场上，这个类型大概只适用于小学，因为操场的规模不大。看到这个很合适，于是我就报名了这个基地。

我回顾了在"天空之城"系列里面做过的设计，就发现了我们所有的小学设计，最终操场都在地面上。

开始做方案之时，我看到了基地北面有一个规划拟建的幼儿园，就更加坚定了这个教学楼在操场上的原型设计。道理很简单，前面操场架起并挖洞然后教学楼后退的经典方式，在这个基地已经不成立了，因为紧邻的后面的幼儿园是个对日照更敏感的建筑。而我们的范式，可以将基地北侧让出一片形体的盆地，让后面的幼儿园设计成为可能。同时，我们也以城市设计的角度联动设计了幼儿园的概念设计。

我作为一个经常做城市设计的建筑师，对城市的理解有我们自己的看法。在南约二小海选的时候，有人表示，我们高目的方案没有阐述城市关系。我听说后解释道："考虑与幼儿园的关系难道不是最重要的城市关系吗？"这个结论在后面的进程中得到了进一步印证。

在汇报过后，我们这组成为唯一的要加时赛决胜的一组，而且三个入围方案都要再修改汇报一轮。于是，早就心存退意的我在第二轮加时日期快截止的时候，通过公司公众号文章，正式宣布退赛。

那篇退赛文章在业内流传甚广，至此，我完成了我的价值——就是又给新校园计划制造了争议方案与争议话题。

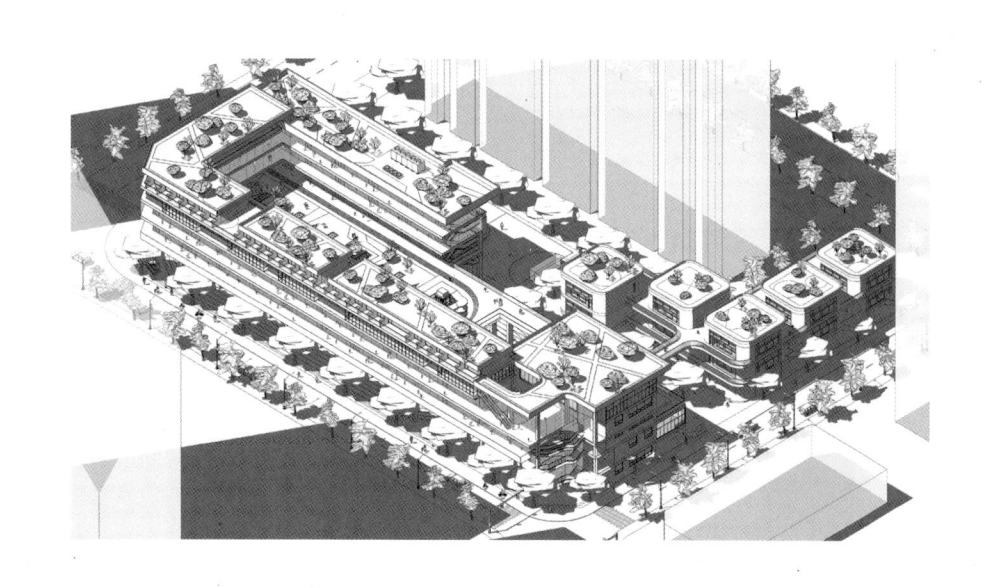

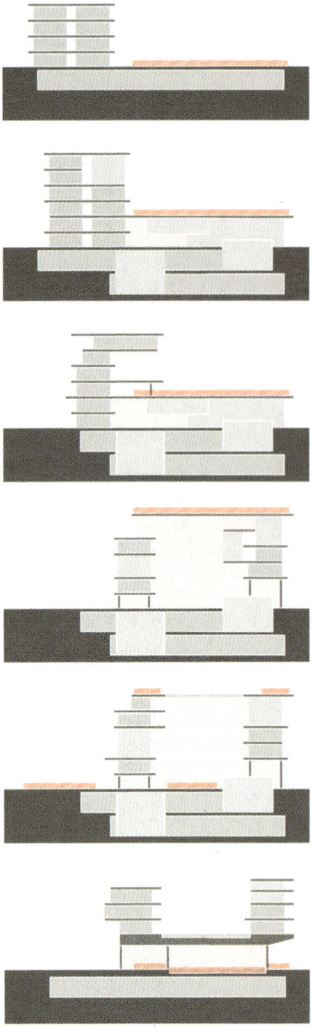

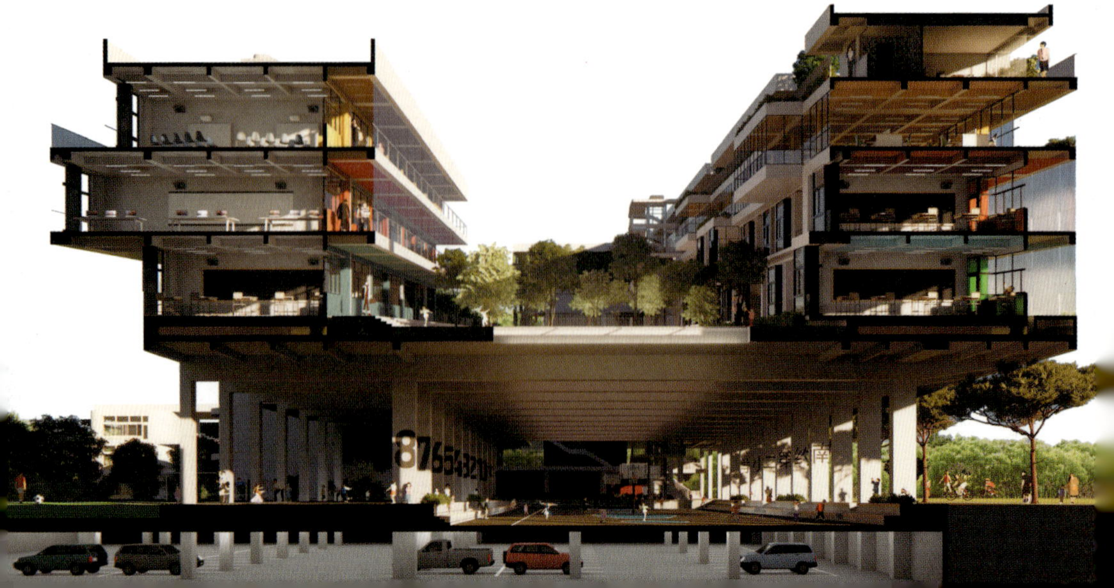

# 窗含西岭

**8**

## 云龙路中学

时间：2021年
地点：四川省天府新区
人物：张佳晶、徐文斌、徐聪、易博文、张启成、舒扬、赵芮澜、郑小波、周榕、刘阳、尹毓俊

# 云龙路中学

参加成都云龙路中学竞赛的一个非常重要的原因，是对以成都为圆心、半径一千公里的那片土地的热爱。因为热爱，我曾经在2010年有一次7500公里、单人单骑的川藏壮游。

我在去现场踏勘基地的前一天乘坐飞机飞往成都，为了表示重视，特地订了一张商务舱。我是一旦座位前面有电视屏幕的时候，就会把航空地图调成3D模式一直看到飞机降落的那种人。旅程途中研究襄阳为什么能成为蒙古大军南下的要塞、长江中下游流域的城市圈和重要水体到底是什么关系等等。当飞机进入成都平原的时候，西部的雪山在地图中渐渐出现，我就用手机翻拍了一张航空地图的照片，并发到了朋友圈，感慨了一番"窗含西岭"。

而第二天对基地进行航拍的时候，现场的地貌使我震惊，场地和我前一天在航空地图上拍到的渐露雪山的成都平原在气质上有着惊人的相似。

我感受到了一种强烈的来自于基地的暗示，就是面对这个场地内落差20米的地形，你难道没有点感动和态度吗？

成都天府新区的规划战略之一是"公园城市"，虽然我并不认为提出公园城市这四个字真的能传达城市所有的意义，但建筑师要对城市管理者进行专业转

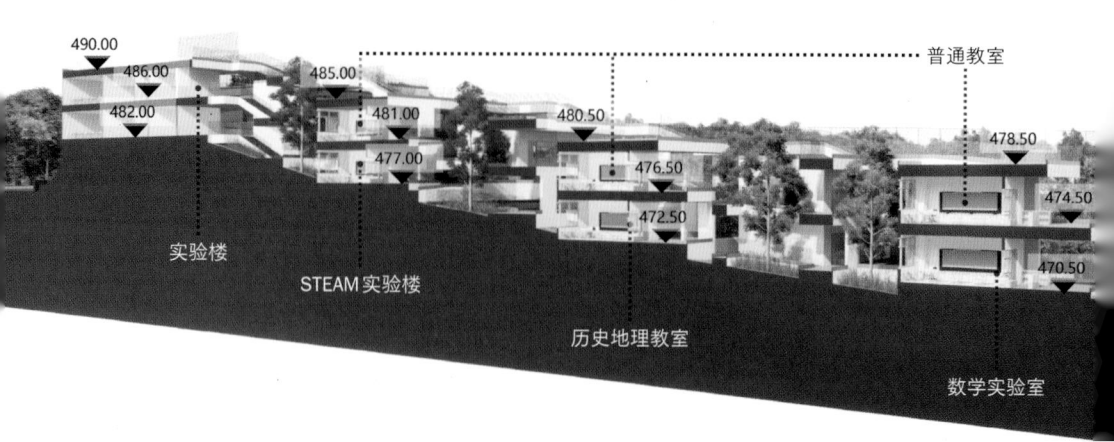

译及引导——公园城市不是城市里造几个公园的意思，这是一个深层的对待生态环境的综合态度。因此我们想，既然被基地馈赠了这么一个不小的山坡作为礼物，我们就要好好对待它。于是，保持山头、山坡和山脚的策略成为设计的起点，虽然我知道很多人对建筑师这种保留的执念根本不知道意义何在，但我要说的是，对自然的态度反应一种价值观，也是一种高级算法。

我们在决定保留地形之后，工作就分了两步走：第一步是操场策略，第二步是建筑策略。

人们对保留地形的理解往往也有偏差，比如，有的人认为砍掉半座山留个山头也算，有的人认为把山挖开再堆回去也算。但我们从天府新区已经完成的丘陵绿地的侧面就能很清楚地看到，这些山体下面基本都是岩石为主，结合成都平原固有的砂卵石地层，愚公移山肯定不是好办法，对山体进行最小干预是我们的首要地形策略。

先处理对地形影响最大的事情，也就是操场的选位，因为它"不能不平"。经过标高和土方分析，操场顺理成章地放在场地东南角并与一些大空间建筑上下结合。

剩下的部分就是"可以不平"的功能，即全部的教室、实验室、教学办公、年级会议室等中小型功能房间。低矮零碎的体量对坡地更加友好，我们保留了全部山头和山脚湿地后，将25米间距错落布置的教学楼散落在山坡上。由于

湿地

每前后两个教学单元都是不到两米的落差,那么全楼就可以实现无障碍。

我从第一轮方案开始就喋喋不休地强调山脚洼地要处理成湿地,既能解决蓄水、排水、渗水等问题,又能弥补一直生活在硬化的城市里的孩子的认知缺失。我汇报方案的时候说:"海绵城市之所以实现不了,就是因为大家在喊口号的时候都想让别人当海绵。但是如果专业人士不能在这种细节上坚守,放任海绵城市成为一句空话的话,就丧失了专业人士的操守。"

山顶公园在非上课时间可以设置校园二道门禁对公众开放,因为它极有可能是在天府新区这个区域中,房地产建设完成后的建设用地里,唯一所剩的山头,到那时它可以成为能唤起记忆的社区共享空间。

传统的校园设计和管理认知中,在"楼"里上课成为教学楼建筑的共识,大部分是一条走廊一排教室的模式。而我们在适应坡地的设计布局之后,教学楼便不再是楼了,成为了用风雨廊连接的带有前庭后院的独立教室单元。从小就在如此舒适放松的环境中长大的孩子,肯定会对这个社会报有更多的爱与宽容。

在整体布局和整体风格确定后,方案一共进行了三轮设计修改,主要纠结在操场是否要挖洞、山地建筑群的高度这两件事情上。最后,在与天府新区公园局和社事局的不断交流和碰撞中,我们最终决定回归第二轮的方案(模型照片中最下面一个),即建筑主要以两层为主、部分三层、操场保持完整的做法。

我们在方案汇报的时候,多次阐述了此次的设计的三个意义:一是对于建筑师的意义,我们面对特殊基地如何取舍和坚守并推导出属于这个场地的新类型;二是对于学校的意义,老师和孩子都能通过这些不同凡响的空间拓展对于这个世界的认知;三是对于公园城市的意义,通过实际案例向整个社会传达一种对自然保持尊重和敬畏的价值观。

虽说中国的建筑师们在教育建筑上做了非常多的努力,然而大部分决定实施水平的天花板,却是各教育局的基建处,偶尔一两次的大领导翻牌成为这个领域少见的高光时刻——我们云龙路中学的方案进行下去的阻力也来自于此。

但不管怎么说,这个方案是高目这些年来做得最好的学校设计。竞赛结束后,我跟与我们竞争的建筑师说,要是高目拿下,就会用我们两家方案的名字共同命名——我们的叫"窗含西岭",他们的叫"树下之园"。而且也确实,这个方案里所有的建筑物都参照原始地形中的高程进行因地制宜的设计,校园里将不会有一座房子高过山头的树梢。在校园的山上可以"窗含西岭",而整个校园又是"树下之园"——因此,这个设计的名字最终是:窗含西岭——树下之园。

在一次线下跟天府新区社事局领导见面的时候,那位局长对我说了一句让人感动的话:"这个基地很难得,你这个设计更难得,我们一定要尊重它!"

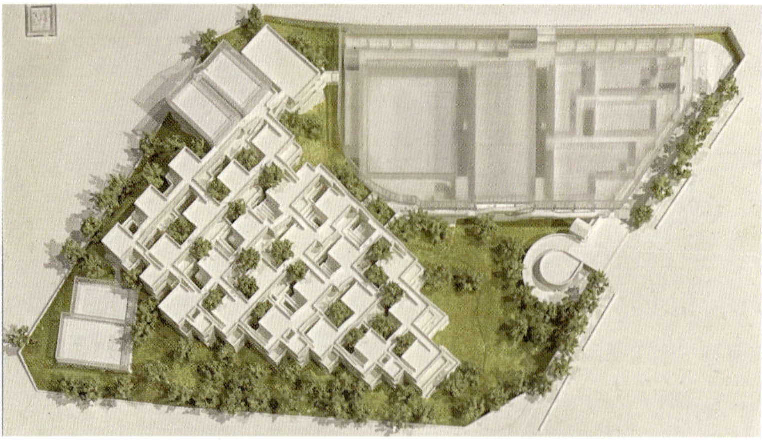

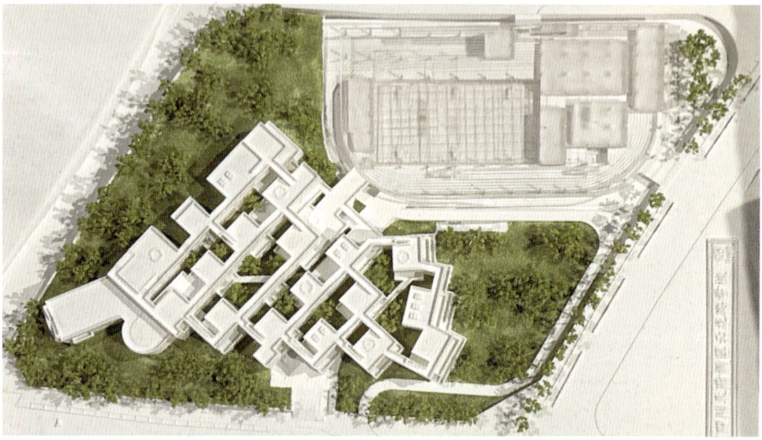

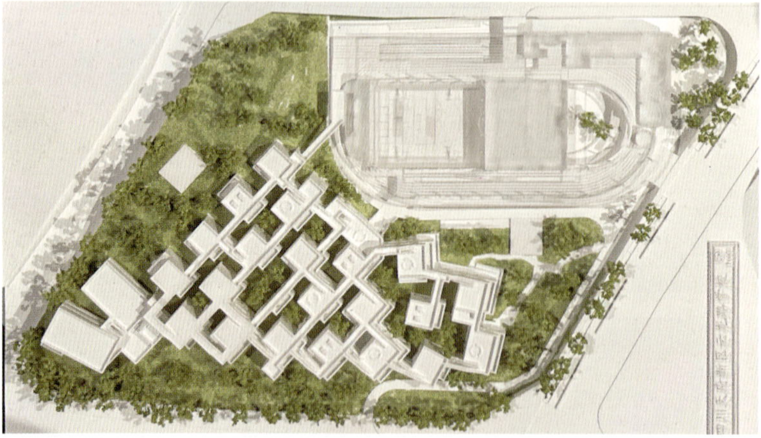

# 分而治之 9

**东斯文里城市设计**
时间：2014年
地点：上海市静安区
人物：张佳晶、徐文斌、黄巍、李赫、严含、YSJ、CHJ

# 东斯文里城市设计

在复杂的系统工程里,以城市设计为例,参与者经常是要羁绊于多个问题的线索纠缠——线索越复杂,厘清方式就应该越简单。

设计单位经常是被设计任务书给带偏,用复杂面对复杂。用海量的分析图和效果图来充斥文本,大部分建筑师抓不住设计背后的重点。当然很多"抓不住"也是故意的、无奈的,城市设计本是利益博弈的复杂载体,有时候也只是一个博弈过程。我们有着一刀见效的理想主义情节,但现实往往是磨刀的时间更长。

我们团队在大量的与政府相关的城市设计实践中,逐渐形成了"分而治之"的城市设计思考方法,分而治之是处理复杂问题的一个途径。在中国,一旦出现了城市设计方案征集,大多是政府和资本出现了利益纠葛,然后通过城市设计来博弈一番。那么分而治之就是把两方的诉求及矛盾分摘出来,再用可行的设计手段来寻求解决的可能性和路线图。

比如2014年的上海市静安区的东斯文里城市设计国际征集方案。

本来我们很难有资格参加这类高级别竞赛,但是当时的一家著名境外公司负责人是我的粉丝,他们虽被邀请参加但是没有档期。这位负责人也并没有见过我,但是知道我在城市更新方面做过很多研究,于是,就推荐了我。结果分管项目的区规划局和市规划局的负责人分别是我的师兄弟,他们相信我的实力,既然有人推荐,就顺水推舟同意了。

斯文里处于著名的"东八块地区"。东斯文里地块是在即将拆迁之前被相关风貌保护专家和政府官员强势喊出"刀下留人"而被叫停不允许拆除的地块,而西斯文里早已不在,成为众多在建高层的工地。

我们作为建筑师和城市设计师,并不是一个纯粹的保护主义者,但也不是大刀阔斧的指点江山者，更多的是把城市作为一个生命有机体来看待：肉身要成长，记忆要延续——在发展和保护之间寻求平衡。

东斯文里国际竞标是在 David Chipperfield、Benwood、瑞士 Lemanarc、华东院和我们高目建筑设计公司之间的角逐。这个竞标无疑是个非常难解的方案征集，难点在于方案要在保护大量文物建筑和优秀历史建筑的前提下新增 20 万平方米以上的建设增量，这当然是多方利益诉求的结果。

我们接到任务后，首次在设计调研中采用了航拍技术。那时候的航拍还只是凤毛麟角，我们也是老大面子请了风语筑的摄影师给飞了一圈，免费的。航拍的全景感受对人的影响同地面视角是完全不同的，而这张航拍照片在汇报时也起到了重要作用。一位支持我们的专家说："真没想到从空中看这个区域，这么震撼。"

我们将航拍和地面这两个视角称为"上帝视角"和"蝼蚁视角"，这两个视角一定会引出很多人关于城市设计到底是自下而上还是自上而下的观念之争。我向来认为城市设计师和管理者应怀揣自下而上的悲悯之心，和自上而下的解题决心。

恰逢当时一个学长来工作室谈天，看到我们的基地模型后发出了感慨："市区这么好的真货非要拆，然后到郊区造那些假货。"我们听后也顿受启发，然后总结了自己华山路老洋房工作室的一些生活经验，并参考了旧城改造中一些开发公司的现实操作，也推演了实践中不可回避的建筑技术等问题。在多项综合评判后，我们就毫不犹豫地决定了一件事情——就是超出任务书的最低保护要求，"应留尽留"吧。

按照任务书的划定，必须保留的区域并不是全部，而是散落在基地各处。对于这么大块完整的"好布料"，对于老上海有情感的人是不忍下手的。而且只留一小部分等于没留，高层和旧里混合街区这事儿，就是骗骗自己和政府，那不叫"保护性开发"，那属于猥亵行为。

因此从开始我们就制定了"分而治之"的城市设计方法——该保留就好好地保留，该新建就正经地新建。

第一轮高目和David Chipperfield难以决出最终胜者，就同时进入了第二轮。第一轮中两家的方案完全基于不同的思路入手：高目的出发点是分离，David Chipperfield的出发点是混合，即高目保留了几乎全片的区域，只在角落里在最小建造范围内建设一个超高层；而David Chipperfield保留部分区域，将五栋小高层散布在基地里面。

在对待自己的城市立场上，高目明显是个保守的古典主义者；在对待他人的城市立场上，David Chipperfield明显是个激进的现代主义者。

第二轮修改汇报，高目没有改变格局，只是将目光扩展至更大区域，即在更大范围内进行面积转移，目的是面对原方案超高层过高的质疑而做的调整；David Chipperfield则重新做了个方案，将原来五栋高层改为三栋高层，散落在基地的东北部、中部和东南部。

最终在专家的决策下，我们只获得了第二名，而David Chipperfield最后取得了竞赛的第一名并负责实施深化。但平心而论，这次竞赛让我对境外著名事务所有了更深的了解，也对自己有了更深的了解，同时也对一些著名的专家有了更深的了解。

记忆最深的是在第一轮评审会上，老英雄对着我们那个几乎全是线框图没有一张彩色效果图的汇报文本，不屑地问了我一句："你的表达方式，为什么我从来没有见过？"我竟然无言以对。

事情过去几年后，我似乎都快淡忘这件事情了。但有一天，当时在市规划局任风貌处领导的一位学姐打电话给我，问我要我们当年竞标的线框鸟瞰图，说是要在某核心期刊上写城市更新的文章，需要这个项目的图。我很诧异问她为什么不用中标单位深化过的图，她说："如你所愿，他们改成了你那个方案的样子，图还没你们画得好看。"

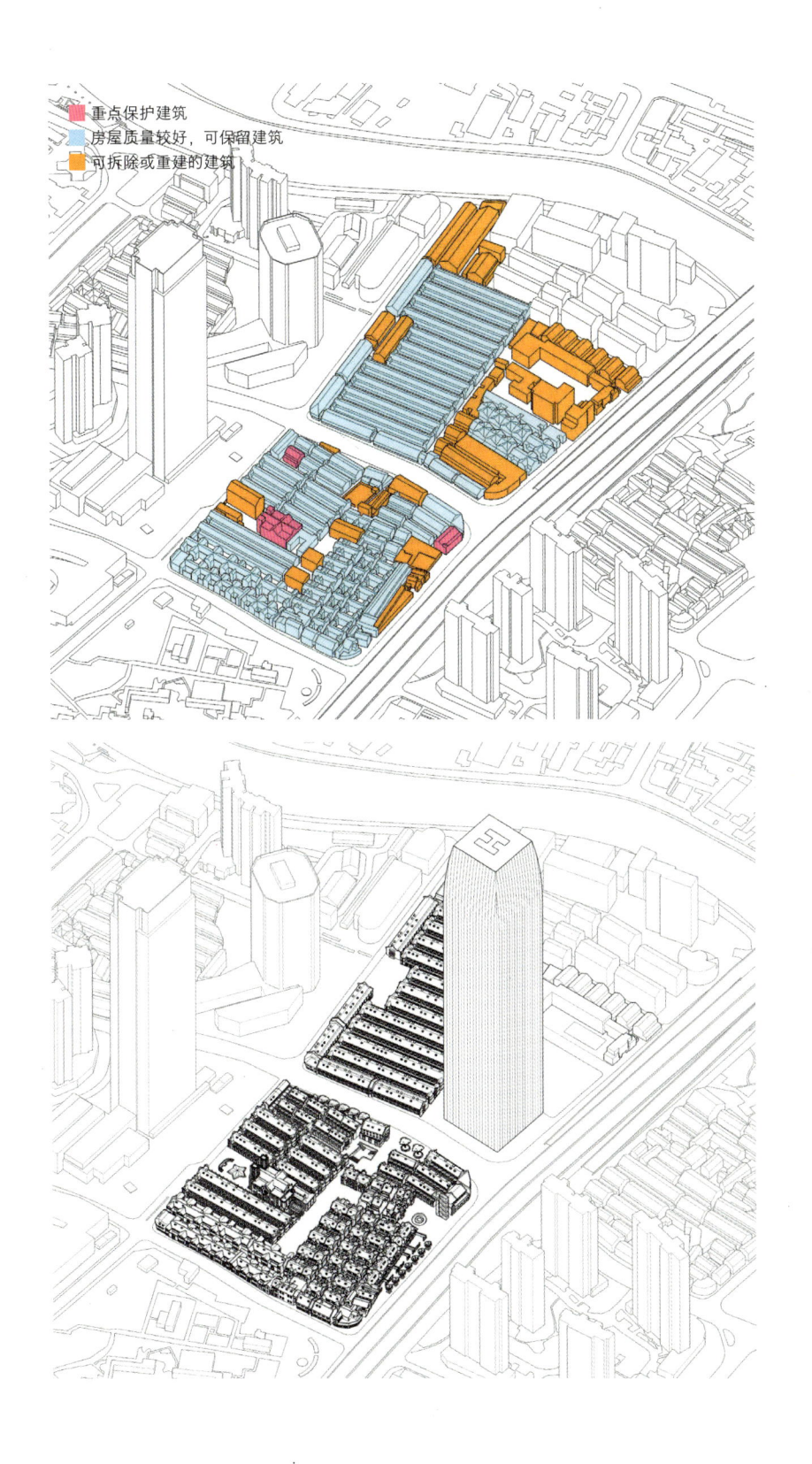

■ 重点保护建筑
■ 房屋质量较好，可保留建筑
■ 可拆除或重建的建筑

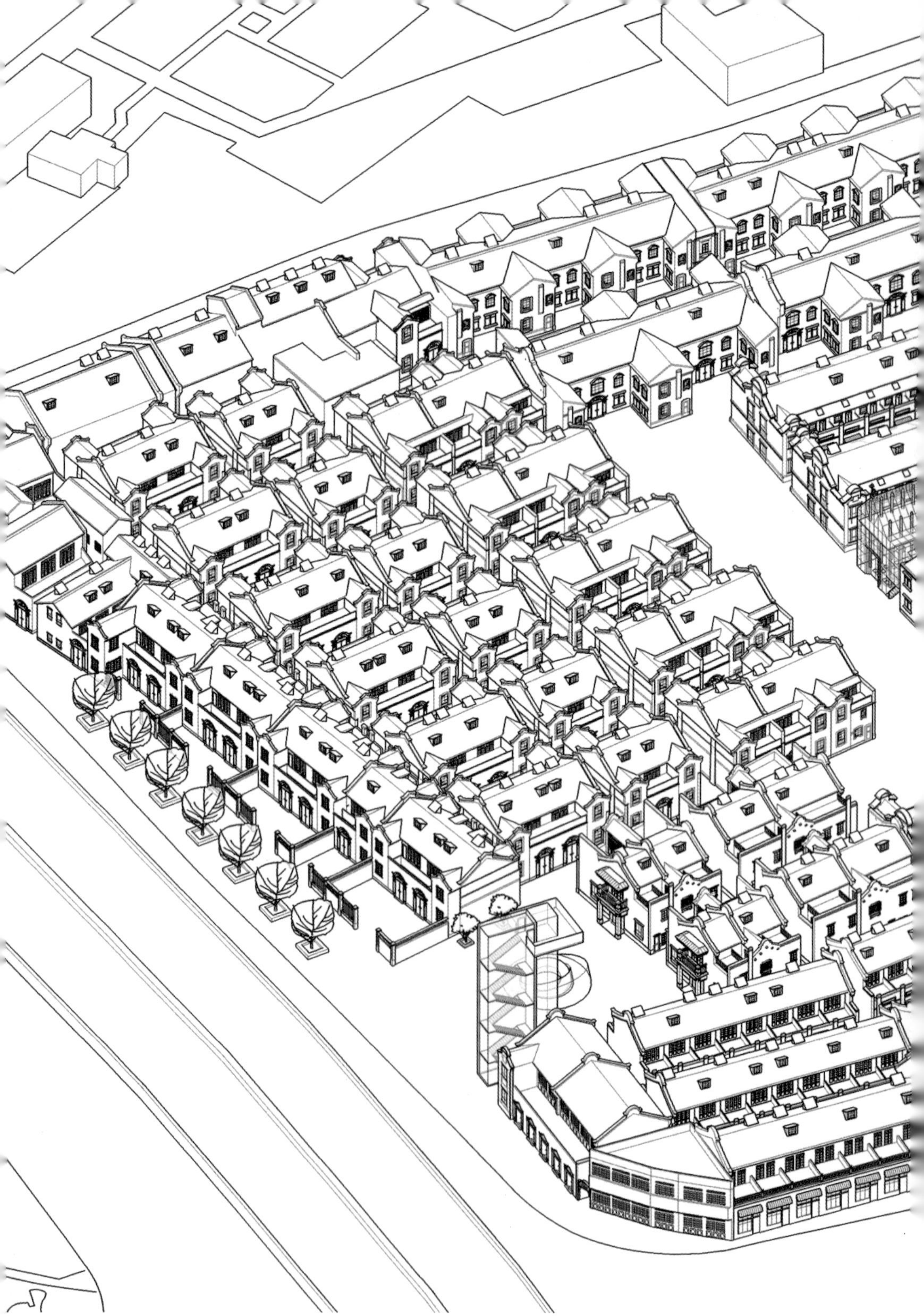

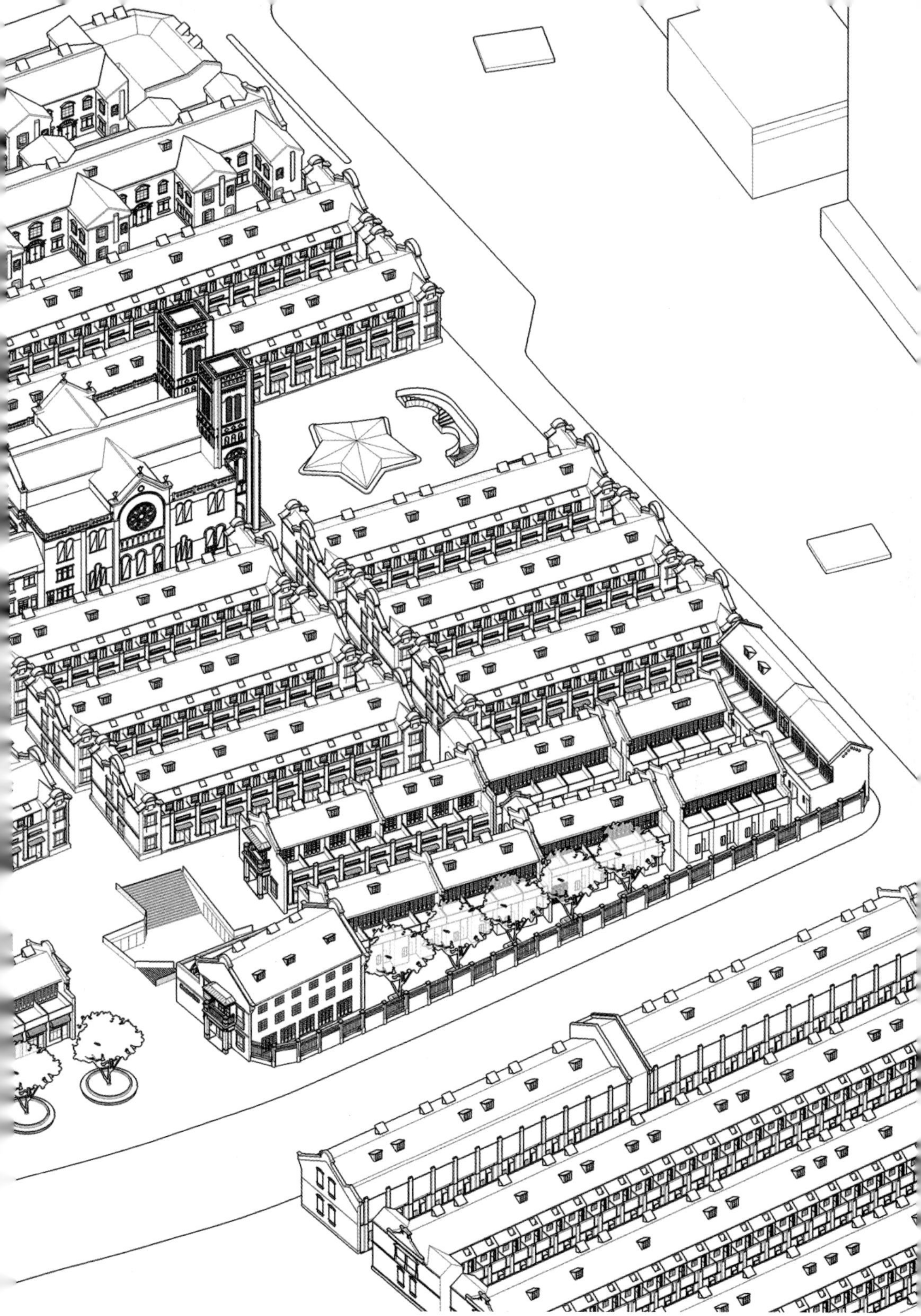

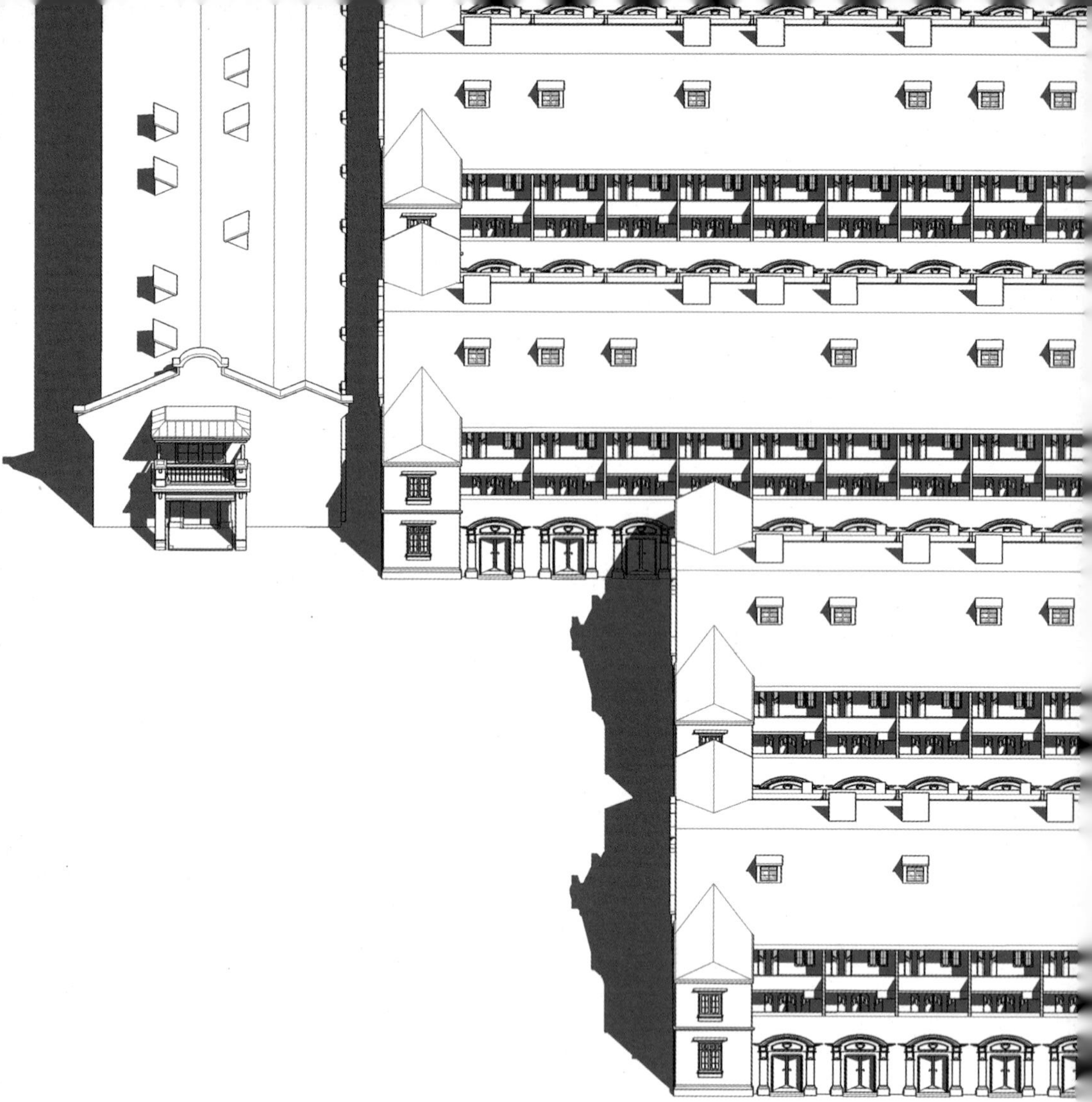

# 比白更白

## 10

社会住宅实践：
**22HOUSE＋福临佳苑＋龙南佳苑**

时间：2012—2018
地点：上海市嘉定区、徐汇区
人物：张佳晶、徐文斌、赵玉仕、黄巍、徐聪、易博文、张启成、李兴、黄晓天、SJW、ZMD

社会住宅实践：
# 22HOUSE + 福临佳苑 + 龙南佳苑

我已经想不起来做《聊宅志异》(也就是 House Chatting，从第三期开始有了中文名《聊宅志异》)的时候到底有没有什么功利心和远期目的，但在六年后的 2008 年，《聊宅志异 3》被一些职业官员关注到之后，研究的光芒终于照进了现实，多年积累终于变了现。借着当时的国家对于保障性住房的需求和一些地方官员的理想主义的合力，我顺利地接到了高目第一个社会住宅项目——位于嘉定南翔的 22HOUSE。

在中国关于社会住宅的定义名称种类繁多，内涵丰富。当时的 22HOUSE 的用地性质是经济适用房，而对这种可售类的保障性住房，我缺少了一些对资本的敏感度，不管不顾地将所有的研究所得都用在了这个设计上，所谓无知者无畏。现在回想，租赁类住宅和销售类住宅在资本这个照妖镜面前就分别是丫鬟和小姐的样貌。

我曾经说过一个比喻来反驳片片朝南的城市面貌：对阳光最敏感的大树没有长成片片朝南而是长成了轴心对称的完型；最喜欢晒太阳的欧洲城市没有变成朝南的城市而是更多地呈现围合型。这归根到底就是一个综合算法的问题，虽然我们所呈现的城市风貌似乎也是高楼林立、马路宽阔，但我们的城市还没有进化到基于复杂算法的现代文明，其背后的算法，单一到不可想象——住宅如此，城市如此，一切皆如此。

22HOUSE 的基地不大不小，刚好没法完全地做出四个围合组团，说白了就是四个单元有点挤。我当时就用水滴表面张力相连的思维方式想到既然东西方向有点挤，那就按照物理规律互相融合，两个口字型融合成一个有张力的 S 型，张力产生的斜向部分也对整体日照通过率有很大好处，内部空间也增加了很多趣味。

谈到围合，定有人说日照问题。为什么我总是说我们的城市是个综合算法问题，而我们的思维又是单一到你不可想象？因为这就是一个典型的二维思维的例子。既然日照是算出来的，那就可以通过运算来反求建筑的高低关系，从而求解出整个跌落的形体，在一些转角处和底层部分，即使依然会有少量的房间不能满足日照规范，那么变更成公共服务设施以及处理一些架空层就是一举多得的好办法。

所以说，这个跌宕起伏的造型是算出来的，因此我在方案成型之后从来没有在意过有人说我这个结果有点像BIG的8HOUSE。

在这个设计的过程中，我们还延伸了《聊宅志异》的一个高空间住宅研究，就是在3.6米（上海的住宅规范中规定住宅层高最高不能超过3.6米）的空间内如何做到可以站直的两层，这个研究直接启发了后来的Apartment2.6。

22HOUSE其实是影响了高目后来很多住宅设计的一个起点。

因为政府相关主管部门负责人的意见不统一，加之建设方打心眼里就讨厌这个设计（喜欢与讨厌取决于他认知内的能否改成商品房）以及设计院院长的各种阻挠（支持与阻挠取决于能否常规标准化出图），最终，在我同一群反对者的吵架声中，22HOUSE几近搁浅。

后来，部门主要负责人调离，我更加失去了背后的支持，感到了希望渺茫之后只能在网上写写文章。不过写文章曾经是我最后的武器，通过文章可以直抒胸臆，也希望很多美好的事情即使不能实现也必须有"下文"。果然，几年后认识了李振宇院长的时候，他来我工作室看到那个22HOUSE模型后，说："原来这是你干的？"

但那个区的二把手也是个尊重建筑学的领导，他反对我这个方案但是并没有否定我，他给了我一通电话道出了这个事情的实质："这个是经济适用房，以后要卖的，不可能做成你那样的。这样，你这个设计不会白做，还有另外一块地是公租房用地，你在那里可以试试。"

于是，有了福临佳苑的诞生。

福临佳苑基地位于这个区的城北，离地铁站很近。当然，新的地块没有22HOUSE那般方正，而是一个近乎城市边角料的狭小地块。

"福临"和"龙南"两个"佳苑"项目几乎是在同时进行设计的，龙南佳苑大一些，福临佳苑小一些。由于这个地块的局限性，把从22HOUSE强行转过来的构思进行完整的方案表达已经难上加难。再加上当时我们团队所有的兴趣点都在龙南佳苑，因此，这个福临佳苑在我们团队心中一直就是"差不多就行"的心态。

从方案的构思、立面的元素、跌落的形体，甚至白色的建筑这些方面来看，福临佳苑就是一个裁剪版的22HOUSE。只不过，根据正在进行时的龙南佳苑当时反馈的一些教训，我们在这里修正了阳台和凸窗设计，用了一个凹阳台的外平做法，解决了空调和水落管的难题。也由于容积率高于龙南佳苑，为了解决日照问题，在形体跌落上也就更加明确陡峭一点。

有一个很有趣的事情就是变电站。在后面要讲的龙南佳苑中，地面的景观非常硕大饱满，原因之一就是本该在地面上的七座变电站被领导重视了，而破例放入了地下室，因此才营造了很好的景观胚子。而这个福临佳苑没有领导关注，那就只能公事公办，那个硕大的变电站留在了地面上，使得本就拥挤的地块"一眼望去就只剩变电站了"——原因是，按照当时的上海市供电局规定，变电站不得放入地下室，至今还是。

在豆瓣上，有一句记忆深刻的留言："张老师你好，我也是建筑师，也是嘉定人，我很喜欢这个设计。但是包括我妈妈在内的经常约在那附近跳广场舞的大妈们认为，这个房子是嘉定最丑的房子。"

龙南佳苑虽说与福临佳苑同时进行，但由于它是相关领导更加关注的项目，而且项目所在地就在我的居住地和公司注册地，因此在我们团队心中的地位就要高一些。虽然说它的基地形状也不完美，但是深谙日照多年的我们，更喜欢这种外部条件限制明确的地块，因为设计可以很容易找到起点，就是对外部的日照避让。

099

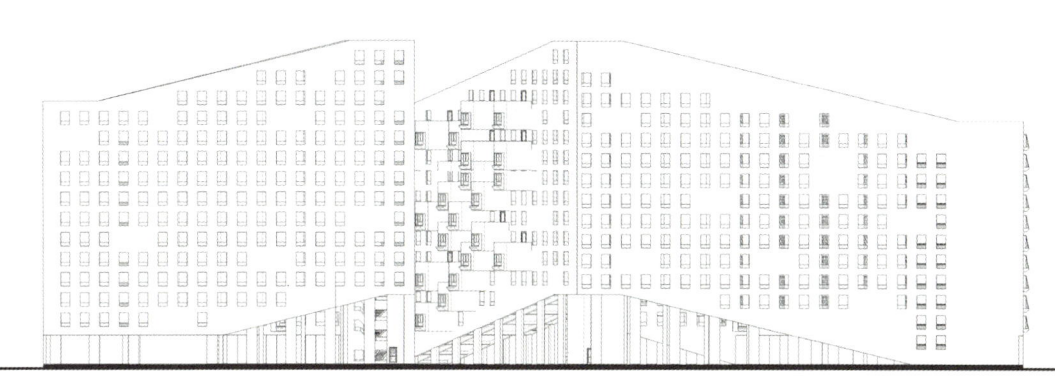

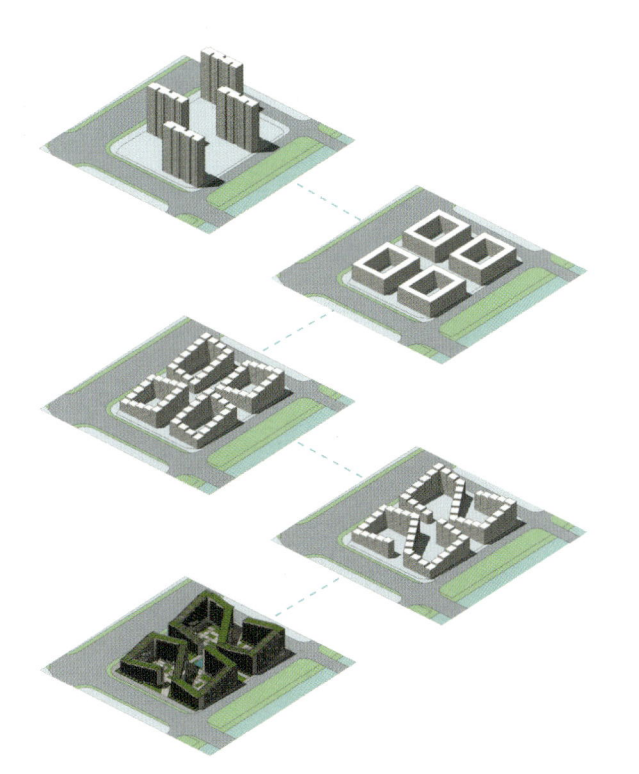

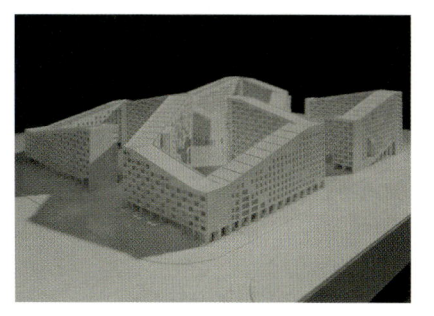

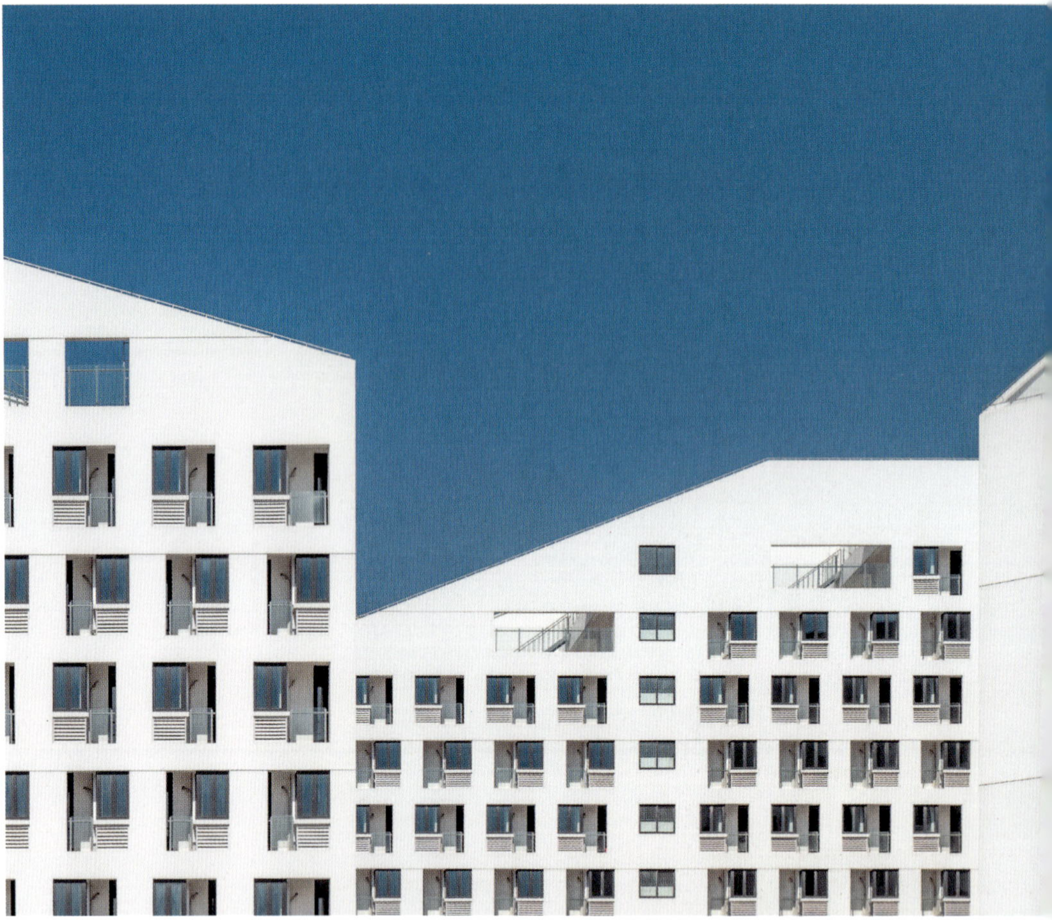

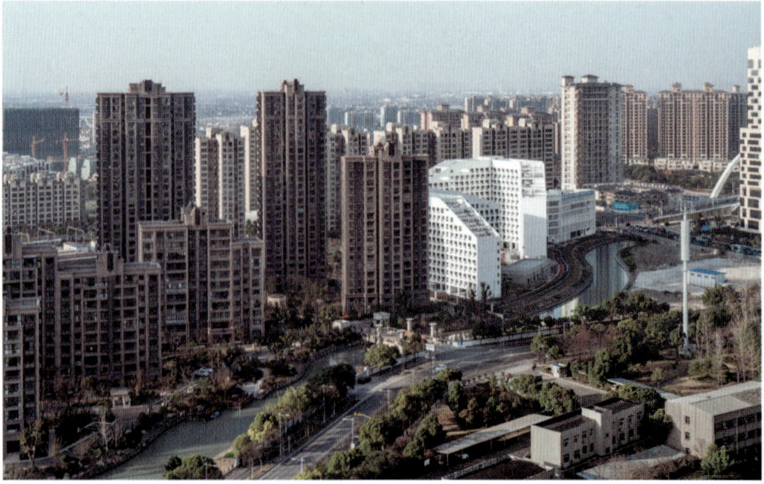

101

我们采取的策略不同于一般的建筑师，在这个地块我们介入之前，也有别家的方案，大都是11~18层甚至更高的高层建筑，因为设计习惯大都沿袭自房地产时期的思维。大多数人还没有准备好或者根本不想准备好迎接对规范已经进行了松动的《公租房导则》，而对于高目来说，等这一刻等了很多年，因此才会在起点上就能做出完全不同于当时房地产思路的方案，也产生了在房地产思维里不可能出现的小区类型。

2.2的容积率，能设计出一大片多层建筑，这个不光是建筑师们没想到，规划局审批人员也没想到，包括周边的手里攥着公示意见函企图为自己争取利益的居民也没有想到，和他们自己的小区一墙之隔的新造住宅，高度竟然和自己的新村老楼是一样的。

龙南佳苑的甲方在项目初期赋予了我们很大的设计决定权，我们将《聊宅志异》中的几项研究成果，悉数改装后放进了这个重要的项目。较大的决定权背后如影随形的就是在实施后期和审批方、建设方之间的矛盾，因为我们很多设计都与现有成型的体系相悖，这些设计无形中给很多体系内的人们增添了麻烦，加大了风险，降低了收益。所以在整个的项目后期，我感觉我就是一个站在了所有人对立面的独行者，在呐喊、祈祷和妥协声中，走完了六年。

建成之后的一件重要事件就是在谷德网上，我和骂我的、表扬我的大量留言进行的几百条互动，虽说由于谷德网站迁移导致部分留言和回复遗失，但最终也留下了一百多条。在那里，我面对质疑，承认着和解释着项目中的失误，对于谩骂，我也会幽默及愤怒回怼。由于面对的留言太多，我就统一写了一篇《龙南佳苑忏悔录》作为向所有人的回复。我现在回想那时候的那种热情只是高潮迟迟没能退却的情绪延伸，换做现在，我觉得，没有必要了。

时隔多年，如果做自我总结的话，我觉得，龙南佳苑其实可以归结为一个政治事件。

龙南佳苑的建成，是踩在了巨人的肩膀上所致，而这个巨人肩膀就是当时的国家政策和政府开明官员。从2002年开始做《聊宅志异》，到2012年开始设计龙南佳苑，我们只是等待这个机会等了十年而已。

后来龙南佳苑渐渐租罄，树木也渐渐长大，周围的豪宅也渐渐封顶。我会抓住每次去那里的机会，看看年轻人晾被子的情况、停车场的使用率问题、询问五号楼的隔音漏水问题，再看看以前留的架空层被赋予了哪种使用、屋顶花园有没有开放、沿街商铺是否满租……我从来没有对任何一个项目的后期运营有着如此的关注度，在我的手机里、电脑里，上千张龙南佳苑投入使用后的照片，是我持续关注几年的结果。这些关注，是对自己的反思，也是对那个黄金年代的留恋。

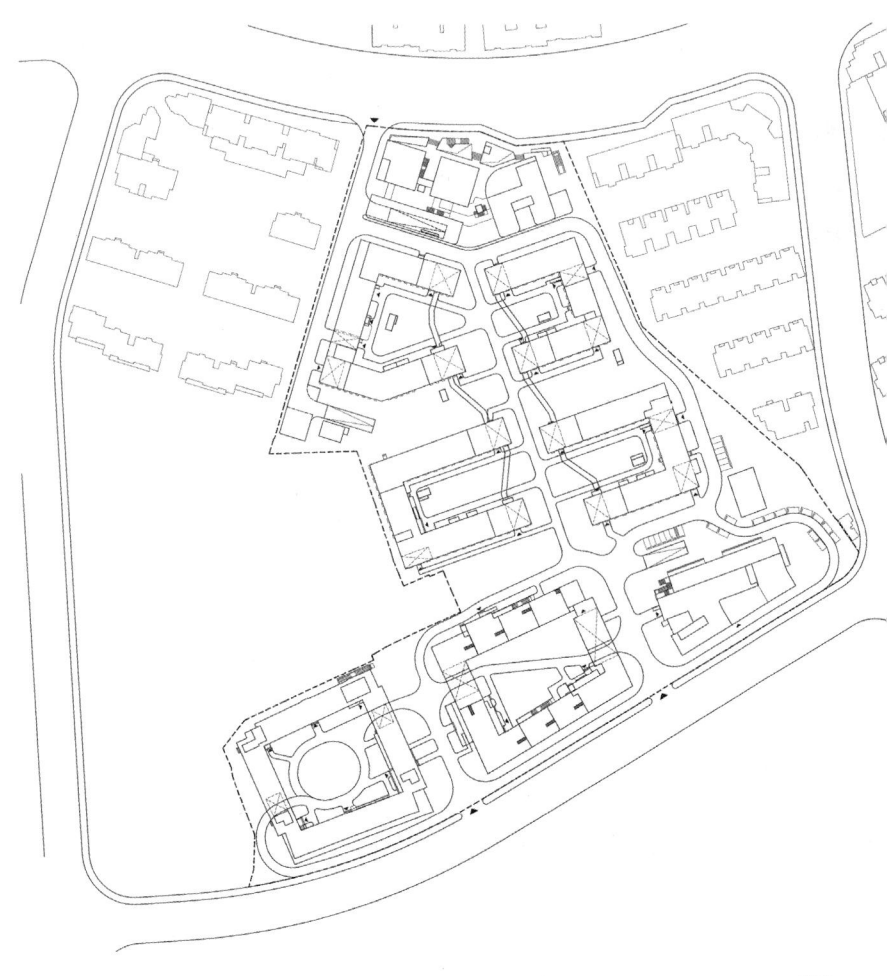

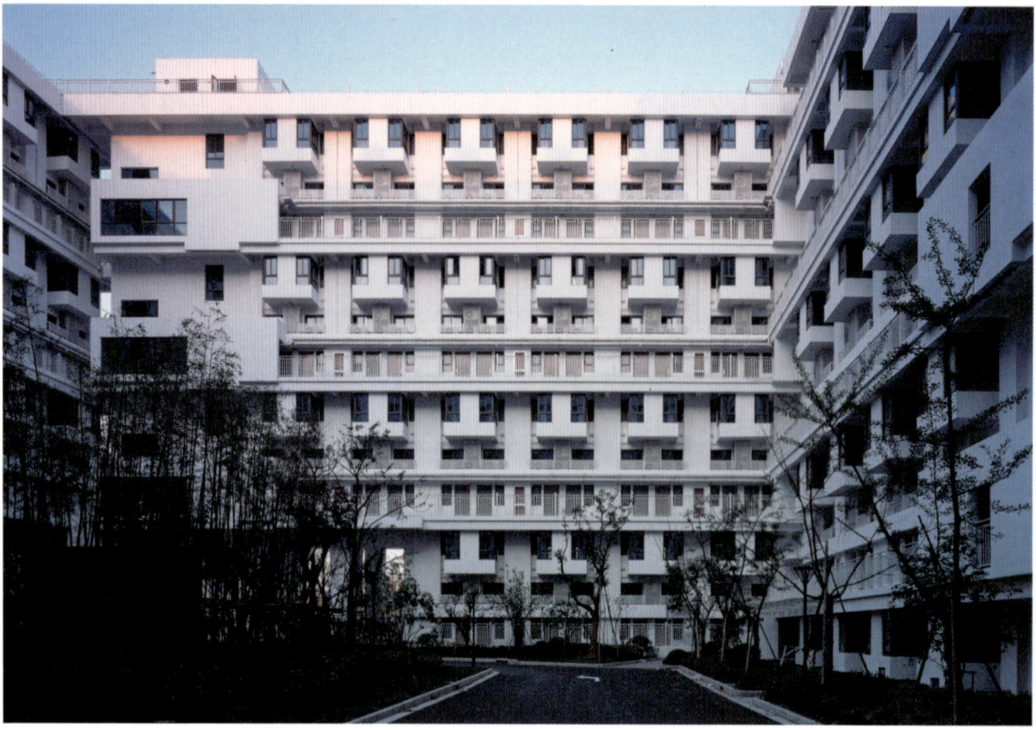

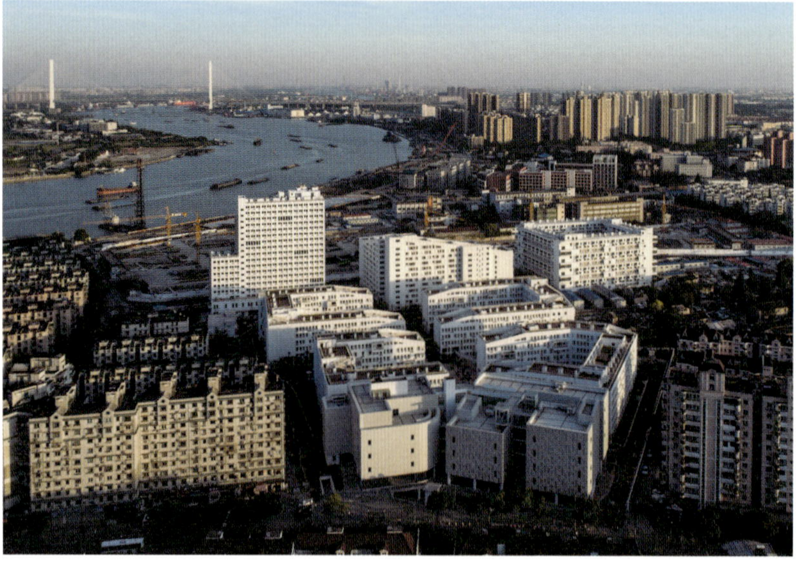

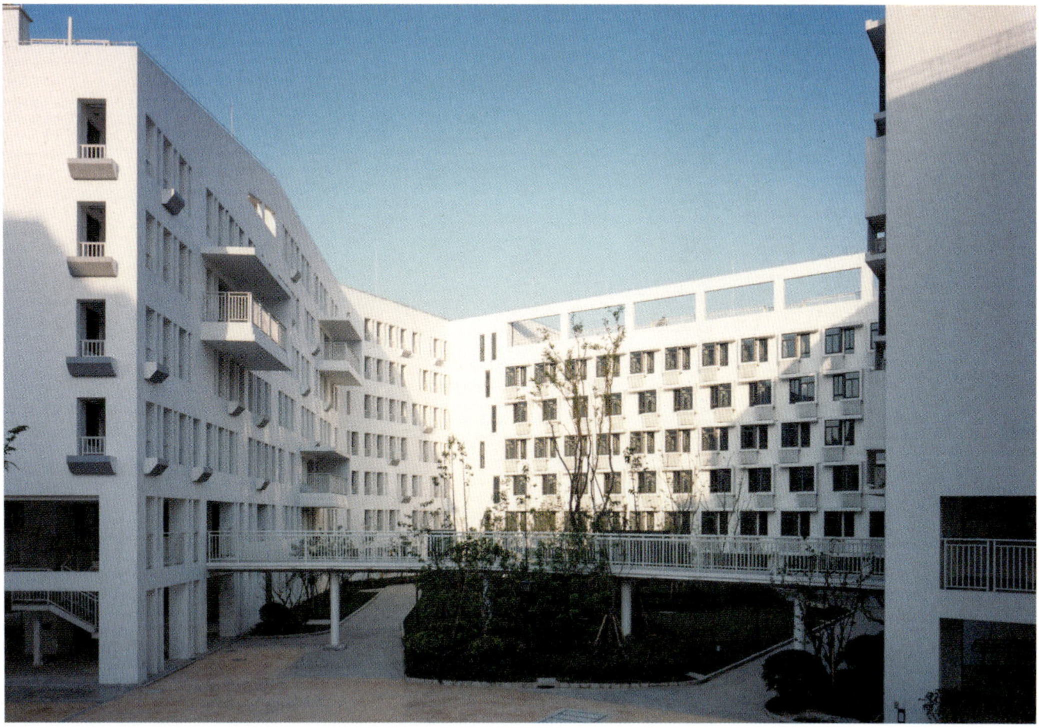

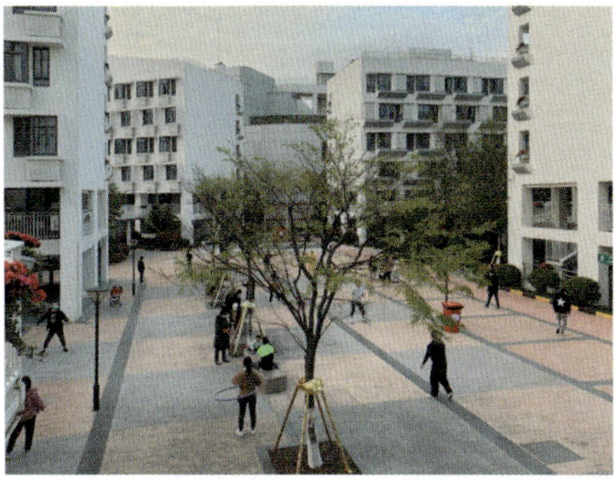

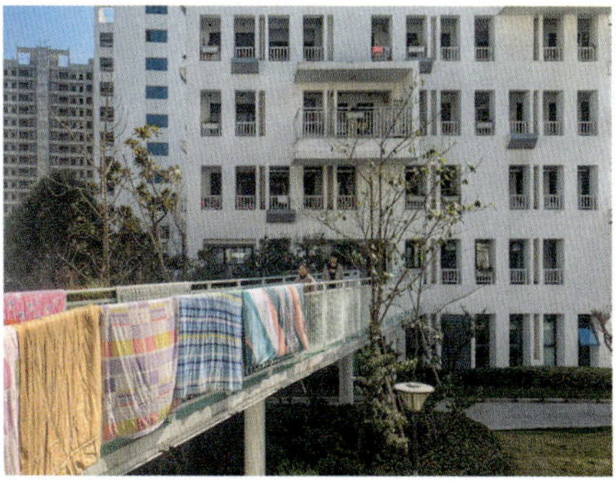

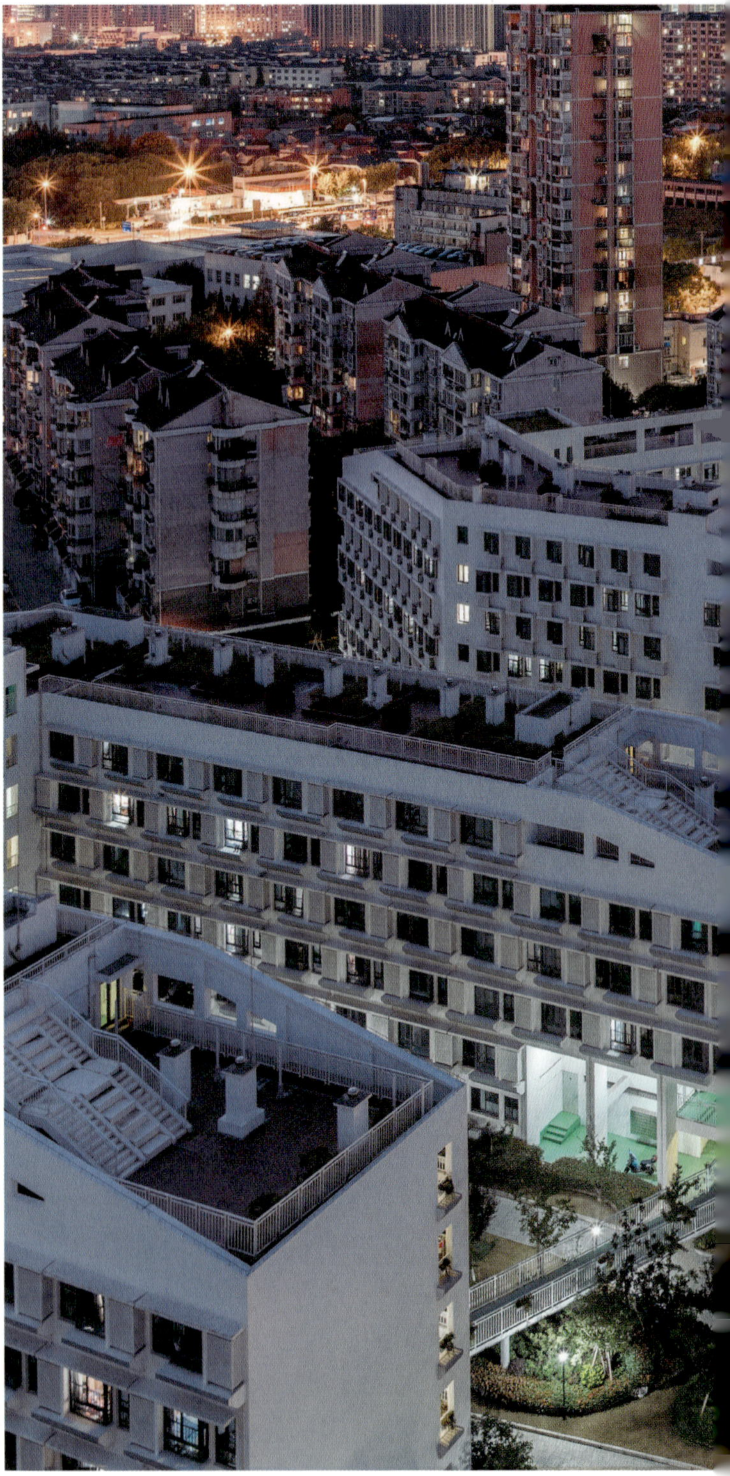

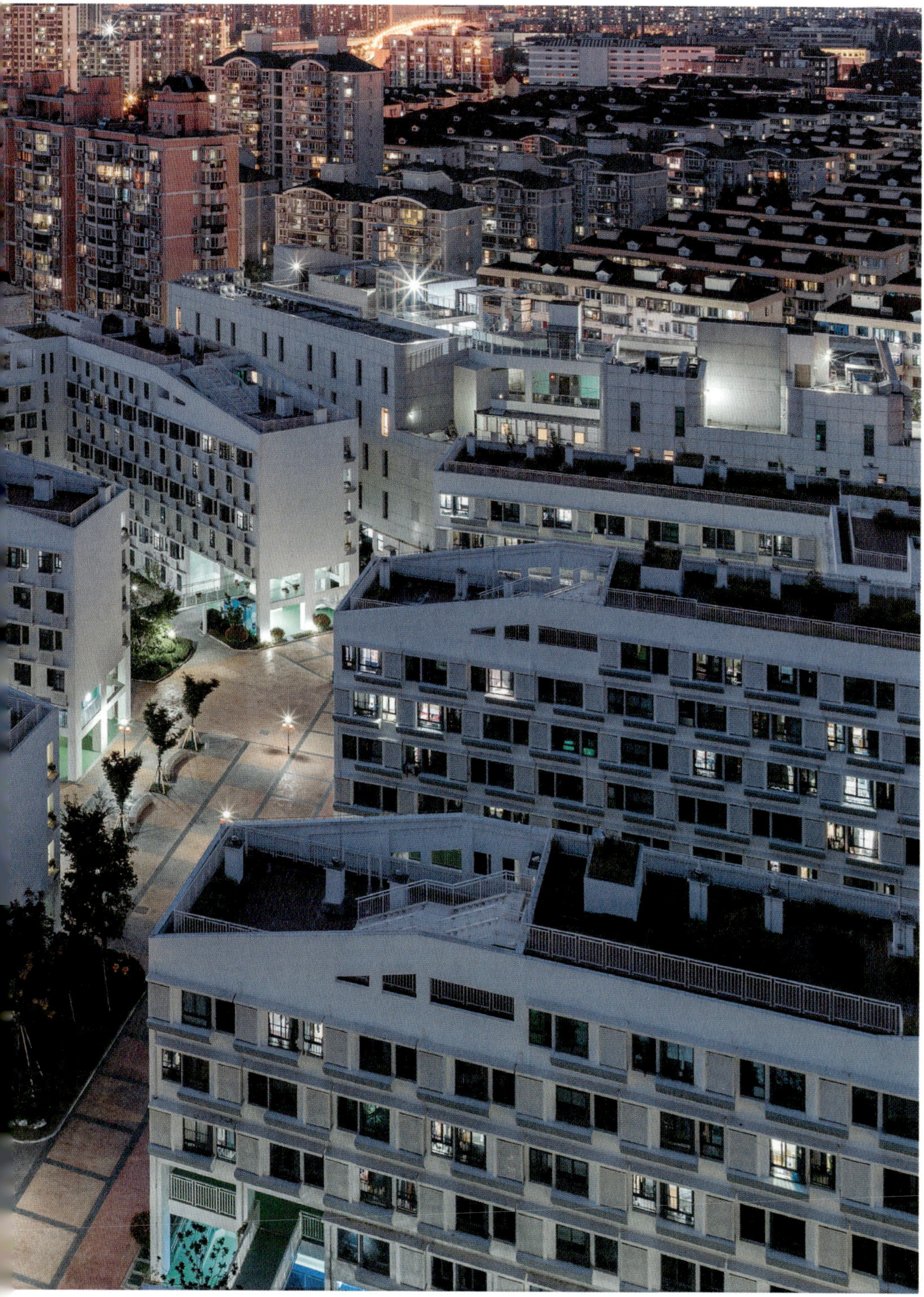

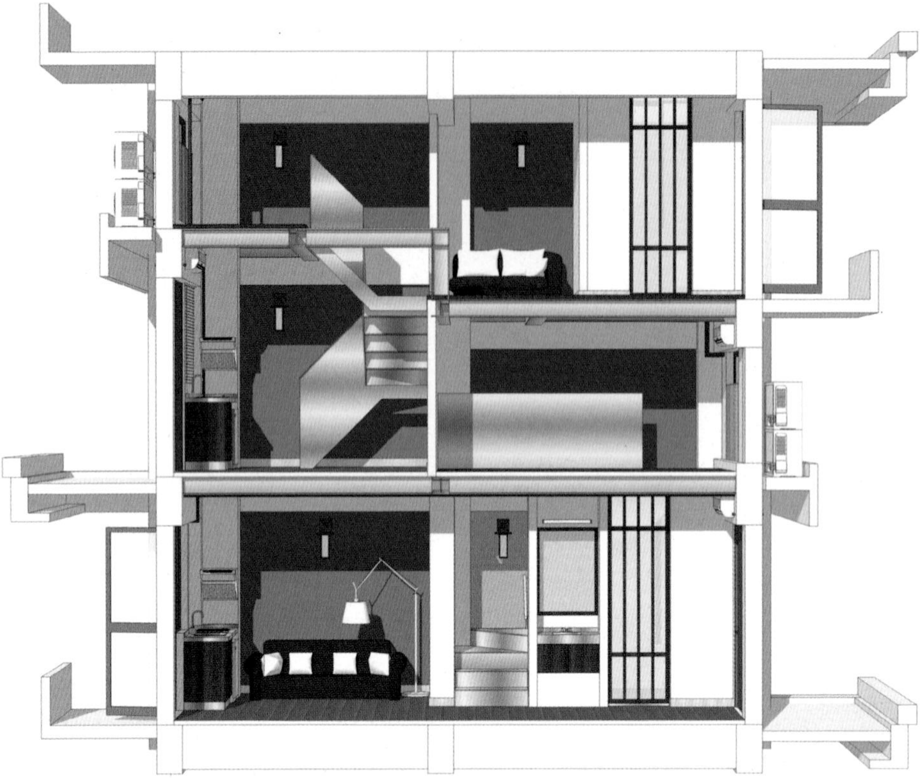

# 白的拼配

## 11

**临港双限房 + 湖滨天地**

时间：2015—2021
地点：上海市浦东新区南汇新城（原临港新城）
人物：张佳晶、徐文斌、符杰、易博文、张启成、徐聪

每个建筑师可能都有个白色时代，除了白色本身就在建筑师审美的点上以外，它还代表着一种现代性的思考。但是白色也是一个很笼统的色系，不同的白提供着不同的感受。在敏感的建筑师的眼里，白色也是一个浩瀚的海洋，我就记得柳亦春就曾经和我说过他最近找到了一种特别好看的白，如果我需要就给我RGB色号。

高目进入临港做项目的时间恰逢龙南佳苑的后期，白色时期的延续。在临港的两个项目中，不似龙南佳苑的纯净，而是各种白的拼配，有白色的真石漆、白色的水洗石、白色的一体板、白色的石材、白色的铝板和百叶、白色的金属瓦楞穿孔板……

"混合"是临港的上位规划中倡导的一种城市理念，高目在临港的两个案例最终都切合了上位规划的期许，不同的建筑类型也对应着不同的白——设计，有时候就像研究一款定制口味的意式咖啡豆一样。

# 临港双限房

临港新城主城区 WSW-C2-10 地块限价房，简称临港双限房。这个项目是高目在社会住宅领域的 2.0 版本的项目，之所以叫 2.0，是因为它的设计时间在龙南佳苑之后，外部参数也相较前者更为复杂——建筑师在自由创意的同时，代建方万科和施工图配合方天华的经验惯性也会作用其中，这是三方合作博弈的结果。

当时在龙南佳苑施工刚出地面的时候，临港新城的一些领导来龙南佳苑工地参观，回去后就叫停了他们临港双限房的方案设计，希望我能重新设计一个符合临港整体规划要求的方案。

由于代建方万科和施工图配合方天华都是住宅设计与开发的著名公司，加上也算"经验丰富且不安分"的高目团队，我当时觉得这个组合是上海住宅设计的"梦之队"，没理由做不出好东西。

由于龙南佳苑的得意，我在第一轮方案的时候根本没动脑子，做了一个纯粹的龙南佳苑升级版，形态也很极端，就是个九宫格的围合式。我现在在反省中发现建筑教育中，建筑设计教育有些导师误区，就是导师看图经常和学生说："你这个不够纯粹。"这句话其实害苦了很多人。不少刚毕业的年轻人把不考虑外部因素的我行我素当作了纯粹，其实不要先入为主的理性思考才能称之为纯粹，减弱主观意愿而增加思考是人类直面不足的唯一途径。而我虽然现在能反省，但当时第一轮方案就是一直没有从龙南佳苑的影子里走出来，一出手就是所谓的"纯粹"。

在第一轮汇报的时候，刚好第二天要去美国，心情甚好的我给时任的专业官员在一个周六的上午进行了面对面汇报。汇报完，领导说："你这是在重复你自己，这个方案没有什么新意。"我当场有点懵，悻悻地回到办公室，稍有些不知所措。在晚上的时候接到了领导的短信，说："也别太在意，我对你要求比较高。"

我就利用在美国的空闲时间，一边参观建筑一边画草图，和远在国内的同事们修改着方案。其实我当时修正了自己的思考方式，不要老想着龙南佳苑也不能完全忘记龙南佳苑，这有点像对待前任恋人的意思，刻意忘掉和终生难忘都不是很好的面对现实的态度。于是我和同事重新研究了前面的市场调研报告，大家觉得，多样性更符合这个复杂的地块，规划结构依然可以纯粹，但每个纯粹的地块上的产品可以不用纯粹，因为这个项目本身面对的人群就是多样化的。心态调整好了后，方案也就顺利通过了。

因此最后的呈现，依然有龙南佳苑的升级版，也有适合这个地块的叠拼别墅新类型，也有针对性的租赁类小公寓，也有尊重万科传统标准住宅的成果，不但产品丰富，面积段也较为饱满。四种不同类型的小组团共同组成了大街坊，甚至后来施工中外墙涂料的失误都冥冥中和这个组合一一对应，就是搞错了的没那么白的涂料给了传统住宅和龙南佳苑升级版，及时改正的白色一体板和水洗石恰好给了创新的叠拼别墅和租赁住宅。

施工后期在选择材料的时候，我提出要做一个材料样板楼，其实这个想法带有另一个私心，就是我想用薄混凝土墙和薄混凝土板做一个建筑构成实验。当然，这样一个实验楼在报建体系中很难被实现，但由于是临时建筑不报建，结构工程师就设计得很放松，基本上满足了我的私心。这个小楼最后完成样板楼的使命后，我还幻想着能不能不拆，改成未来的门卫，但是没有被建设方采纳。

此项目不但刊登在2020年的《建筑学报》第五期中，还上了杂志封面，这可能是中国集合住宅鲜有的待遇了。

后来由于一些施工图的失误依然成为有些人网上骂我的主要原因，这里也不想再推脱——这就是建筑师的问题，因为荣誉也是你的。

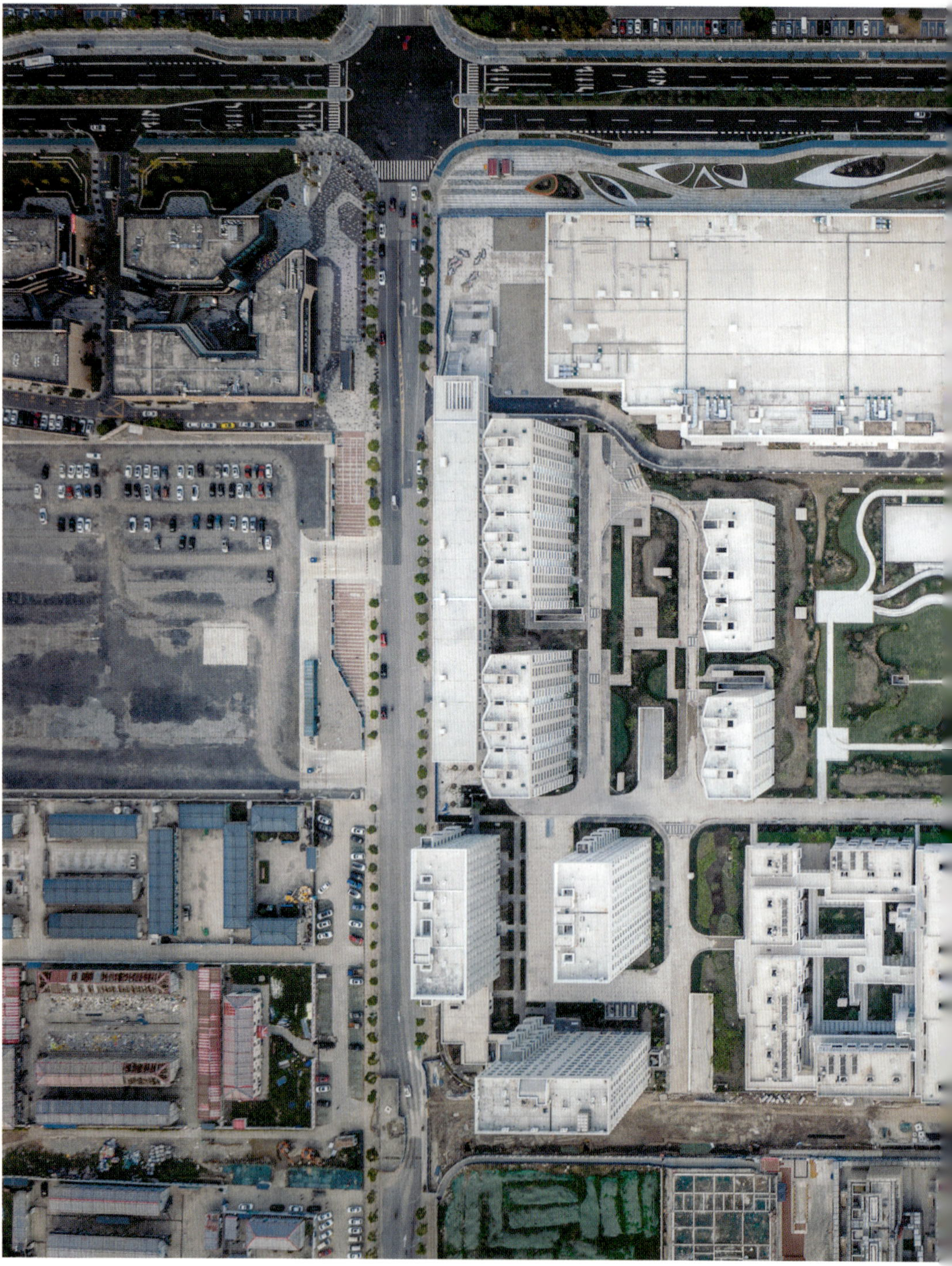

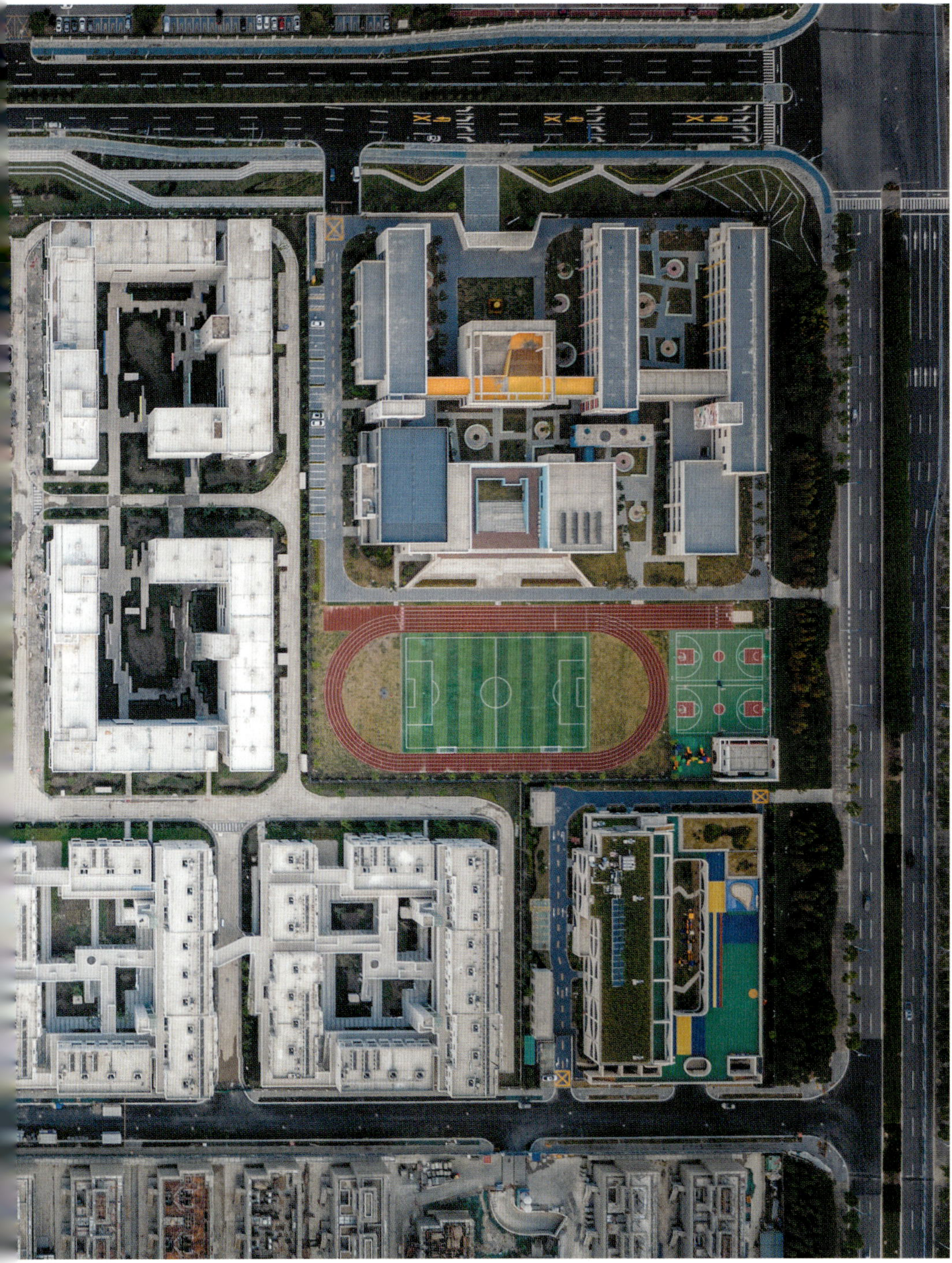

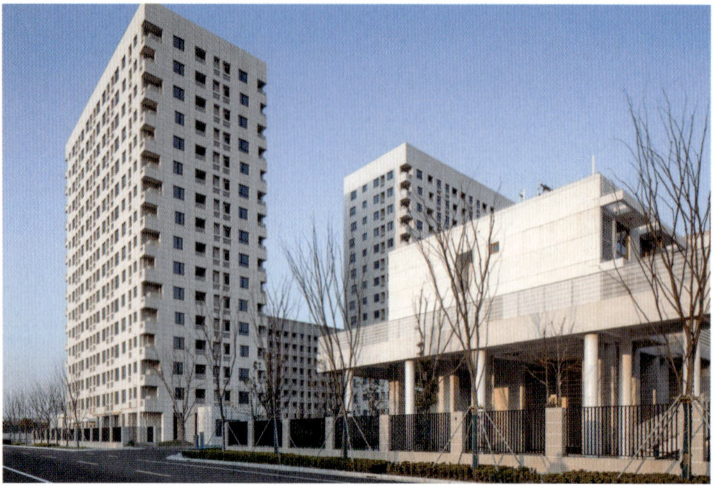

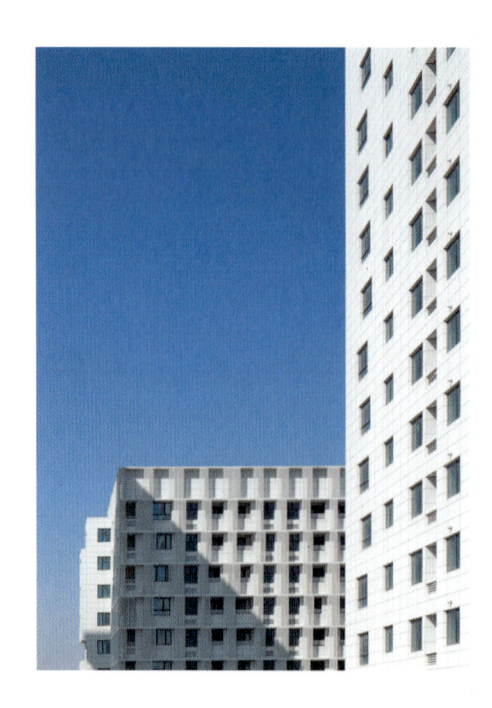

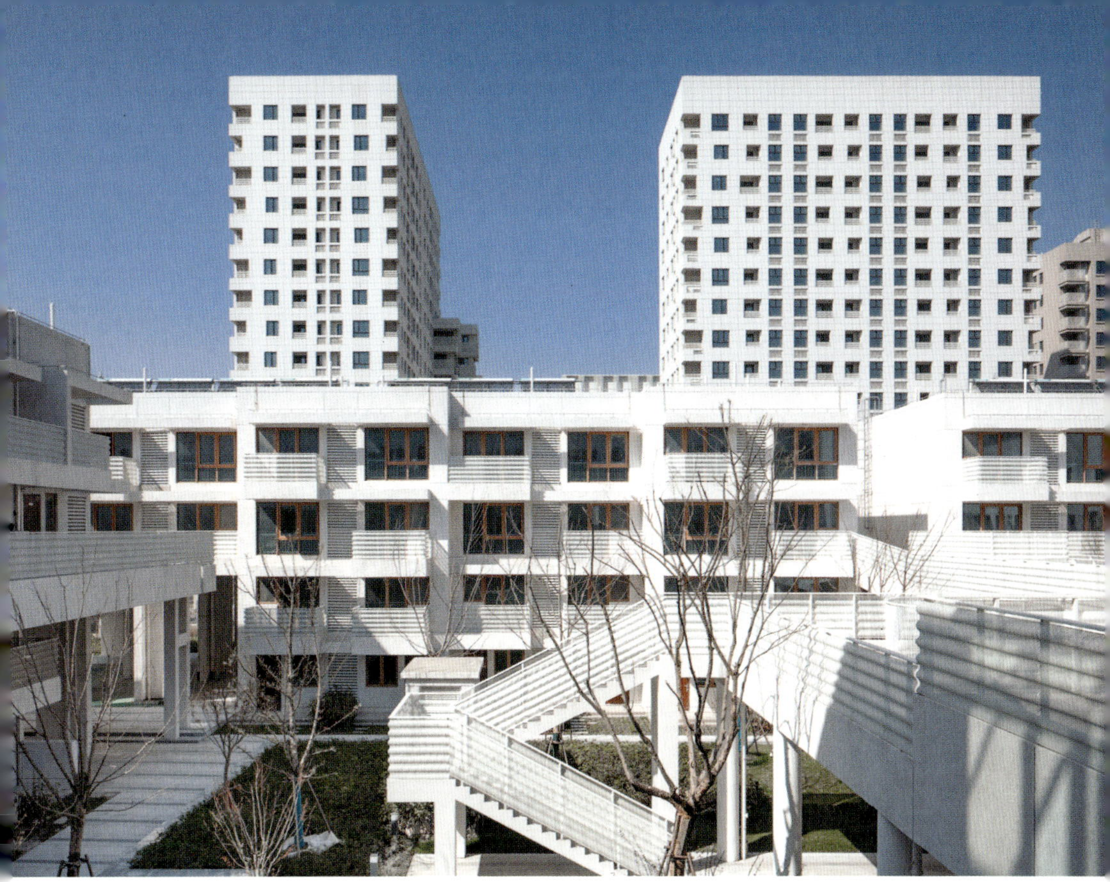

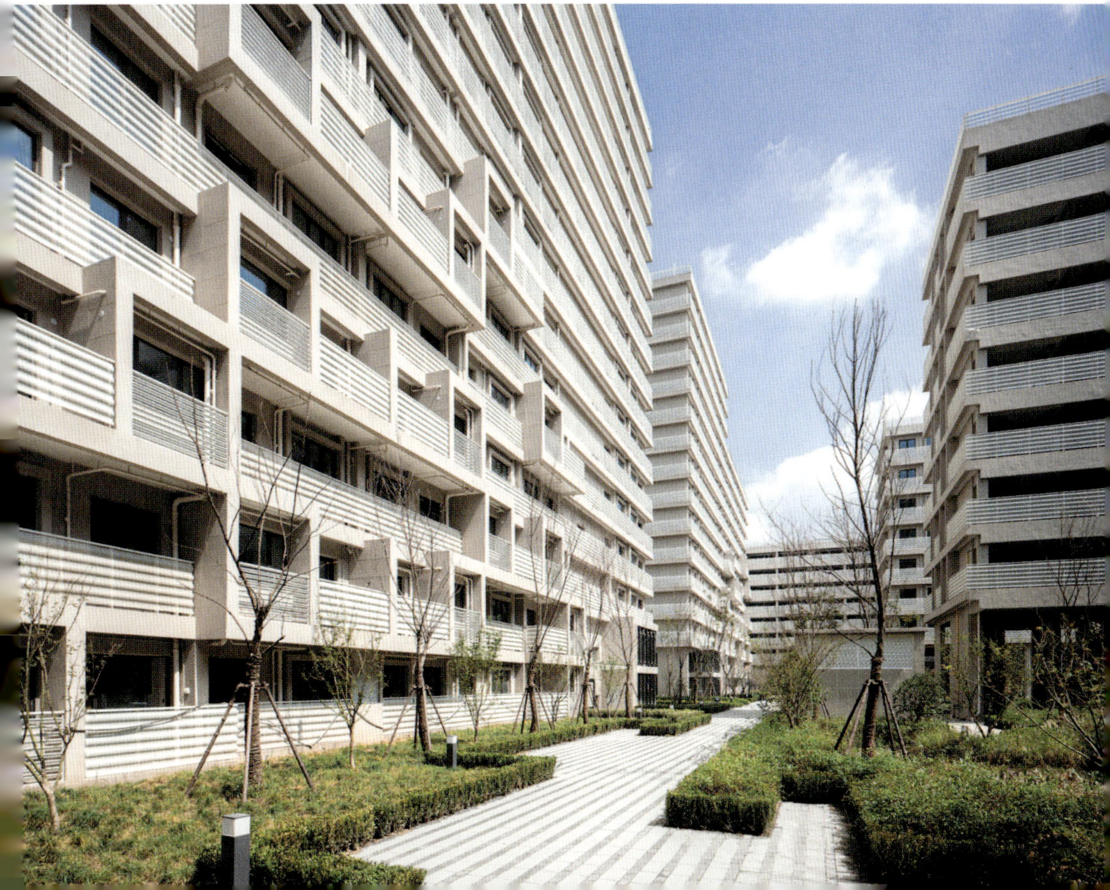

# 湖滨天地

这个项目和双限房几乎是同期的，临港新城有个规矩——所有方案都需要管委会副主任一级的领导看过通过了后才能继续。但我这个项目的甲方是集团公司下属的分公司，他们很少会有机会能面对管委会直接汇报，我就骗他们说我在汇报双限房的时候顺便把这个方案也汇报了，领导已经同意了。这个谎言一直持续到初步设计，他们才知道领导并没有看过，不过，补了文本交给管委会后，领导笑笑，也没有否定，并提出了景观设计要加强。

湖滨天地是项目建成后的正式名，在长达六年的方案到施工图报建过程中，它一直叫"临港主城区WSW-A1街坊方案设计（WSW-A1–12-1/19-1/20-1街坊）"，而在我们六年的设计工作中一直被简称为A1项目。

曾用名显示了它在临港新片区的上位规划中只是一个服从性的代号，这个代号在项目立项的时候有一系列规划代码对它进行描述，而它现在作为一个实物所呈现的结果也是这串代码运算出来的。在一般性开发项目里，这些代码也都存在，但是因为约束性不够或者不科学，往往达不到规划控制的目标从而被传统开发习惯所轻易改写。而A1项目，是一个规划约束非常强势的案例。

当年GMP对临港的规划目标是想打造一个类欧洲的小组团混合街区乃至城区，而这种欧洲理想模式的初衷在临港其他地块的实践中基本都是被本土开发商所无视，想尽一切办法去改写原始代码，大部分建筑师也只好服从，从而导致规划目标和建成结果完全脱节。

而我们对待这个项目是没有完全按照常见欧洲模式进行设计，但也完全遵从了规划代码的约束，然后在国家和地方规范的补丁附加运算后得出了一个"两不像"的结果。

规划代码如下：

本项目为商住办混合地块，容积率2.0，
要求商、住、办面积比为30%、40%、30%且不得转移，
建筑限高24米，建筑密度小于60%。

12-1 地块用地面积8520平方米，总建筑面积25812.10平方米，
地上总建筑面积17751.88平方米，地下总建筑面积8060.22平方米。
容积率2.0，建筑密度53%，绿地率10%。

19-1 地块用地面积8160平方米，总建筑面积24294.83平方米，
地上总建筑面积16796.01平方米，地下总建筑面积7525.82平方米。
容积率2.0，建筑密度52%，绿地率10%。

20-1 地块用地面积5380平方米，总建筑面积15576.29平方米，
地上总建筑面积11065.11平方米，地下总建筑面积4511.18平方米。
容积率2.0，建筑密度55%，绿地率10%。

本项目住宅面积中包含5%以上的经济适用房（约892平方米），
全装修住宅面积占总住宅面积30%（不含经济适用房），
中小套型（90平方米以下）住宅建筑面积不少于20%，
计3529.5平方米。

完成这个结果除了对建筑设计行业里的一些基本规范熟知以外，用得最多的就是数学计算，就是在无穷无尽的设计深化和审批修改中计算着退界、间距、日照、消防、建筑面积、容积率、高度、建筑密度、绿地率、面积配比、停车位等，这些常规参数由于居住功能的存在以及地块过小而变得异常困难和复杂——项目参数的数学计算和报批审图共同构成了项目的"运算"过程。

在"颜值"角度来看，本项目平淡无奇，但在学术实践角度——这是一个难得的小组团混合使用街区实践案例。

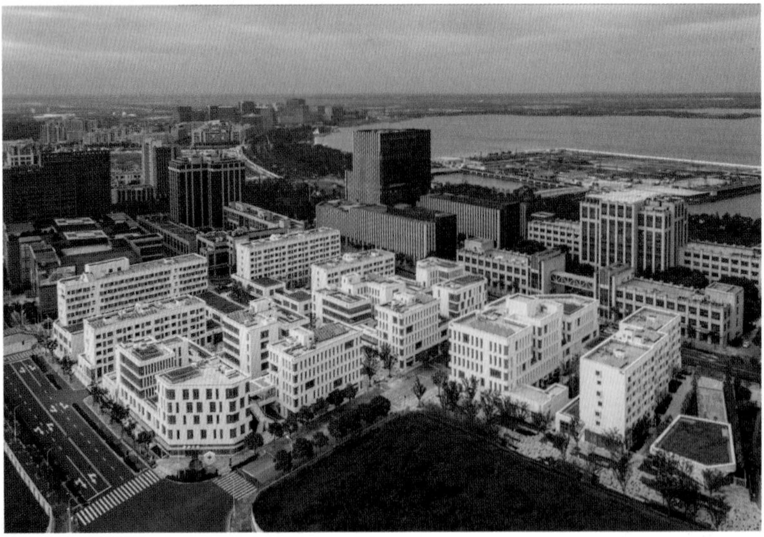

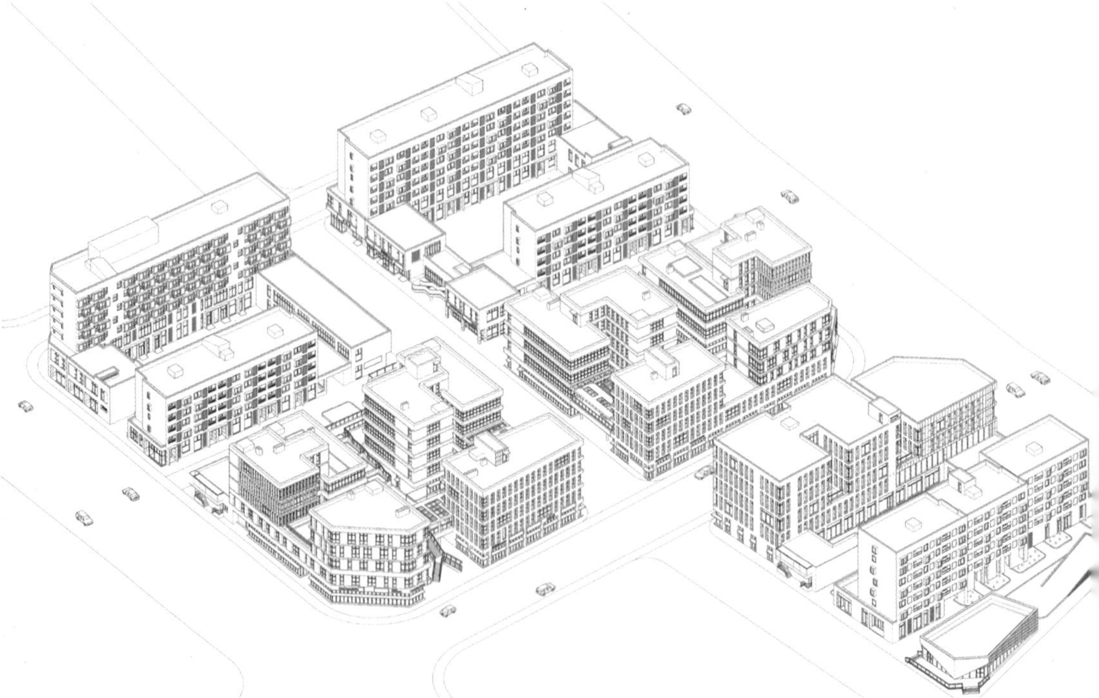

# 见贤思齐

## 12

**奉贤市民中心天幕+思贤小筑**

时间：2013—2018
地点：上海市奉贤区
人物：张佳晶、黄巍、徐文斌、易博文、徐聪、董乐、于军峰、庄元培

# 奉贤市民中心天幕

我有时候有一种感觉，就是优秀建筑师是一种佳肴，作为菜品是没有选择权的，只有被选择的份，当你遇到一个好你这口的领导的时候，你就有机会。

上海郊区新城是近些年上海开启优秀建筑实践的重要载体，奉贤区从2013年开始，渐渐取代了青浦区、嘉定区成为新的建筑师天堂，好多优秀的建筑师和优秀的设计在这里涌现。

我们在奉贤区开始的第一次机会是从一个没人愿意做的活儿开始的，就是奉贤市民中心的"天幕"。这本是一个奉贤第一高层建筑（奉贤中小企业总部）的商业裙房，由于商业建筑的过剩和职能部门建筑的缺失，奉贤区就决定将这个商业裙房改造成市民服务中心。

高目在接到这个项目的时候，感觉有点茫然。两万多平米四层的商业裙房，外立面的材料和开窗已经明确不能更换，那么除了室内功能布置的修改以外，我感觉是要做一件事情来改变整个裙房的气质，而这件事情可以完全与原设计风格无关。

由于原商业裙房的格局是一个露天内庭院的概念，我就想到了一个庇护所的可能，希望在如此繁杂的政府职能部门之间，给那些本来就很心烦的办事者提供一个可以遮风避雨又充满阳光的庇护所。当然我还单纯地认为这个庇护所可以是晚间的广场舞厅，甚至可以是流浪汉的栖息之所。

由于周边的建筑风格是"大虚大实"并带有不规则外形的"现代"风格，对其他风格兼容性较差，我认为只有用秩序化的古典风格才能高高在上地俯视它，并为这个空间进行庇护。

新增结构柱采用了空心组合柱，目的是为了安放屋顶落水管。圆圈形在组合梁柱中的作用是减轻自重并提供古典细节，为了柱子不失去刚度，每隔几个圆圈就要补焊填实圆圈之间的三角空隙。由于结构工程师的支持，很多新增柱并没有严格的立在地下室结构的柱顶，得以使建筑空间可以较为舒展。

因为这是高目第一次和奉贤的接触，所以在施工期间我和代建为了材料和做法吵得不可开交。当然不打不相识，后来还跟代建的老蒋成为了朋友并再次合作了奉贤区老年大学。

后来，天幕有了一个奇怪的荣誉，就是成了整个奉贤区第一个登上国外建筑专业媒体的构筑物。

122

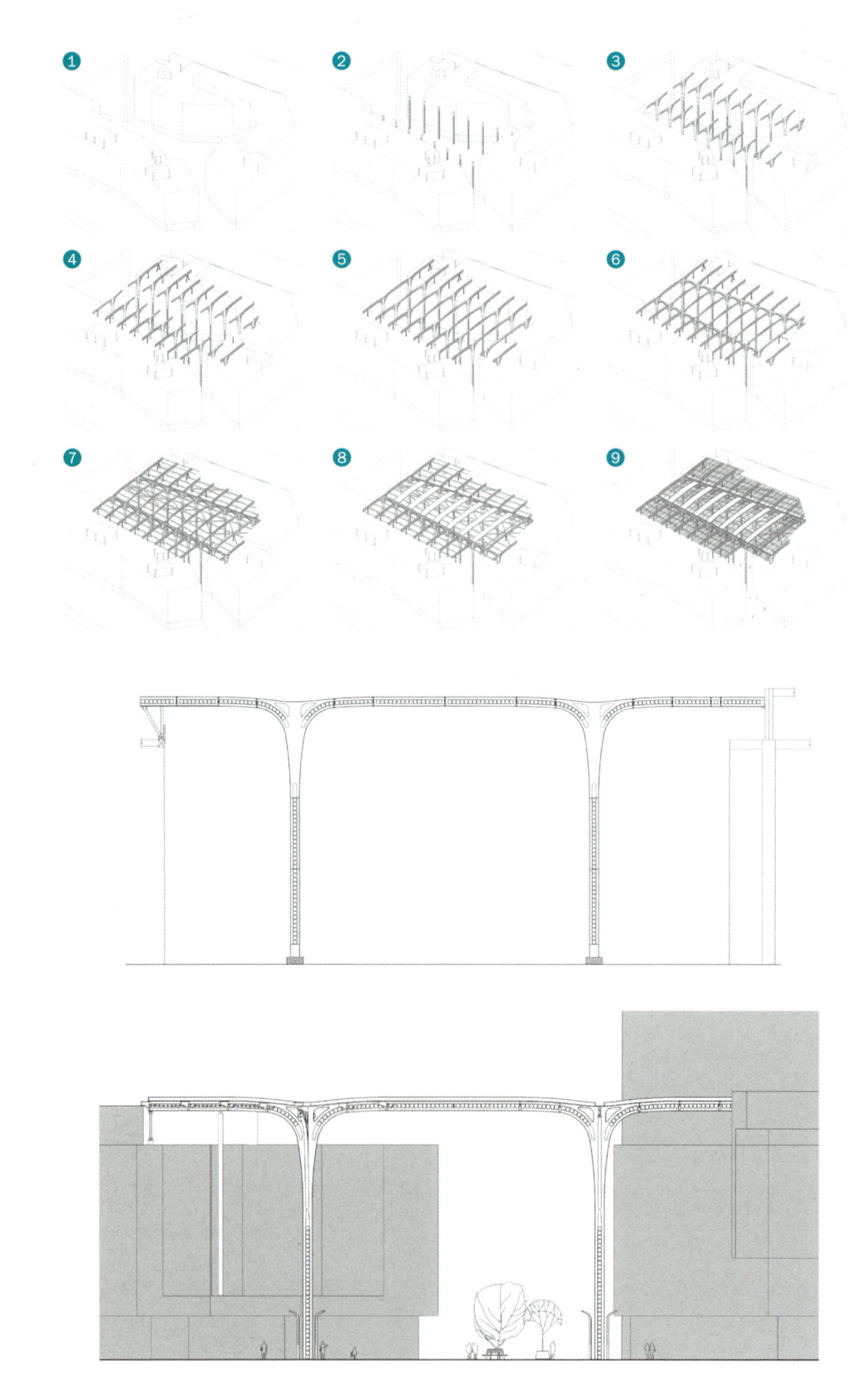

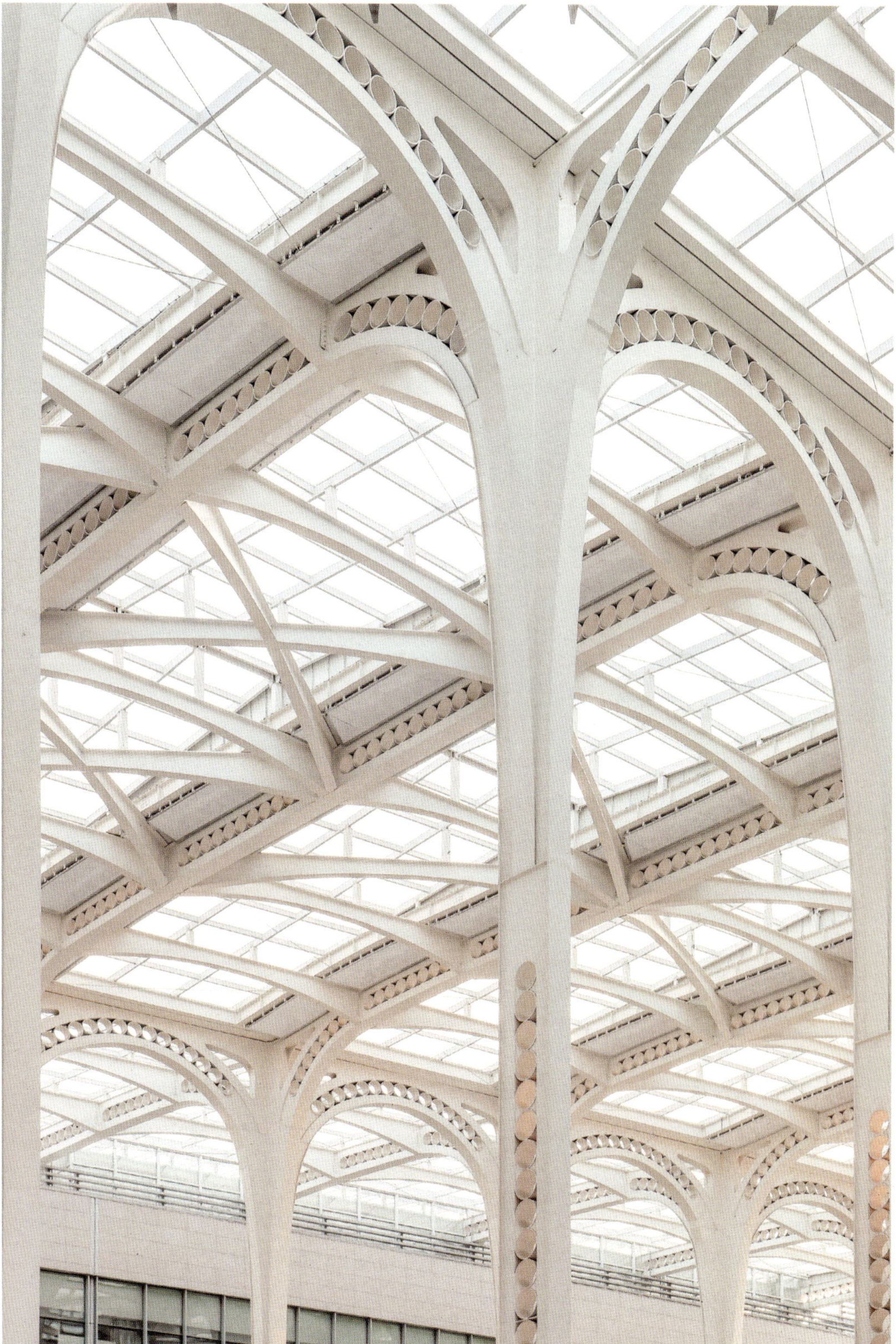

# 思贤小筑

"上海之鱼"是奉贤新城中央景观湖的昵称，我从没有想到过从2015年天幕造好后，我就在这个湖中央展开了一系列的小设计。迄今为止，我或成为在这个区域设计作品数量最多的建筑师，当然，一切都是从一座小房子开始的。

这个小房子是整个湖区公园示范区的一个配套用房，原景观规划设计将这个房子的基地限定为椭圆形，我必须按照这个形状的基地进行设计。但在此之前高目作品中从来没有出现过自由曲线或者椭圆形的建筑，在一筹莫展的时候，我们的实习生在那里画椭圆的焦点连线图，这一下子提醒了我——按照椭圆的几何性进行结构设计。椭圆的两个焦点放大成圆筒作为这个结构的形心筒体，然后通过焦点连线的梁悬挑出一个椭圆的外壳。而且根据设定的功能，一楼的公厕就将其中一个筒体作为洗手洗脚池（附近有供孩童玩耍的沙坑），而另一个做了杂物间；二楼的咖啡馆则将这两个筒体作为采光的天窗和趣味空间。

之后，为了试图更加融入单体东南侧的儿童沙坑的使用功能，我在设计中加了东南侧从硬地伸进沙坑的弧形长墙。这堵长墙在高目看来至关重要，它合理地处理了思贤小筑和沙坑若即若离的关系，也成为孩子们的玩耍背景和家长遮阳的场所。但就这么简单的一堵长墙也是经过了很多波折才得以实现，甚至在建好之后还在论证要不要拆除，因为在这种模糊的空间界定中，很难一下子向并不专业的甲方说明白这到底是为了什么。

水洗石是高目常用也最喜欢的外墙材料，水磨石是高目喜欢也最常用的地面材料。看得出外墙水洗石曾经是黑色的部分又变成了绿色，主要是因为施工质量问题导致黑色的水洗石上又喷涂了绿漆，而哈利·波特风格的洗脚池和钢琴黑白键的楼梯则是小伙伴们的即兴发挥。

不管怎么说，这栋景观建筑还是完美地适应了"上海之鱼"公园的基地，并和儿童游乐沙坑形成一个整体，以及实现了下面公厕上面咖啡的功能闭环。

但是这类建筑的宿命就是没有好的运营，一楼的公厕由于是"刚需"并有专门的管理团队因此现状尚可，而二楼的咖啡馆就没那么幸运了，在很长一段时间都没有招商成功，我甚至推荐了有兴趣的咖啡运营团队，但最终还是没有达成合作。一个人流熙攘的公园竟然招不到商家，我也只能暂时期待管理方——"见贤思齐"吧。

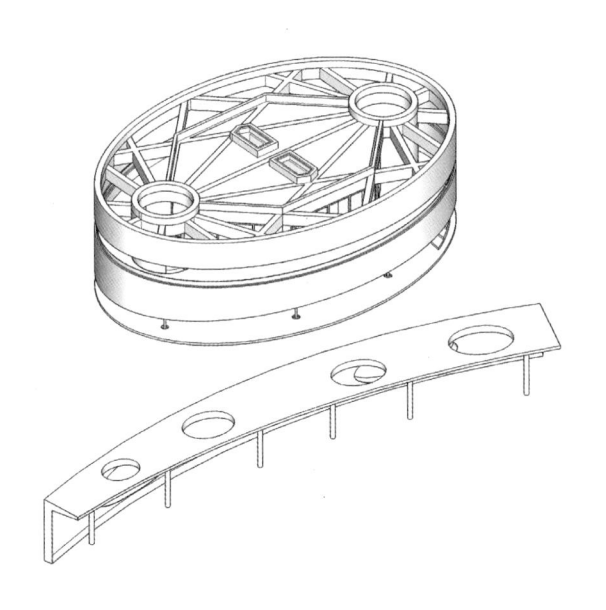

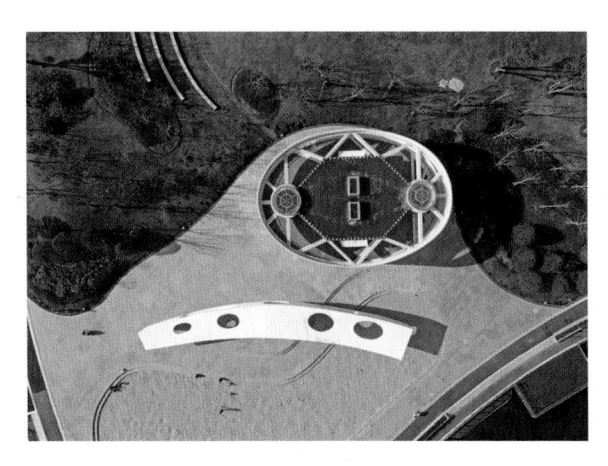

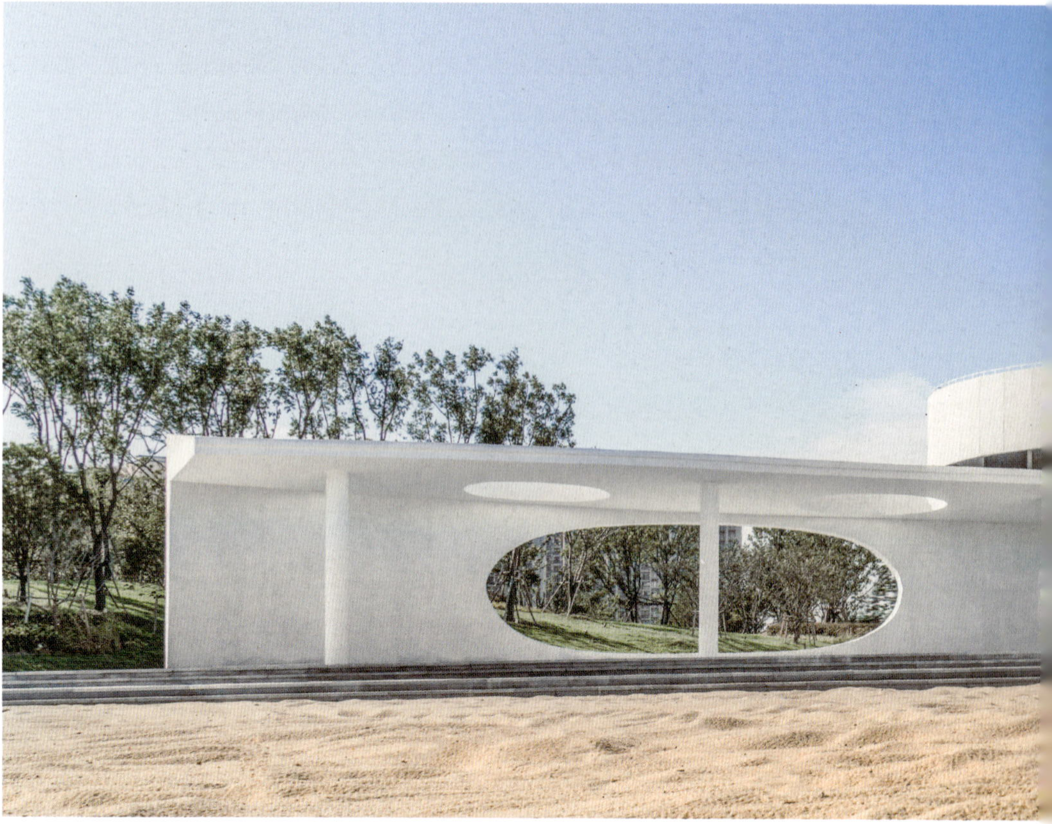

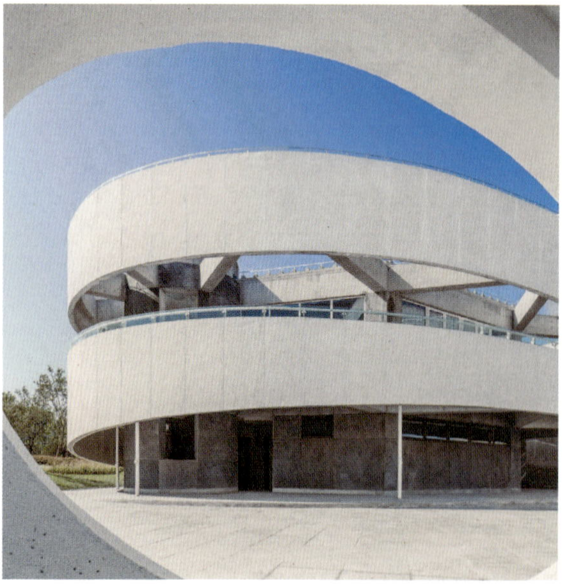

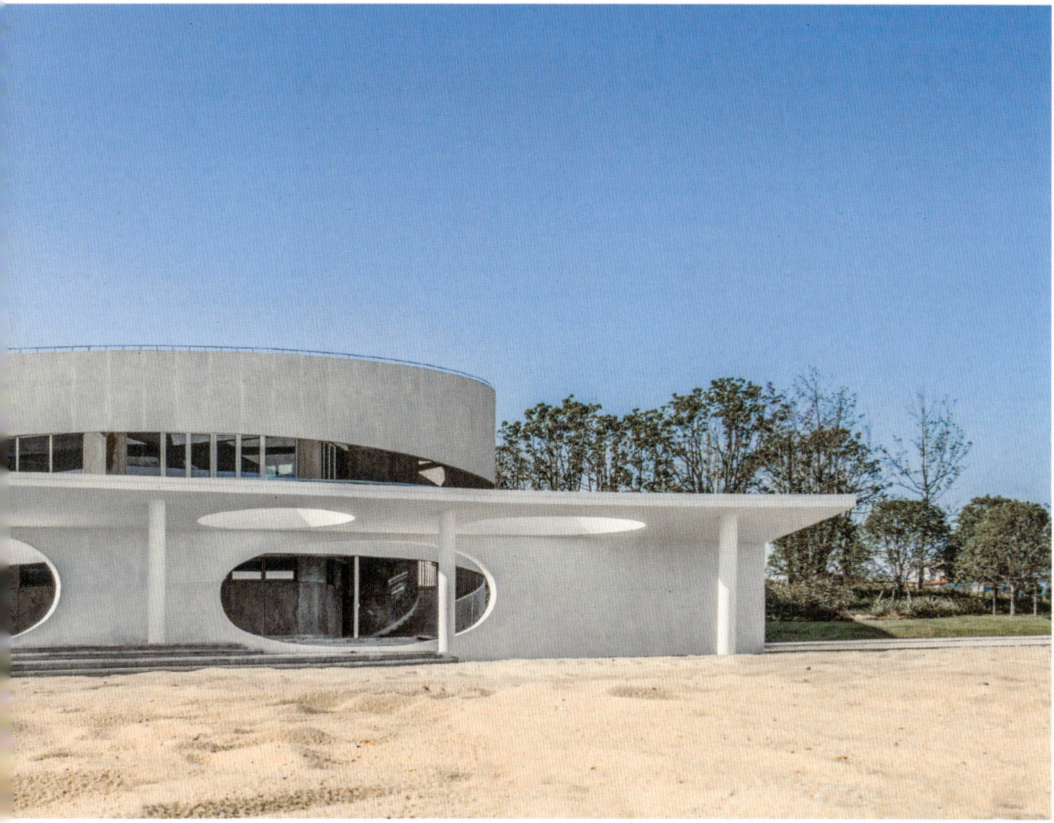

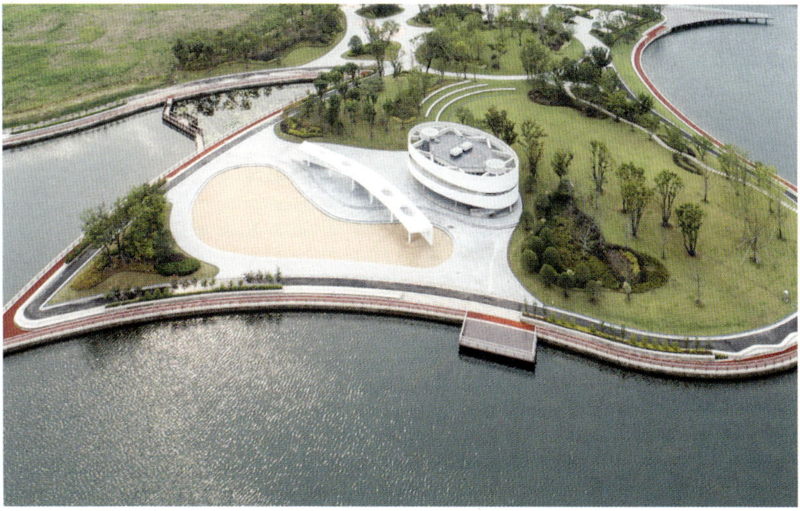

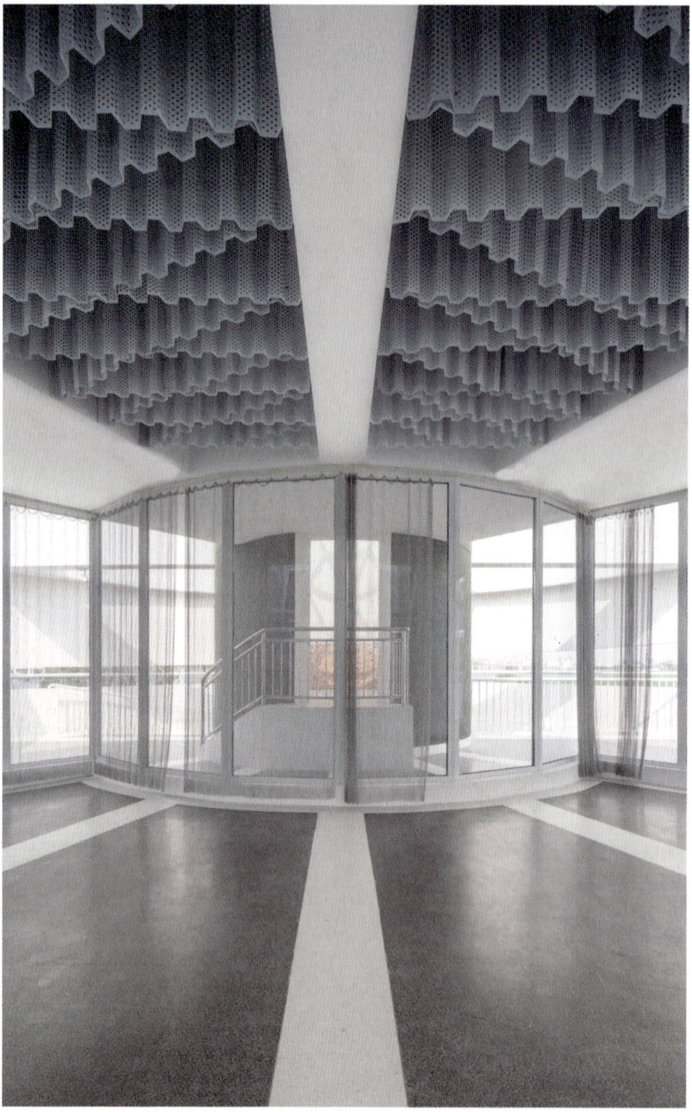

# 上海之鱼

**13**

那年那天 + 鱼跃桥、雁荡桥、无尽桥
时间:2017—2022
地点:上海市奉贤区
人物:张佳晶、徐文斌、易博文、徐聪、张启成、赵磊、董乐

# 那年那天

我第一次在金海湖也就是被称之为"上海之鱼"的奉贤新城的核心景观湖边设计思贤小筑的时候，怎么也不会想到这里将成为高目的建成作品在数量和密度上最高的区域。

继思贤小筑之后，高目在这里陆续做了一个婚庆岛的设计、六座桥梁的设计，其中婚庆岛和其中三座人行桥业已竣工。

职业建筑师在职业生涯里会遇到很多类型的设计起点，有的是为了对抗，有的是为了赞美，有的关乎建筑学的捍卫，而有的就是为了"好看"，从而给项目带来流量。

婚庆岛本来是原总体规划中的一个湖中央的游艇码头，由于整体定位转变，码头被取消，但甲方还是希望这个水上空间依然存在，并能改成一个既能运营又能为市民服务的空间。运营方将其新用途定位为旁边酒店功能的延伸，经营主要以接待婚庆为主，平日里对公众开放。

高目接到的这个任务有个很简单的前提，原来这里在规划上的总平面形式是个"鱼鳍"，在新的设计中，区领导希望尽量不要改变"鱼鳍"的样子，以保证"上海之鱼"的完整性。"鱼鳍"的鳍条可以减少、可以微调但至少要神似。因此，在造价、平面形状和周边功能衔接等各方面的限制下，最终的总平面是由一条直线型廊桥、一条直线型浮桥、一个婚庆小广场、一条湖畔栈道广场、一个弧形连接栈道共同构成。

几经讨论，婚庆岛最后定名：那年那天。

那年那天的廊桥设计是一个垂链拱剖面形式的钢结构，仿木涂装，斑驳的光影变化空间成为新人进入婚庆岛的主要通道；而浮桥的设计是为了提供一种动态可能，微微的晃动可以让新人携手依偎；湖畔栈道广场的铺地是设计后期的灵感——就是用婚庆乐谱的抽象图案进行铺装设计，而最后选用的门德尔松《婚礼进行曲》的钢琴曲五线谱是所有版本中图案最简单的，这样工人不容易做错。

这个设计从开始就没有任何压力，整个过程比较放松，因此结果也比较放松。

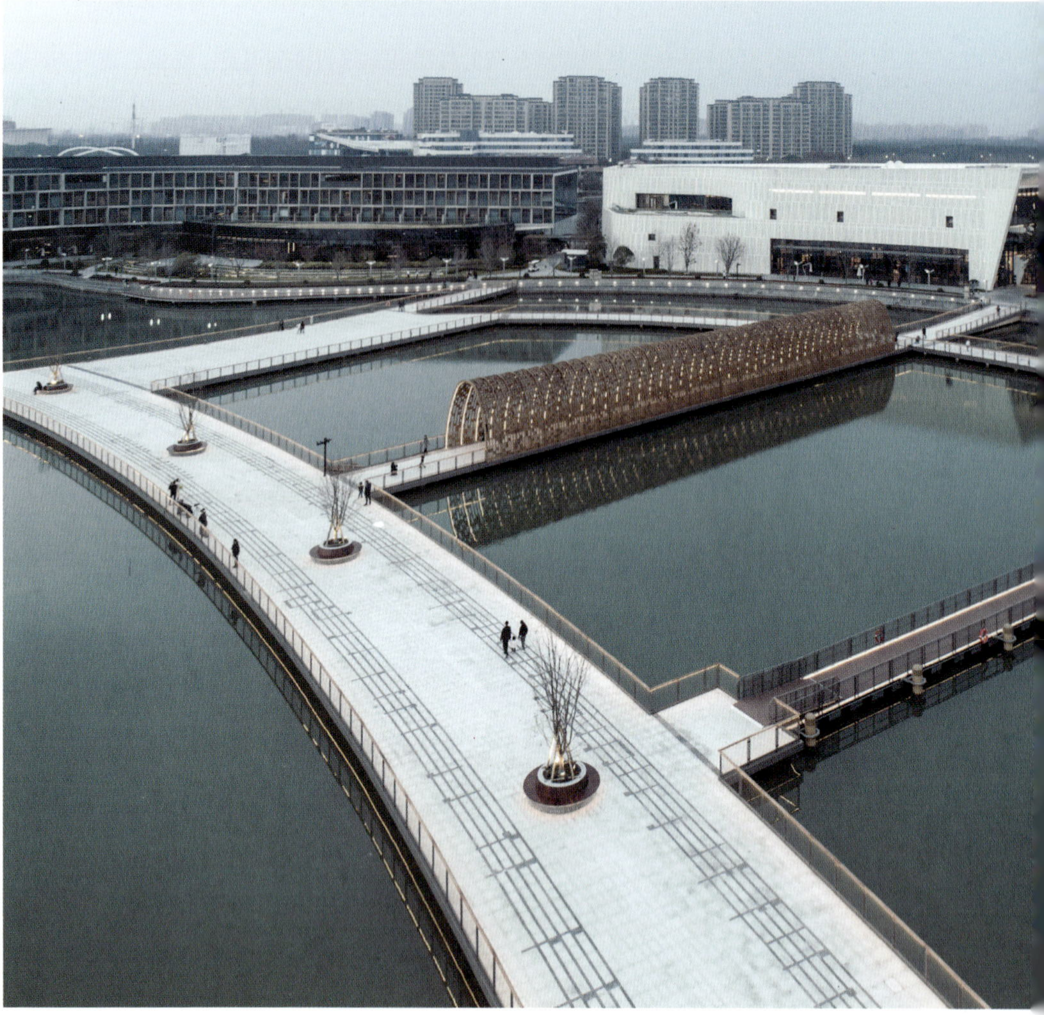

133

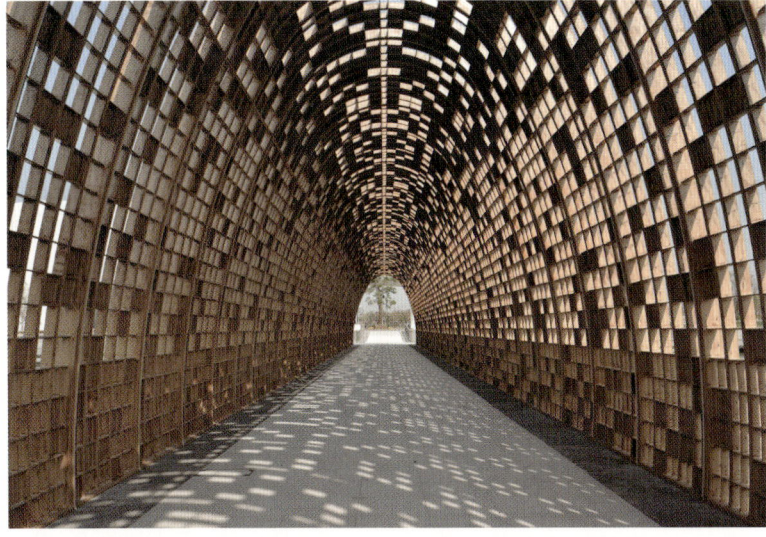

# 鱼跃桥、雁荡桥、无尽桥

高目一共在上海之鱼设计了六座桥,其中包含上海之鱼内部的五座和浦南运河上的一座,设计都已经做完,但是要分期实施。鱼跃桥和雁荡桥是最先被建造的两座,当时的灵感来自于思贤小筑现场的现场踏勘中,看到的施工总包的临时钢便桥。在构思中,我们以钢便桥的基本部件形式作为形式的基本单元,将其错落变化出一跃一荡的两种造型,并以两种鲜艳的颜色分别赋予了这两种造型。

在很多不同的设计中,设计起点都会很不一样。比如在这五座桥中的两座车行桥(尚未实施)设计中,结构合理性总是绕不过的起点,那形式必然很"建构"。而做这两座人行桥的设计初衷则不一样,因为结构合理性已经不是最能左右造价的最重要因素。所以我们就想摈弃传统的追求结构合理性为前提的造桥的想法,试图单纯从雅俗共赏的"好看"出发,设计两座不那么"建筑师"的桥梁,让它们成为在白天、夜间都能对大众具有吸引力的、可以带动周边景点流量的"网红打卡桥"。

粉色的雁荡桥为无顶双拱桥,似波浪又似飞雁贴近水面;蓝色的鱼跃桥为有顶单拱桥,以平缓的坡度鱼跃过湖面。技术上,两座桥均为钢结构,由特种钢分段制作,现场焊接组装。桥身彩色氟碳漆喷涂,桥面、踏面采用防滑彩色树脂陶粒混合料,并以钢板收边。

两座桥距离很近,一粉一蓝,互为对景,成为上海之鱼西南角的一景。

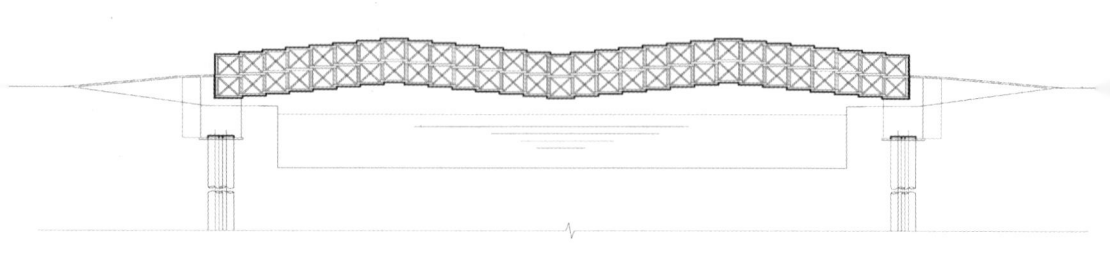

无尽桥是高目在上海之鱼实施的第三座人行桥，之所以叫"无尽"，有两个原因：总平面酷似一个无穷大"∞"的符号是其一；如果顺着一个方向不硬性拐弯的话，可以在桥上面无尽的永远向前是其二。

在设计之初，我们是希望人行过桥的行为可被选择，并能提供一定高度的观景视点，这个想法和同期做另外几座桥的李丹锋、周渐佳不谋而合。只不过他们的方案是一直一弧的X型平面，我们采用的是正圆形的8字形平面。

在设计过程中最纠结的还是结构设计，建筑师当然希望无尽桥的8字结构中间一颗柱子也没有。但因为弧形的原因一跨过的话梁的截面就会很大，于是在1/2处还是1/4及3/4处设柱子的两个方案中必须选择一个。经过我们在视觉方面的研究，还是选择了1/4与3/4处设柱子的方案，这样至少在上下交叠的最中间部分还留有一种凌空通透的感觉，也给摄影师能多留下一点想象的空间。

在设计到这座桥的时候，我们关于人行桥的机电经验已经比设计前面两座桥的时候更为全面，于是在栏板扶手设计上，方案阶段就预先进行了结构、扶手、踢脚与照明的整合，因此建成之后的完成度更高。

最后选择银色也是因为曲线流畅的造型与金属色比较般配，也是和手工感更强的粉桥及蓝桥有所区别。

至此，三座建成的人行桥形态与颜色各异，成为上海之鱼西侧步行进入湖区的重要景观节点。

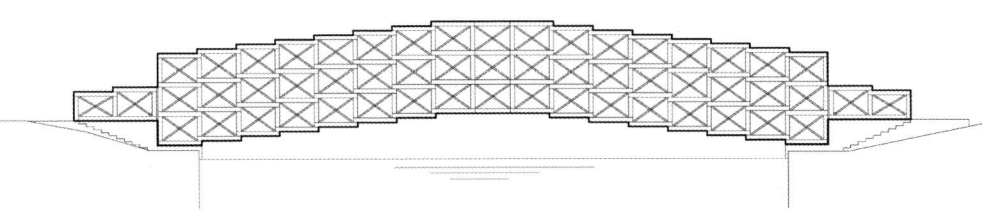

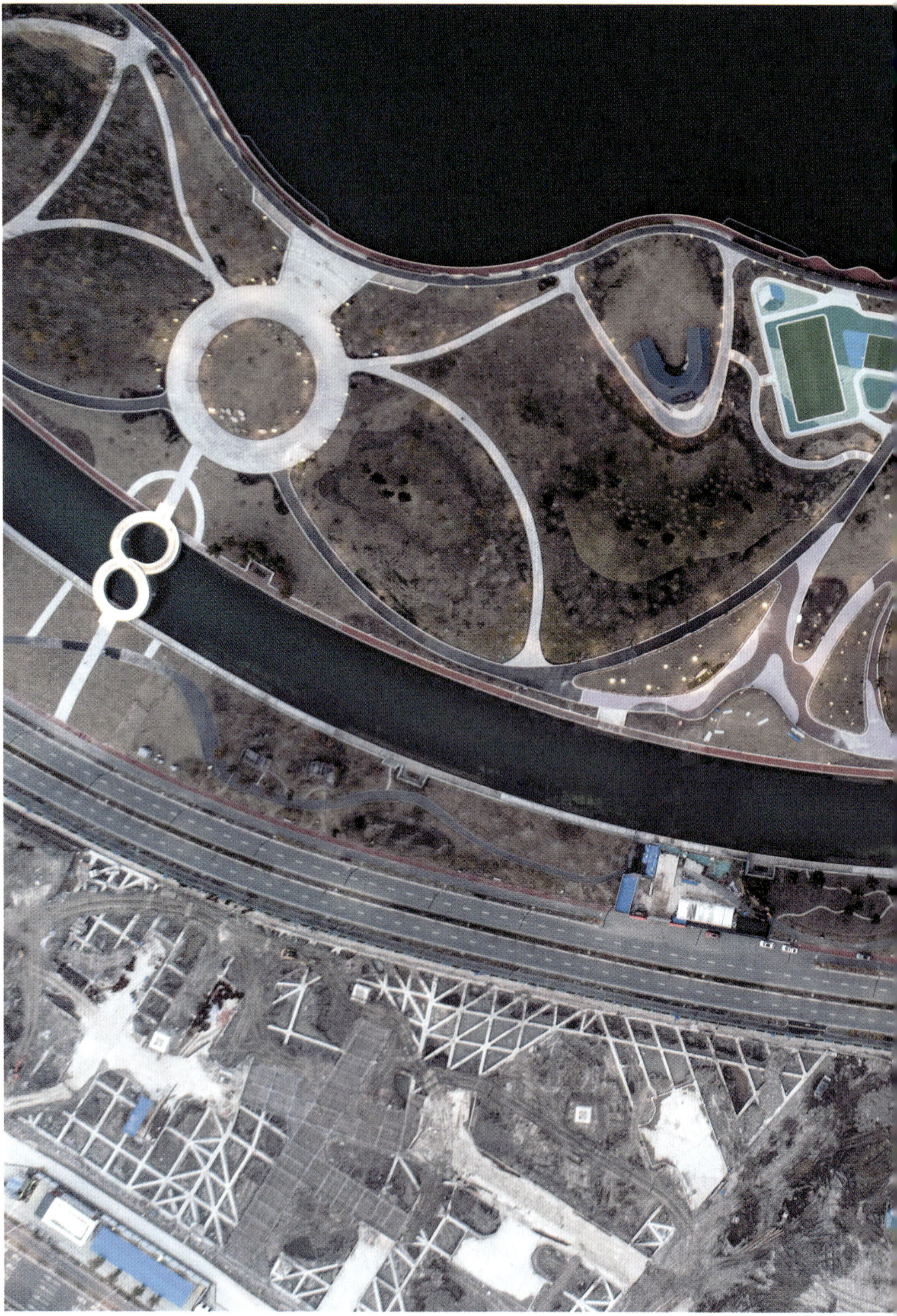

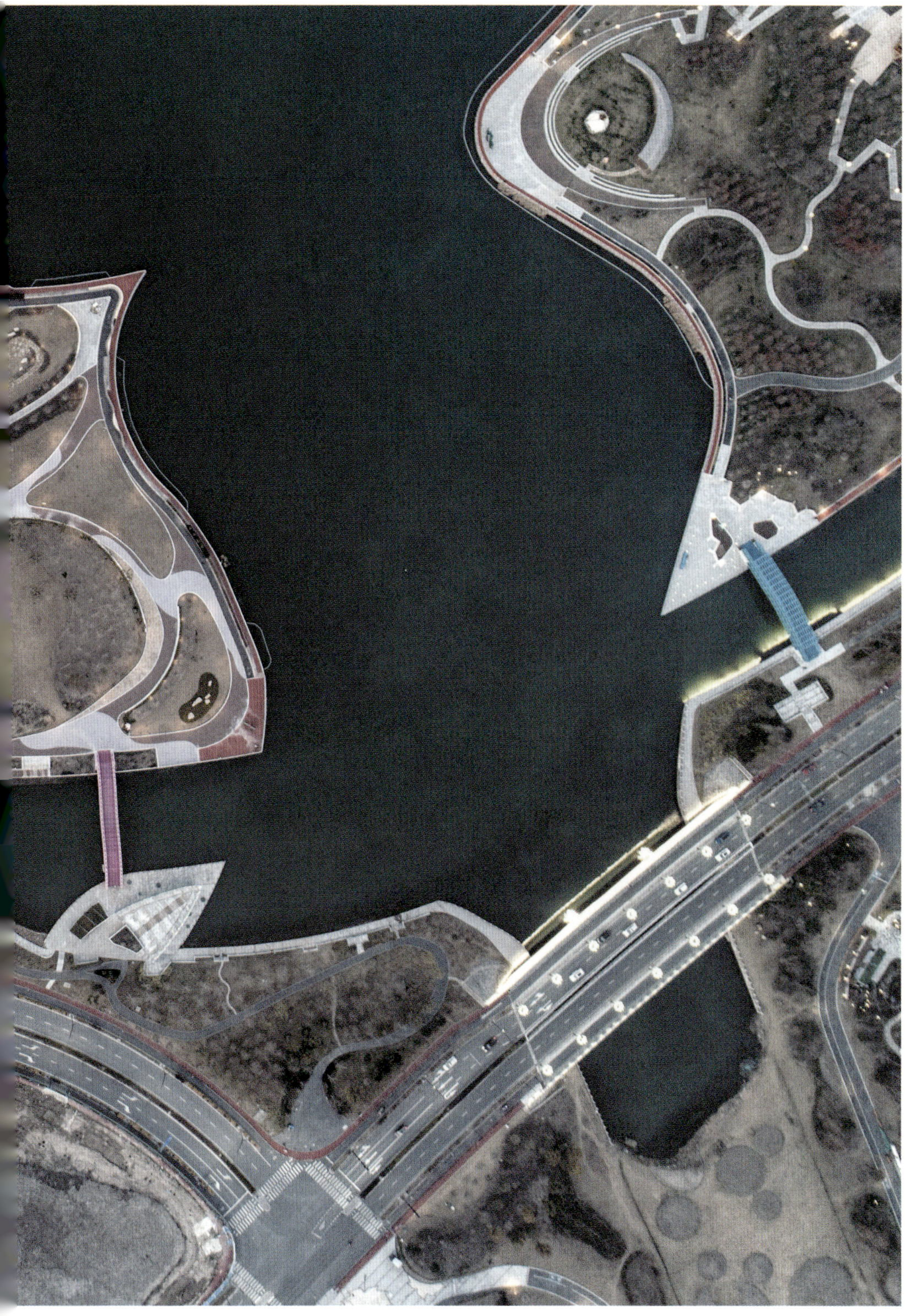

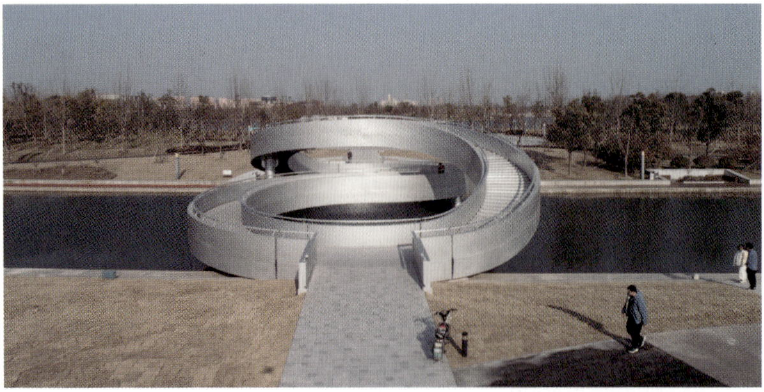

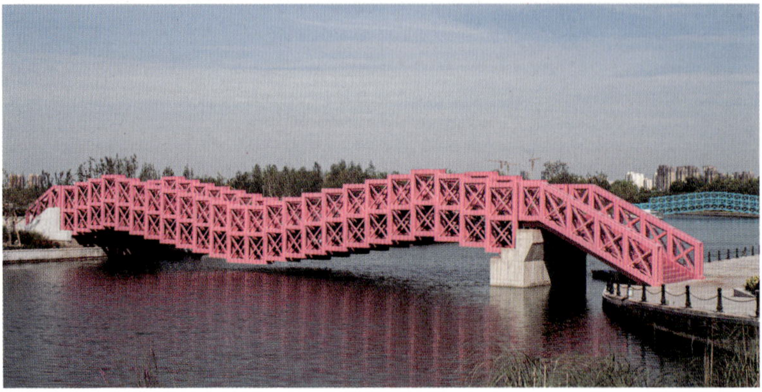

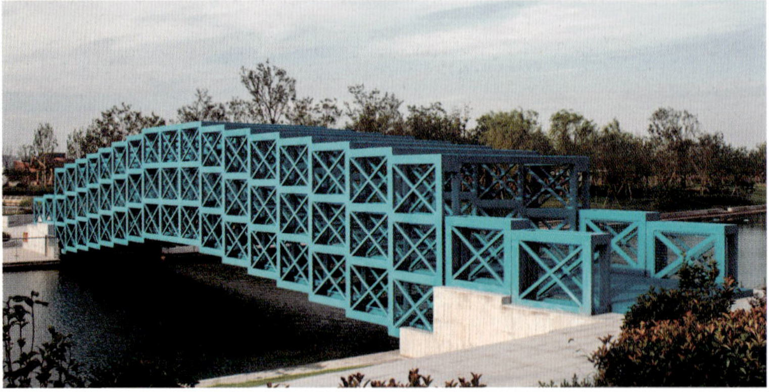

# 垂髫几何 14

成都金马湖幼儿园 + 苏州高铁新城幼儿园 +
蚱蜢幼儿园

时间：2017—2022
地点：成都市金马镇、苏州市高铁新城、上海市奉贤区
人物：张佳晶、徐文斌、徐聪、易博文、舒扬、李赫

# 成都金马湖幼儿园

幼儿园建筑是有追求的建筑师们比较青睐的一个建筑类型，比起学校设计来，幼儿园设计可以做一些不一样的东西这样似乎更容易被教育系统的人接受，但是对于这个"不一样"的理解大家偏差也很大。现实是，现在很多幼儿园设计所谓的趣味，没有抓住儿童心理，甚至扼杀了儿童天性来设定的。

过度随意的彩色涂装、自由曲线是成人对儿童的审美臆想，而我却认为真正的自然之美、理性之美更能被幼儿的生命体感知并引起共鸣。

高目在历史上设计过很多幼儿园，但却造过一个非常失败的案例，这里就不赘述了。但那个失败的幼儿园案例作为一种设计新原型，我们并没有因建造失败而放弃，而是在上海奉贤做了修正升级版，正在实施中。而这里要讲的三个幼儿园案例是两个未实现的方案和一个正在做立项而可能会实现的方案，它们都是在设计输入端通过几何作图来挖掘空间组成的内在规律，从而在输出端让儿童能感受得到理性之美。

成都的这个方案离实施也就一步之遥，既然只有六班规模的幼儿园，那就和常规十五班的标准幼儿园应该有着不同的切入方法。高目一直对量变产生的质变很敏感，因为量的增加会更容易形成一定的制式，量的减少则会反制式，更容易出现自由的组合。

鉴于多年与植物的悉心相处，我们想到了风车茉莉的花瓣图案，这种自然界形成的内在平衡的图形往往很吸引人。六班幼儿园的规模让这种五瓣型的总图成为可能，五瓣形的总图中，三个花瓣是两层高的六班活动室，另两个花瓣是其他辅助用房。五瓣型的中心对称，除了交通组织更加便捷集中以外，花瓣形的室外空间恰好也是阳光摄取最大化的结果，每个扇形的内院使活动室的日照得以充足。想想也有道理，对阳光最敏感的植物以及它们的花朵并没有长成我们住宅小区那样的片片朝南的结果，而反倒是长成了中心对称的模样。

其实在开始的时候，我觉得每个瓣都可以有自己的形状，比如坡顶、尖顶、圆拱顶、垂链拱顶等，最后选择了比较简单的普通两坡顶和圆拱顶的方式，并从中心开始向外渐高，在远端最高处可以设计一些有趣的夹层。

方案产生后，我很兴奋，甲方也很兴奋，但最终还是因为很多原因没有实现。在后面很长的一段时间里，我一直想找个机会将这个有趣的五瓣型构思付诸实现，有的时候甚至到了勉强的地步，比如我们就曾经将一个海滨度假小酒店设计成五瓣型图案，遗憾的是那个甲方讨厌一切具象的形式。

对于几何形的迷恋，一直贯穿在高目的设计生涯中，比如十几年前，在没有微信的时代，高目的网站首页构图就是九宫格的设计，嘉定的一个政务中心方案是河图洛书的推导，德富路中学的总图是田字型双线网格，三鑫花苑的总图是向东南渐变的扇形，还有新江湾城的一个幼儿园采用的是三边垂直的五边形组合等。

后来一个苏州的幼儿园招标邀请了我们，虽然投标最后并没有什么好结果，但却让我们继续实践了一次这个花瓣形的设计——有时候要有这样的心态，就是有的甲方真不配拥有我们的设计。

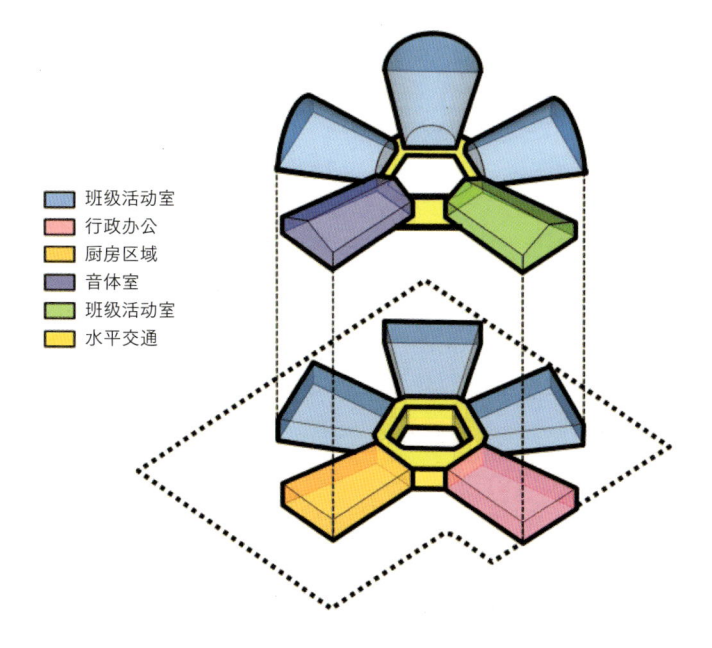

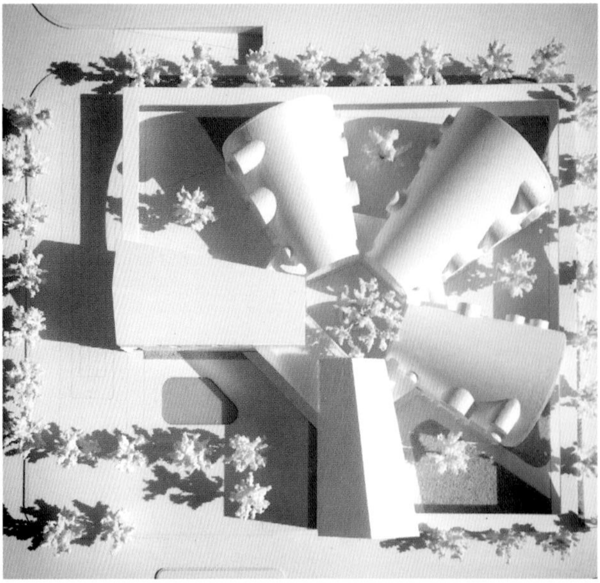

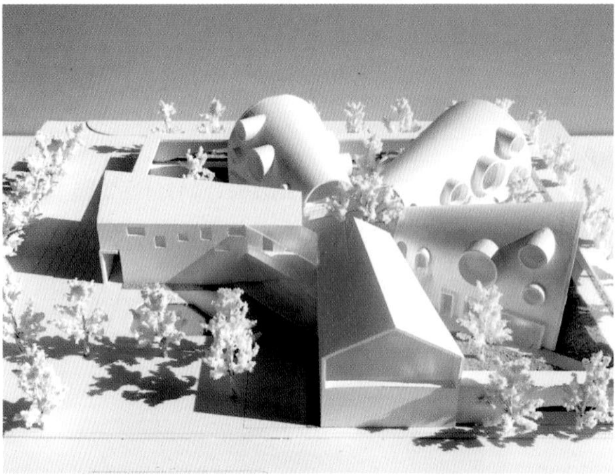

# 苏州高铁新城幼儿园

高目的设计理念中还有一个重要的前置条件，建筑能少做一层绝不多做一层。在这个投标中，我们将这个三十班的幼儿园做成了全部两层。

由于班级数量的增多和基地的局限，五瓣花的平面不再适合班级活动室，而更加适合其他的活动用房，诸如大活动室及专用活动室等，我们将这些活动用房及一些附属设施设计成了一栋附楼。这次的设计放大了花瓣的面积，花瓣的中心下面是大活动室，而屋顶则形成了一个露天的室外剧场空间。其中的一瓣也演变成了主要的交通空间，水平联系主楼附楼，垂直联系各层及屋顶的农庄。

而班级活动室形成的主楼为了适应了基地的形状，像一列火车一样布置在基地南侧河边的长条地上。班级之间用相等的黄金分割长方形且高度两层的体量错落并排，形成了一个类独栋或联排的班级组合方式，最大化地获取了阳光和景观。班级间都会有拉开的小内院，让走廊和厕所也拥有南向的阳光，厕所空间扭转45度也是一种利用几何形来创造变化的手段。一层的班级有自己的院落，二层的班级可以通过独用的楼梯直接下到前面的土坡上，这些设计都是为了让孩子们能保持动物的特性，以及对自然的敏感。

跟以往的幼儿园设计一样，没有多彩，也没有随意的曲线，更不用所谓的家型，但创造了新类型——放弃流行是一种清明的态度。

高目在教育类建筑中创造的原型很多，以至于一直被同行致敬，有些致敬的同行都会告诉我，我也会欣然同意。但有一次我们的德富路中学在山东某市被原封不动地拷贝了一番，我得到消息后，联系到那边的规划局和管委会，声明我想认识设计单位，只是想指导他们做得更好一点，不追究抄袭的问题，结果他们不信，没有理我。

在一些外地的竞标中，高目的成功率不高。但在2021年，我们得到了上海某区相邻地块的一个初中和一个幼儿园委托设计的机会。话说回来，我们最终的好运气还都是在上海。

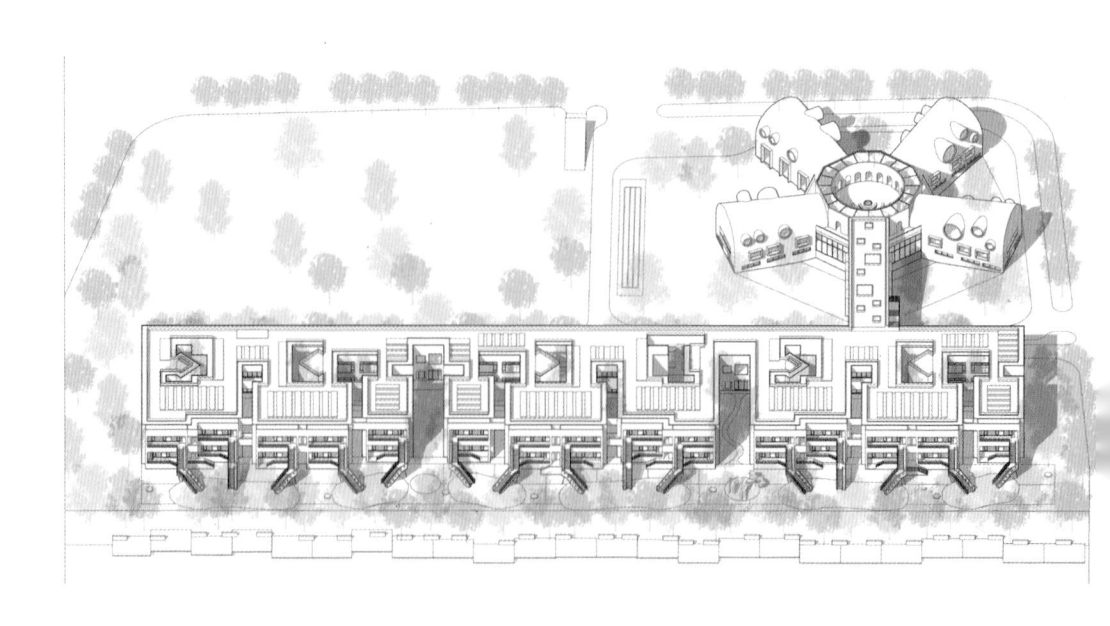

# 蚱蜢幼儿园

我在抵抗行列式的进程中，总是在思考基于建筑规范和使用习惯主导下的新组合方式，而组合方式希望来自于一些有内在几何规律的图形。这次想到的是泰森多边形，就是著名的 Voronoi diagram。

由于泰森多边形的几何特性，使得这些多边形是以最紧密的方式进行组合的，彼此的交互也是最高效便捷的。于是，在很多轮随机的控制点生成中，我们先预设了一些和规范有关的参数比如房间大小、数量和走廊宽度以及保温墙体厚度等基本条件来约束点位，最终动态产生了一个适合规范要求的点阵，并优化成直线加倒角的房间及内院形状。设计过程中根据各方的意见调整方案的时候，最重要的步骤是通过数据反推来调节控制点的数量和位置。

设计过程中采用了 Grasshopper 软件的辅助，因此在幼儿园起名的时候，我们就将它命名"蚱蜢幼儿园"，也暗含了对现有大部分孩子根本没有见过蚱蜢的不满。

在几何作图中，泰森多边形的控制点连线也成为我们空间划分的一个依据。利用这些连线为屋顶活动区和室内空间的材料划定边界——在屋顶区分了活动区和设备绿化区；在室内区分了活动区和睡眠区。

至于优化方案没有选择自由曲线而是采用直线加倒角的形式是为了适应标准化的家具选择，尤其是那些对家具要求比较高的房间，比如教师办公室、厕所和会议室等用房。

最后经过多方论证修改后的总平面酷似一个灰太狼的脸谱，如果这个幼儿园能实现的话，蚱蜢到灰太狼的故事可以讲给小朋友们听。

最后几经修改深化，虽然教育局最后在非常称赞这个方案的同时还是选择了我们另一个方案进行实施，但却给了这个原创构思一个现实演练的集会，在一些和园长及教育局的互动中，方案构思得以离现实更近。虽然选择了我们另一个方案，但喜欢这个方案的甲方也给了我们另外一块基地，希望我们可以将这个幼儿园构思付诸实现——虽然前途未必平坦，但至少无限接近。

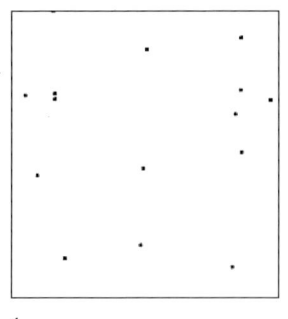

1
确定体量大小并随机生成点位

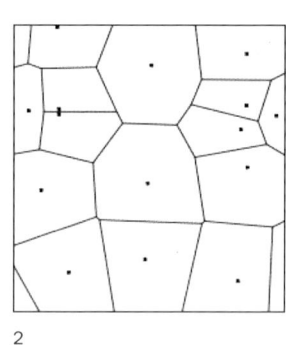

2
根据点位生成泰森多边形

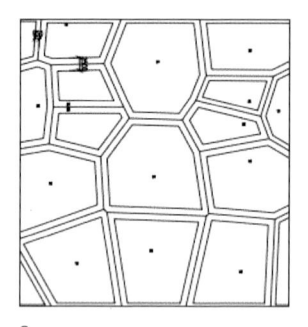

3
面积 > 60m² 向内偏移 1.25m，
形成净宽 2.5m 走道
面积 < 60m² 向内偏移 9.5m，
形成净宽 1.9m 走道

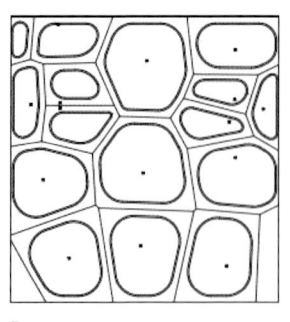

5
每个单元向内偏移 300mm
墙体调整点位使面积符合功能需求

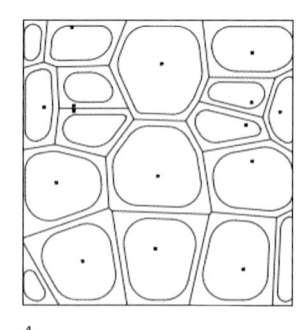

4
面积 > 60m² 倒角半径 5m
面积 < 60m² 倒角半径 4m

二层平面 1:350

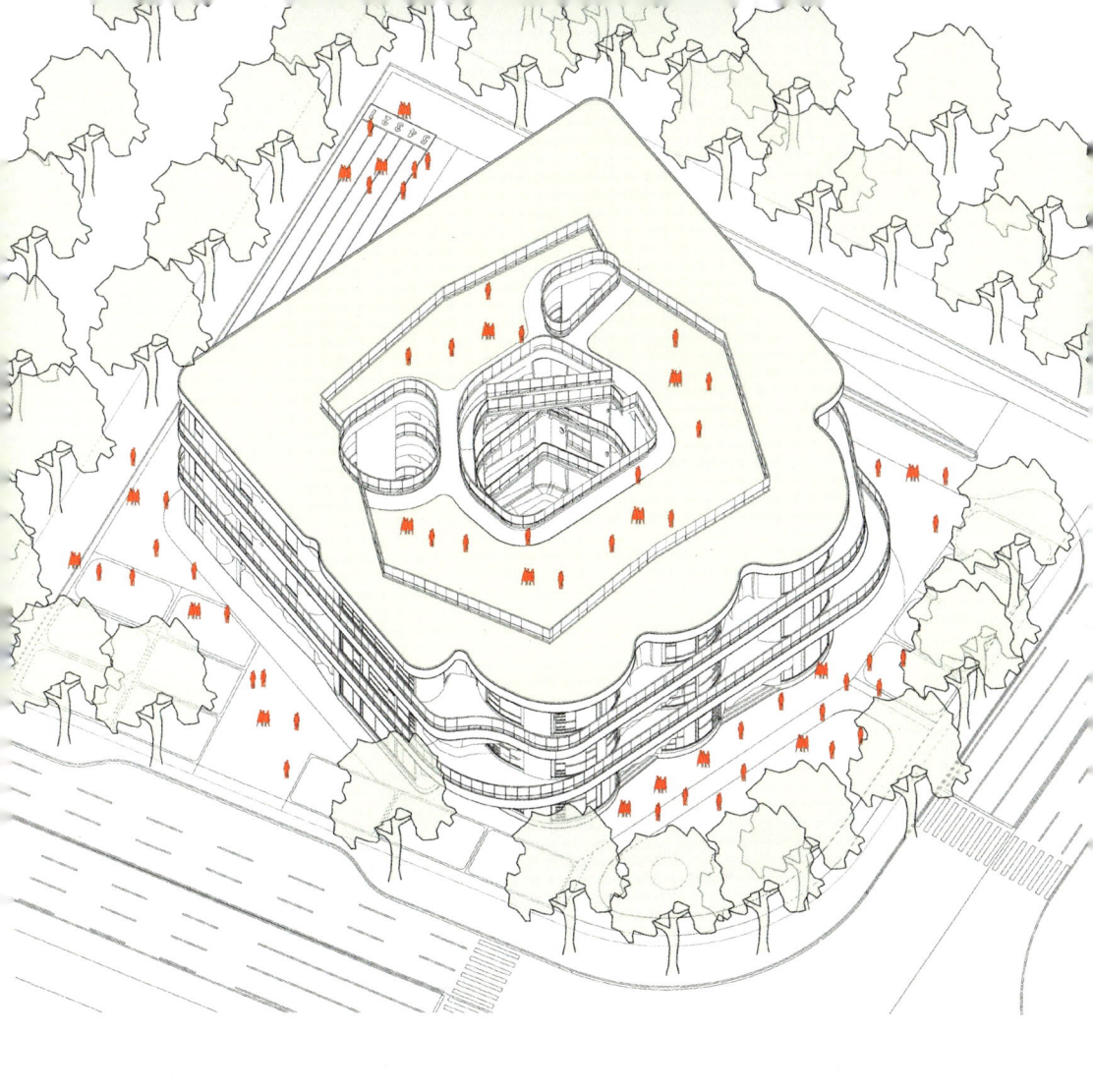

三层平面 1:350

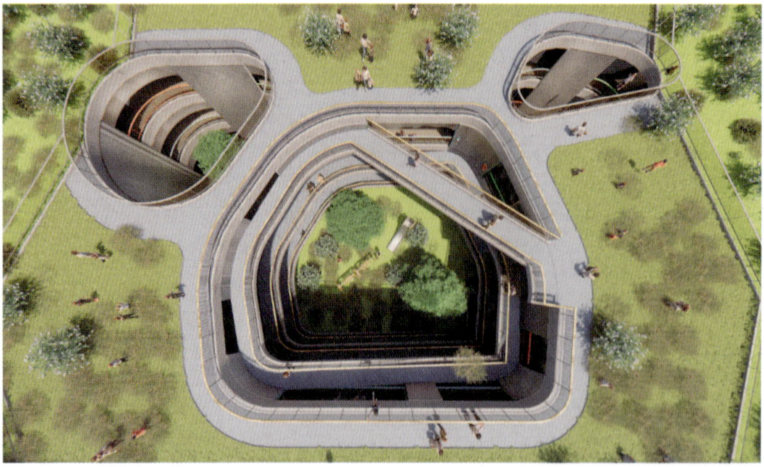

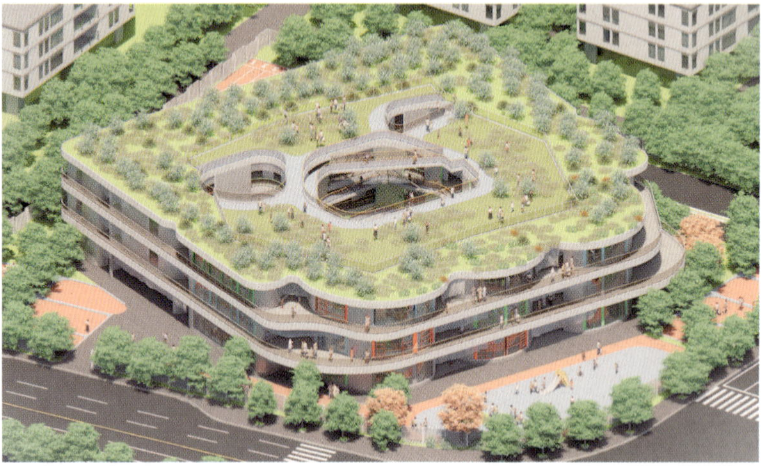

# 北纬四十
## 15

**犬舍**
时间：2018—2021
地点：秦皇岛市阿那亚社区
人物：张佳晶、徐文斌、徐聪、张启成、马寅、陈斌、赵荣、刘宇翔、林宪政、朱一鸣

# 犬舍

我并不是一个爱狗的人。

我养狗是一个纯属偶然的事件，十一年前，我的一个大学同学在上海买了一套市中心跃层豪宅，然后花了一万五买了一条据说是欧洲冠军犬配种的拉布拉多幼犬，目的是陪伴他的两个小孩度过童年。这个拉布拉多就是呆萌（我同学起的高大上英文名是Diamond，几年后网络词"呆萌"开始流行，就谐音叫习惯了），呆萌出生的日期是2010年2月26日。

但是大部分养狗的人都是一时兴起，根本没有想过除了快乐之外的如影随形的无尽麻烦，我同学的小孩由于吸入幼犬的绒毛导致哮喘，孩子总比狗重要，我同学只好让他的员工暂时代养。你想啊，帮老板代养宠物是个什么心情？果然，代养了几个月之后，呆萌由于活动空间狭窄、运动不够、缺少关爱，导致了肥胖和抑郁（兽医说的）。我的同学只好忍痛把呆萌送给了我另一个大学同学。这个大学同学非常爱狗，但是他家的住宅是普通的三房两厅，对于一个发育中的公狗来说实在太小了，而且连续四天他起夜都踩到了呆萌的狗屎，加上啃咬溜喂等琐事，他最后也实在受不了了——于是他们想到了我。

因为那一年我租了一个带院子的老洋房作为工作室，也算是成为了上之角的有房有院儿的人，可以提供较大的室外空间给宠物，尤其大狗。于是，幼年的呆萌几经辗转，彷徨无助地来到了我那个工作室的院子，而那个时候，呆萌六个月大。

根本没有养狗经验的我，几乎手足无措，还好我的一位同事是一个有耐心的爱狗人士，性格佛系。他悉心地照顾呆萌，安排购买狗粮、玩具、狗垫子，定量喂食，并引导它如何抬腿定点尿尿，和训练听懂一些简单命令，以及限定活动区域，等等——而我呢，只是一个冷漠的"继父"，给钱花、给饭吃、给地儿住而已。

两三年过去之后，常年室外的生活让呆萌成为了一条极其健壮的拉布拉多犬，从刚来的时候只能连续跑二十米，到后来每次都要冲刺二百米奔向辽阔的街道，就像野兽奔向森林一样激动得摇头晃脑。数次由于速跑急停导致我反应不及膝盖受伤，而我想完全拉住看到了对面母狗的它，只能采用下蹲的姿势。呆萌迅速成为这个区域的明星，每个不认识我的人却都认识呆萌，每个不曾跟我打招呼的女生都会跟呆萌打招呼。

几年来，随着同事的离职，和我们工作室的换地儿，以及不可预计的人生变故，我渐渐地成为唯一能照顾呆萌的人。而伴随它的衰老，我的事情就越来越多，一些在它小时候可以马马虎虎的事情渐渐的就不可以了，比如睡室外。它的皮肤、后腿、牙齿甚至气味都明显产生了变化，随着这些麻烦的接踵而至，我也知道，以前那种粗放的方式对老狗不再适用，为了避免疾病带来更多的"麻烦"，我就得平时多"麻烦"一些。我有时候连自己都不敢相信，我居然学会了用酒精纸巾给它擦脚、擦屁股、用棉签剔牙、抠耳朵那些以前觉得"恶心"的事，也在孙学长的建议下买了一套高压吹水机，来适应不能因天气而中断的遛狗活动（暴雨天遛狗回来要吹干）——并且我也学会了给大狗洗澡——我忽然有一种"继父"给儿子养老的感觉。

我的人生，也随着呆萌而出现了一些变化，就是曾经自由自在的我，连晚饭出去应酬和连续出差几天都成为极其奢侈的行为，因为每天晚上的几公里遛狗必须风雨无阻，我必须看到它拉屎拉尿舔地闻味儿最终满足地爬上它自己的床之后才能回家。之所以养在工作室也是因为工作室有室外的院子和不同的活动空间，幸运的是这十一年里我的工作室都恰好租住在有院子的地方。由于生活的时间差，在工作室前厅和需要开空调的咖啡馆（它睡觉的地方）我们甚至在墙上增设了带双层门的狗洞，以方便没人的时候它进行娱乐巡视，这当然也是常年养狗的孙学长的建议。

我也曾经在心情不好的时候，嫌弃呆萌。认为这条老狗不听话，不懂事，拖累了我，我的这十一年是一种被迫承担的责任，我甚至放言说等呆萌死了我再也不养狗了。有的时候因为它不听话我就生气地在路上用脚帮侧踹呆萌的臂膀（因为这样不会受伤），被过往的"好心"阿姨爷叔责怪"怎么能踹狗呢？"

呆萌也不是一无是处，它具有一双充满忧郁气质的高智商的眼睛。我的朋友评价，呆萌的眼神是他们见过的狗界最像人的。而呆萌的眼神，也不知道为什么往往能让我联想起这个人类世界的一位弱者。

而马寅找我设计犬舍，也是个纯属巧合的事情。

最开始他跟侯老师来找我的时候，我感觉是把我当作智库来着，一般都是向我了解些其他建筑师的特点，来旁证是否请某个建筑师做某个设计。而我呢，也并不在意这些，那些爆款网红小清新其实距离我很远。而且，对于拥抱流量这件事情，我心有排斥，并只有佩服的份儿。因为我长时期的设计生涯都是在体制内项目的争斗之中，经常活在镰刀和韭菜之间的双重夹击之下，我一时间也把那些火药味儿十足的事情当成了自己的使命，就跟收养呆萌一样——有的时候并不是我选择了他（它）们，而是他（它）们在冥冥中选择了我。

最后选择了这块阿那亚社区最南端的三角地的时候，本来马寅是想让我设计一个青年公寓加食堂。我当时有一种马寅找了一块不那么重要的地来感谢一下我的感觉，感谢那么多年我给予他的那些咨询帮助，当然了，能拿到阿那亚的设计机会，多少是一种被认可。

马寅在委托设计之后，曾经说过一句意味深长的话："你看，整个阿那亚海滩都是清华的建筑作品，你是唯一的同济的哦！" 我只好呵呵，只能说他太会这套了，因为我后来知道他把这句话里的清华同济换了一下，在另外的项目里用同样的一句话，说给了夹在一群同济建筑师中间的董功。

方案刚刚设计到一半的时候，马寅忽然电话我说他非常想把这个地块定位改成宠物旅馆，就是带着大狗入住的酒店，问我觉得怎么样。我太同意了，这倒是多少击中了我的内心，我因为呆萌的存在几乎放弃了年轻时钟爱的旅行，因为狗太难带了，几乎没有酒店能接受大狗。

在草草的交流了前面进展一半的方案之后，我还是决定回来重做一个方案。我当时在想，设计人与狗的空间最重要的是什么？其实最重要的是解决狗"群"

的负面因素——单个狗好办，一群狗麻烦（其实也不是为了狗，是为了人）。处理好狗与狗之间的矛盾是酒店的首要问题，无论是在走廊相遇还是在房间对视都应该尽量回避。从办理入住开始到进驻房间应尽量以不交叉流线，独处单元为主，而狗们交流的地方应该是远离酒店的海滩、草坪、乐园。其次是在室内空间上要适应多种人和狗相处的模式，比如有的人允许狗上床，而有的人却不能跟狗睡一间房间。再次就是狗的清洁问题，味道的问题，洗脚和洗澡的问题，布草的问题，管理的问题。

而建筑空间的塑造，狗是不挑的，人喜欢的狗都会喜欢，适度的、有些低矮专属空间即可——因为我们并不是在设计一个狗窝，而是一个带狗住的旅馆。

我思考之后觉得首先要回避廊式布局，我就画了一张草图，就是把一个类似狗窝形状的坡顶单元摆在了另两个分开的坡顶单元之上，这样巧妙地将二楼的进出与底层单元错开，楼梯设在了底层两个单元之间，还在行进中利用了一段楼下单元的斜屋面，让两层独立摆摆儿的单元有了交通逻辑上的关系。楼梯的高宽比是按照比较平缓的商业建筑楼梯规范来设计，也就是说像呆萌这样的老狗上二楼也问题不大。为了处理楼梯碰头问题，楼上的单元有两种不同的前后进退和减法跌级，导致求解出了不同的外立面造型，也刚好在室内形成了一些狗尺度的低矮空间。

而室内的空间分为两层，楼上卧室，楼下活动，也适应了很多种人狗模式。最后，规划布局上采用各单元主要朝向（居室卧室）向周边布置，次要朝向（浴室卫生间）向内院布置——这样，互相独立进出、没有对视的三十间复式客房就这么摆出来了。西南向的开口布局来自于对基地上印象深刻的夕阳记忆的回应，后来几乎所有的主效果图都是渲染这张夕阳的角度——建成后小红书上晒得最多的也是这个角度。

作为职业建筑师，还不忘记把夹在底层单元之间的楼梯空间设计成地下室的采光口，为食堂提供漫反射的神性光芒——没设计过神性光芒的建筑师不是一个好艺术家。

在土建施工过程中的末期，我们的总包刘宇翔患心梗住院十天，自打他出院后，我就再也不敢和他吵架了。

其实当方案确定之后，我们就给这个宠物旅馆起了一个响亮的名字——"犬舍"，工作室同事做效果图的时候想确定下字体，问我什么主意，我努了努嘴说，"去隔壁大舍看下什么字体不就行了？"

写文之日，项目进展已经到了客房样板间的装修阶段，其他各项进展按部就班，有惊无险。虽然疫情增加了我们常去现场的难度，但是最难的阶段已经过去了，我们也通过遥控的办法对所有细节进行把控——这是一个疫情与AI共舞的大时代。

说实话，我在项目里极少能有这么淡定的建筑师人设，就是你只要安静地管好设计就行，甲方在建筑师不过分的情况下总是给予支持，好项目归根到底还是一个好甲方和一个好建筑师共同缔造的。

在这几年里，我总构建着一个煽情的画面来激励自己，就是期待着犬舍竣工之时，我开着车奔袭一千四百公里，带着呆萌来到这里——面朝大海，春暖花开——去孤独图书馆拉屎，去沙丘美术馆尿尿——在阿那亚每个树根下留言点赞——再住进犬舍——那狗生也就圆满了。

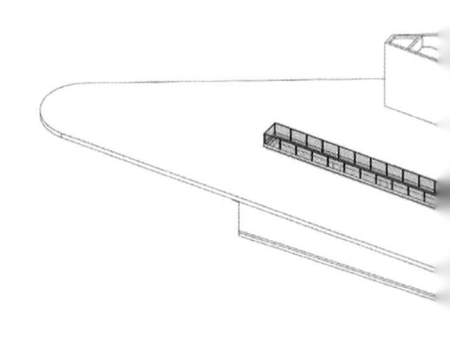

犬舍 Kennels

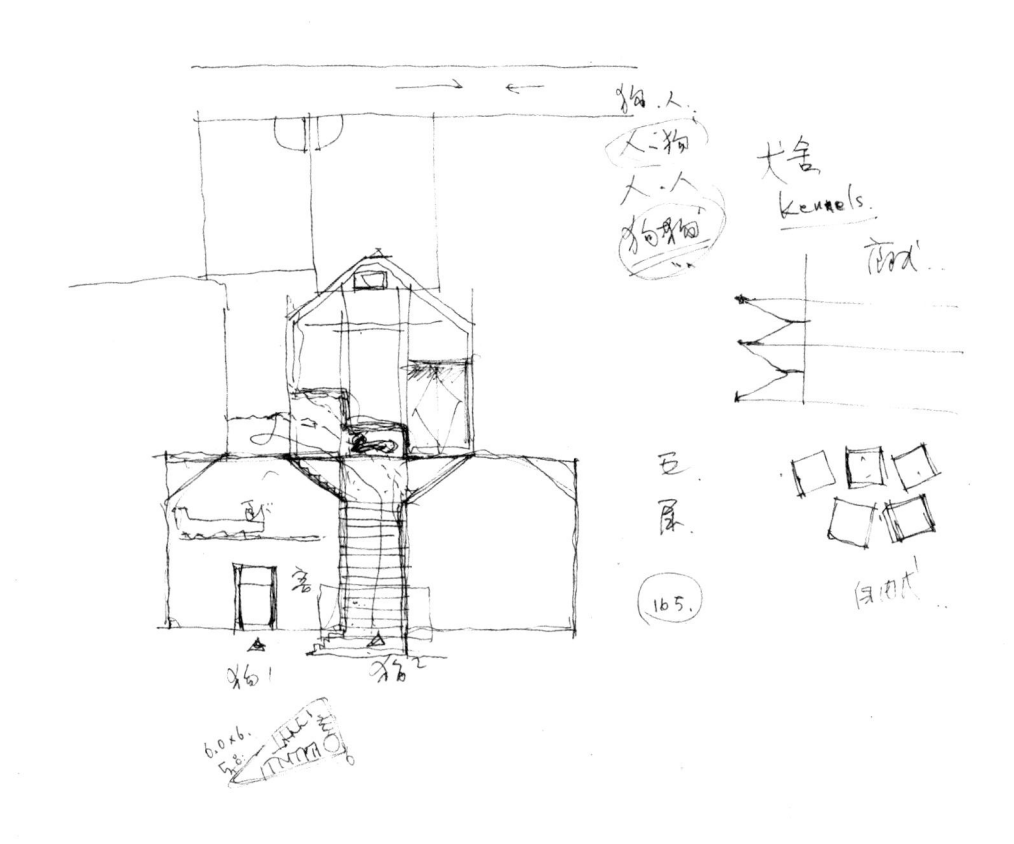

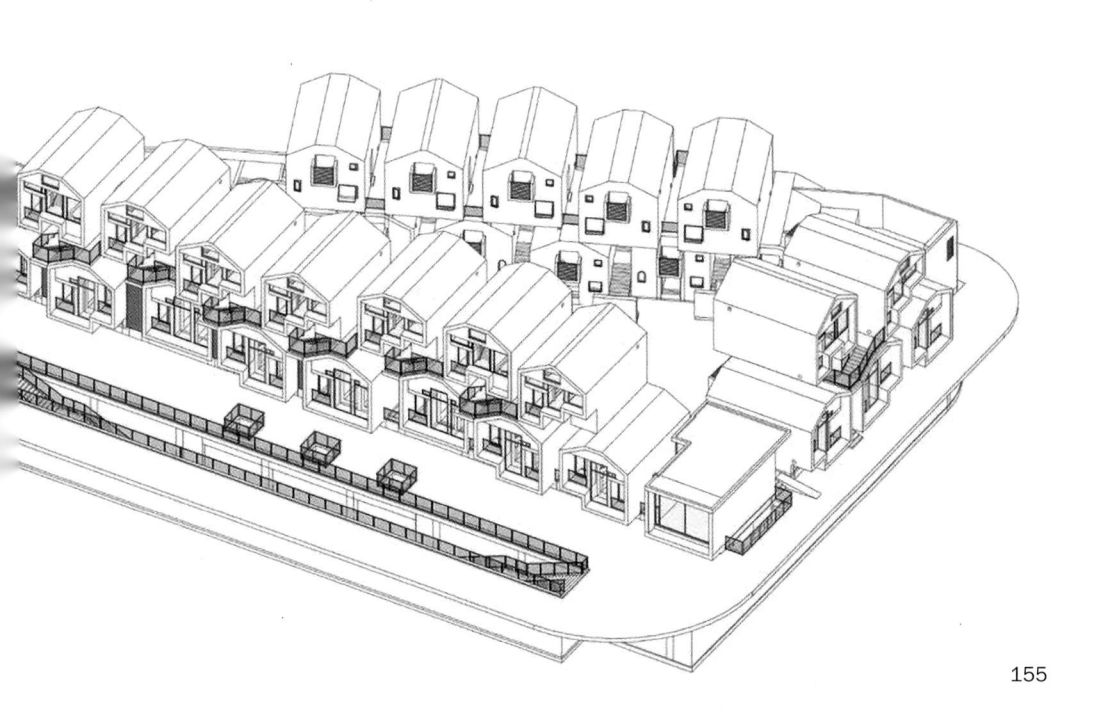

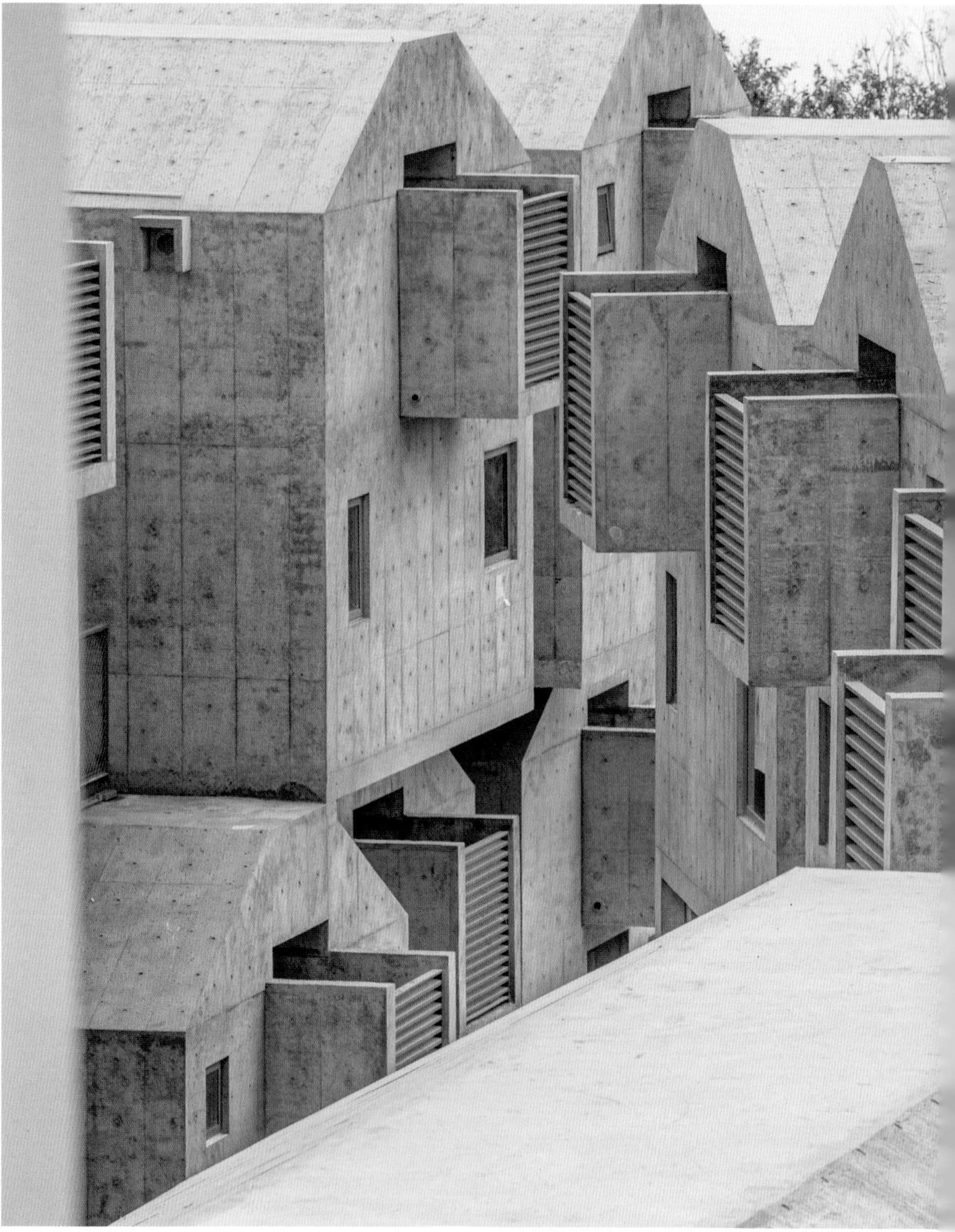

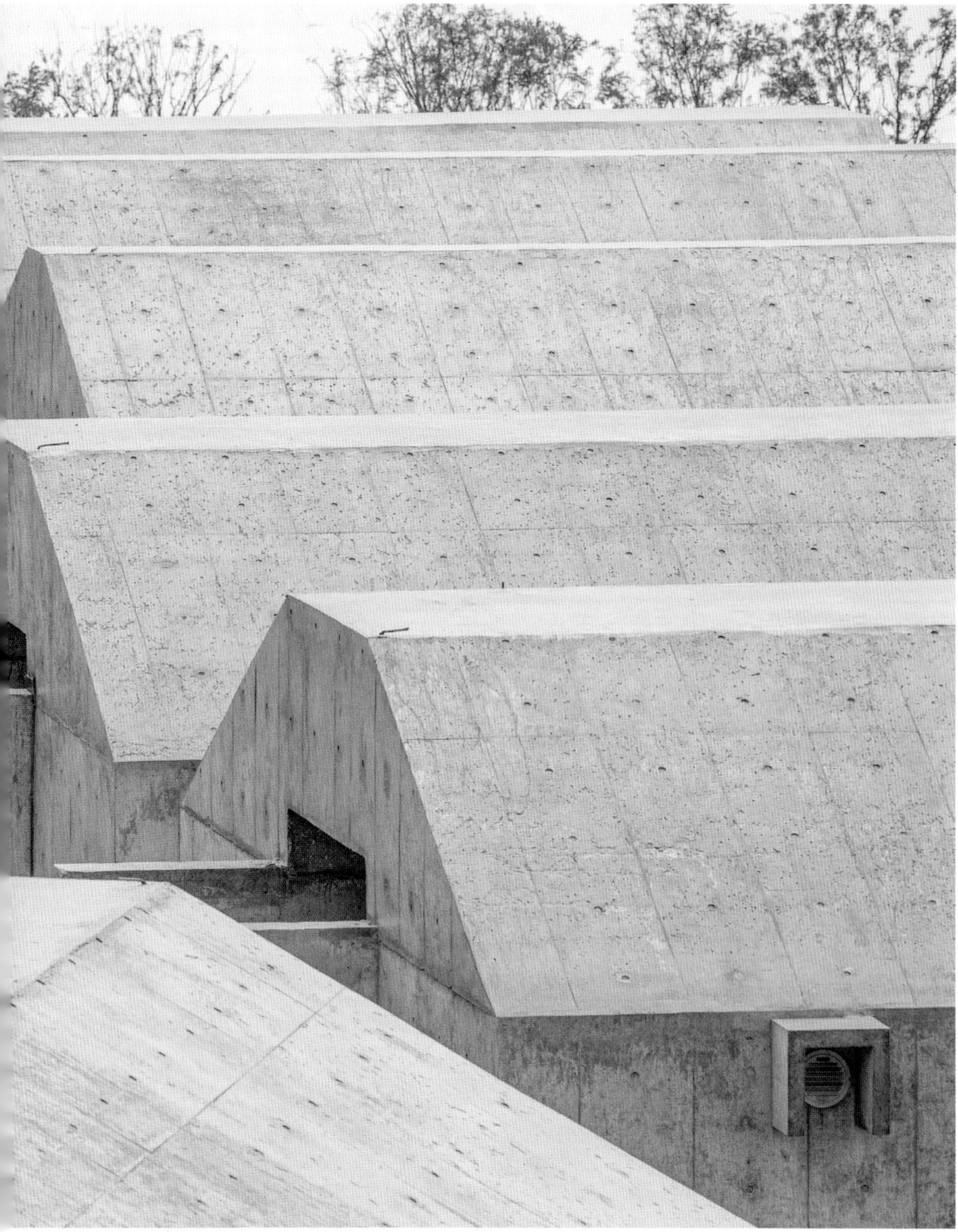

犬舍设计详解

除了2000年在北京有过昙花一现的表现之外，我极少在北方做设计，我的设计几乎都在长江以南。而在阿那亚设计房子，能红是一个吸引力，对我来说还有一个更重要的吸引力，就是紧邻秦皇岛的关外，也就是绥中县，是我父母认识并生育我的地方。在这个北纬四十度的燕山山脉中，有一个叫做"加碑岩"的乡村，一直是我父亲生前时常念起的朝圣之地。

结构设计

追求完美的建筑师都对空间形式的建构逻辑有着近乎洁癖的追求，也就是这样的非框架式建筑造型在最初设计结构的时候最不想出现上下对齐的框架柱，而最好全部是由板式结构来完成（憎恶梁柱而迷恋厚板，这个建筑们特有的喜好不知道从什么时候开始的）。垂直的剪力墙加斜向的结构屋面板共同形成一个盒子叠合的"板式框架"，这也是最初结构顾问张准建议的。

这种上下不对齐的结构体系虽然完美，但对设计和施工要求很高，并且还要进行施工图的结构超限审查，费时费力还不一定能够完全实现。考虑到我并不是接了一个马寅不在乎时间不在乎成本的"小型精神建筑"的活儿，而是一个要考虑时间及成本的商业建筑，因此，犹豫再三，就放弃了建筑师的所谓极致追求，选择了隐藏式的框架结构。利用上下两个盒子的微小的叠合处来寻找框架柱的位置，再用一些建筑手段，让柱子基本消隐在下层客房的空间里。地上的框架部分在地下室顶板处进行结构转换。

设备管线及排水设计

由于上下的客房重叠的部分非常少，又要解决贯通的框架柱，那么提供上下对齐的管线空间就非常狭小了。在这个狭小的空间里要解决带有保温要求的水管竖井，同时为了避免在外立面看到过多的重叠部分，保持上下体量的分离感，我们将管井的外边向内退了一点点隐藏在阴影里，这样会显得上下体量的重叠依然轻描淡写。同时为了在上楼梯的时候也不要注意到这个突兀的管井，我们多浇了一道通长的三角梁，所谓"欲盖弥彰"后反倒就不怎么注意了。

客房采用集中热水供应，而每间客房均设置独立的VRV空调系统。外机的位置一般来说越看不见越好，而我们这次反其道行之，就是刻意加大了设备平台，除了散热充分以外还为了方便以后的维修安装等，同时也为底层入口提供了一个雨棚，本身也成为内院空间的一个重要建筑符号。

由于形体的特殊性，我们采用了自由落水的设计，屋面的雨水经由二层通道及楼梯两侧预留的窄沟进行排放，设备平台的冷凝水及化霜水由位于墙角的金属雨水口在不影响人行走的位置自由排放。

防雷设计、灯光设计、食堂设备都经过了精确的考量，力争消除所有对建筑观感有负面作用的因素。

在客房正下方的管井转换处，也就是食堂的顶板处，根据我们的多年实操经验，预留了在食堂上方环通的一个混凝土综合管廊，以应对今后多种不可预见的管线变更，这个远见在后来客房改为集中供热时起到了作用。

按照商业建筑规范，每一个疏散楼梯都必须有一个消火栓，这个规定在我们这种布局中显得格外无聊，但没办法，十几个消火栓必须想办法处理。于是在每一个楼梯下口处我们设计了一个照壁，来隐藏那些消火栓，而这个照壁让楼梯空间显得更含蓄，也同样成为建成后整个内院里重要的建筑构件。

**清水混凝土**

方案初期，关于外立面的材料问题，我们一直在做涂料还是清水混凝土之间摇摆。虽然建筑师都有做清水混凝土的欲望，但是阿那亚已经很多了，马寅估计也要看吐了。我们也做好了不做的准备，甚至质感涂料、水洗石甚至白色聚脲都在考虑之列。随着施工图的进程，由于结构的特殊性，能在外立面做填充墙的部位已经微乎其微了，于是，几乎全混凝土的现浇结构已成定局，那么就不装了，还是做清水混凝土吧。只不过在普通夹板模还是小木模之间进行了一些外观和造价的论证，最终选择了更简单更便宜的夹板模。施工总包非常有经验，推荐了一种1.8米长的专用模板，我们按照450模数进行立面分隔，并跟总包一直沟通施工缝的位置、复杂形体转接处的处理等问题。

垂直的墙体浇筑没有问题，但斜屋面的振捣会比较复杂，经历了几个实样的浇筑实验，最终还是解决不了混凝土表面少量的气泡问题，我后来建议总包不要在意，只要程序完全做到位，出现气泡没关系——既然不影响任何结构、抗渗等问题，那气泡也是客观真诚的。

为此我们还做了一个大比例的混凝土实验，位置在阿那亚南门，这个实验品就是概念化了的一个客房盒子，房子不会浪费，未来可改做南门的门房间。等浇到尖屋顶的时候，我们发现我们低估了这种造型浇筑的难度，比如那个屋"尖儿"就很难浇，只能抹。经过是否预制等技术措施的讨论，我最终放弃了尖顶，改为留有一个小平面的梯形屋面，所以最终犬舍客房有两个屋顶形状，一个是大平顶，一个是小平顶。

后期所有的混凝土修复、防水抗渗以及内保温、门窗实样、空调百叶及栏杆都在这个一比一大样上过了一遍，并且在后面正式施工的一年多时间里还继续接受着时间的检验。

客房设计

由于初始设计中就限定了每个客房盒子的尺寸为6米×9米的基本型，因此30间客房基本上是在这个尺寸控制下。由入口方向及外立面跌级的不同影响而衍生出来各不相同的室内空间，总共分为四个基本型。在设计过程中，加上四个基本型由于位置和进退的不同而产生的微小变化，最后导致了更多的设计结果。前面说过了，室外楼梯对客房形体的影响，基本决定了室内楼梯的走向，因此后来的室内楼梯设计基本上是在几个标高上采用不同的操作。这样楼梯变成了室内的一个装置，不但成为上下的交通核心，还产生了几个供人和狗产生趣味停留的几个小空间。

床的布置也经历过靠边布置还是居中布置的纠结，最终还是选择了靠边布置的常规做法。除了楼上的大床以外，楼下也布置了一个榻榻米空间，以供多种家庭结构和人狗关系使用。两层客房都有卫生间，但是二楼因为坡屋面的原因，一些现场尺寸和图纸不会完全一致，所以在竣工前还调整了浴室和马桶的位置，以保证人的正常使用。

主立面外窗的设计变化过程最复杂，从最开始的满开窗，到后来考虑窗帘的安装而拉齐的开窗，再到后来由于上部室外楼梯防火间距2米的规定导致窗的一部分需要改为阶梯状实墙而产生的小窗，一切都是"形式追随规范"。最终的呈现是根据节能、消防、成本、运营多方面因素自然而然的进化结果。外窗采用三玻两腔超白玻璃，除了玻璃部分，外窗的设计中还有一个为了配合外立面300模数的一个铝板开启扇设计。

防水设计

坡屋顶的清水混凝土建筑，需要坡顶和墙面的视觉连贯，这样就把屋面防水的难度大大提高了，因为最保险常用的卷材防水已经失效。那么常用的做法就是在内保温的前提下对外立面混凝土使用渗透结晶防水剂，加上本身的坡度的话，如果在南方这样的屋顶防水基本没有问题，但是北方冬季的冻胀会使得混凝土开裂，那么防水剂就会失效。在甲方项目经理的一再提示下，我开始寻找可能的新材料。

透明哑光聚脲防水涂料被找到后，我们做了很多实验。从混凝土小样块到混凝土墙，最后在门卫上做整体实验，最终确定了这个从未在建筑外墙上使用过的防水材料。

门卫效果非常成功，但，在主体建筑正式上屋顶喷聚脲的时候，忽然发现，发黄了！当时在遥远的上海无能为力的我，有点万念俱灰的感觉，因为实验都做了这么多了，怎么还会失败？大家分析过温度问题、喷壶的雾化问题、产品批次的问题。甲方为了稳妥起见，甚至真的将施工推迟到了回暖的春天，再小心翼翼地用门卫同款喷壶在看不到的斜屋面继续实验，可发黄似乎无法避免。

我甚至已经接受了全部发黄的效果，安慰自己就是黄色的清水混凝土呗。甲方工程部和总包似乎还没有放弃，温度继续提高之后，他们又用了门卫同样的喷壶和工序在一个相对隐蔽的客房盒子外立面继续实验了一下，结果不但发黄还有增添了很多斑驳。

忽然有一天，甲方设计部小崔无意中说起，航拍中平屋面的聚脲并没有发黄。我脑海中迅速闪过了斑驳的立面，发现有修补的地方就不发黄，跟平屋面一样，他们都不是直接的混凝土浇筑面，都有砂浆或者腻子的涂层。也就是说——聚脲跟混凝土（添加剂或者矿粉）反应了。我马上想到混凝土修复，问了才知道，当时我们大家觉得都有聚脲了，混凝土修复的面涂就可以省了吧。于是，为了省钱，在主体建筑修复中省了一道门卫并没有省的面涂工序——硅树脂涂料。觉得基本是这个原因后，总包就用全工艺的修复混凝土再实验了一次，这次刘宇翔亲自上阵来喷，谜底终于揭开。

犬舍立面就永久性留下了一个发黄的单元，甲方也想过打磨掉重做，我觉得，没必要了，留着吧，挺好的。

在处理楼梯部分的时候，由于施工工艺复杂，我们为了保险起见，先在聚脲之前刷了一遍聚氨酯防水涂料，砂浆保护层做一遍后再上聚脲与墙面连贯成膜，最后再铺石材。竣工后，还用涂刷的方式在两侧窄沟里的漏水点进行了增补涂刷。

其他设计

栏杆设计往往是容易被忽视的部分，那些一不小心就被设计院引用了锃亮的不锈钢栏杆详图并且没人觉得不好的故事在以前政府项目中屡屡发生。这次我们考虑海边的特殊气候，全部采用了拉丝不锈钢材质表面氟碳喷涂，而且为了清水混凝土的完美，全部采用了后埋件的做法，为此我们也为每个埋件做法绘制了详图，并且栏杆段充分考虑了标准化的设计，这样可以减少工人的犯错概率。

还有遮挡空调外机的不锈钢瓦楞穿孔板、为清水混凝土定制的不锈钢伸缩缝盖板、完工后整改的一些小五金件，以及由于铺装导致标高不合适的地漏做法，甚至还有为总包在淘宝上购买的不锈钢材质的和犬舍风格匹配的排风口——在落后的没有任何设计感的标准图集之外，一些非常规节点都只能由建筑师来完成。

总结

建筑物最终呈现后，大家往往是对方案构思进行高谈阔论，恨不得能联系上人类学、社会学、文学、现象学等你知道的各种学，有时候"名人名言，依次出场""除了设计，什么都谈"。其实相较于理念，设计中的技术也很值得谈，甚至这些关乎技术的枯燥过程才是设计的开始，这过程让方案变得丰富且饱满。学术就得有"学"也得有"术"，不谈技术，建筑学就属于"不学无术"。建筑师的职业本就应该是个技术活，技术也是让建筑学迭代发展的重要条件，而技术本身就产生美。

建造也是一个多方合作的行为，建筑师在独享荣誉的时候还不能忘记甲方、设计院及施工方的协助配合，没有他们的支持，建筑师就是一个画画的。

建筑更重要的还关乎人的使用，在2021年的国庆，也是犬舍试营业期间，我带着我的老狗呆萌，来回驱车2700多公里，在阿那亚犬舍住了五天，以用户的角度来审视我设计了三年的建筑。最后，我和呆萌，对犬舍的设计、施工、管理、运营等方面基本满意。

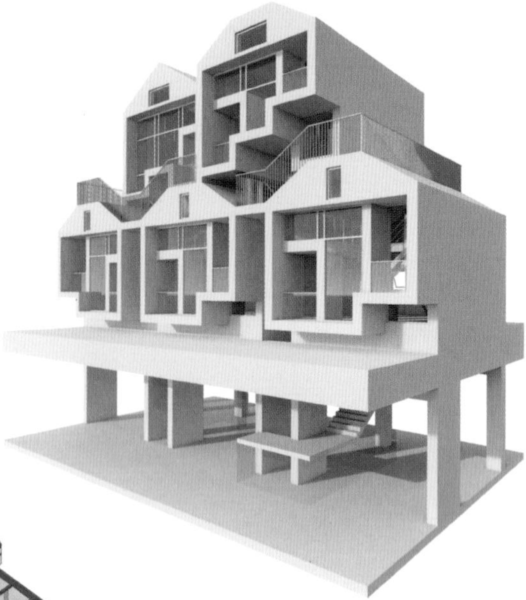

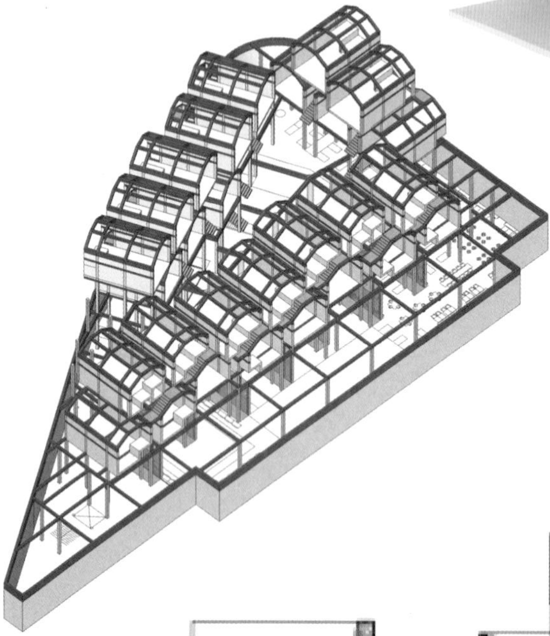

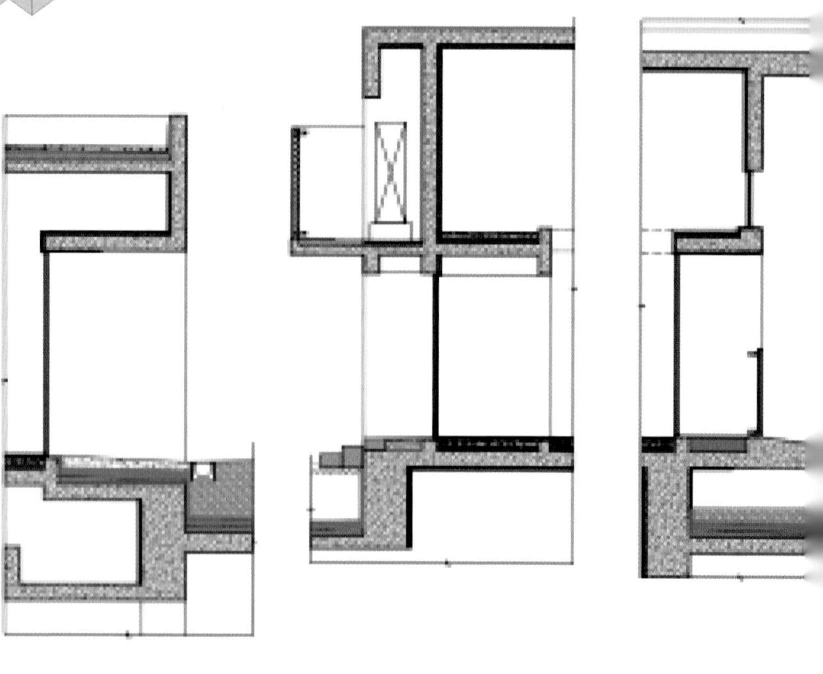

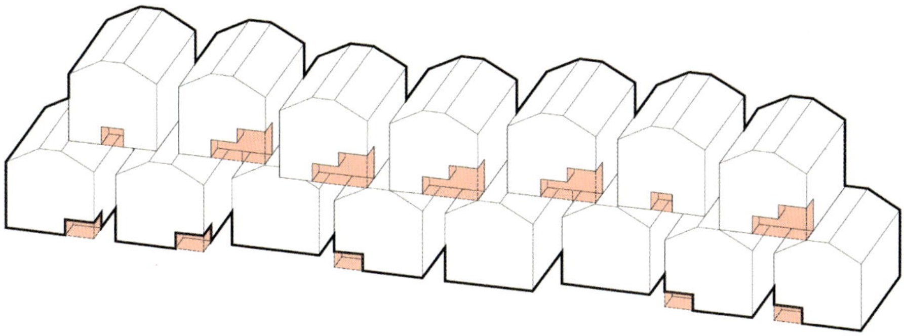

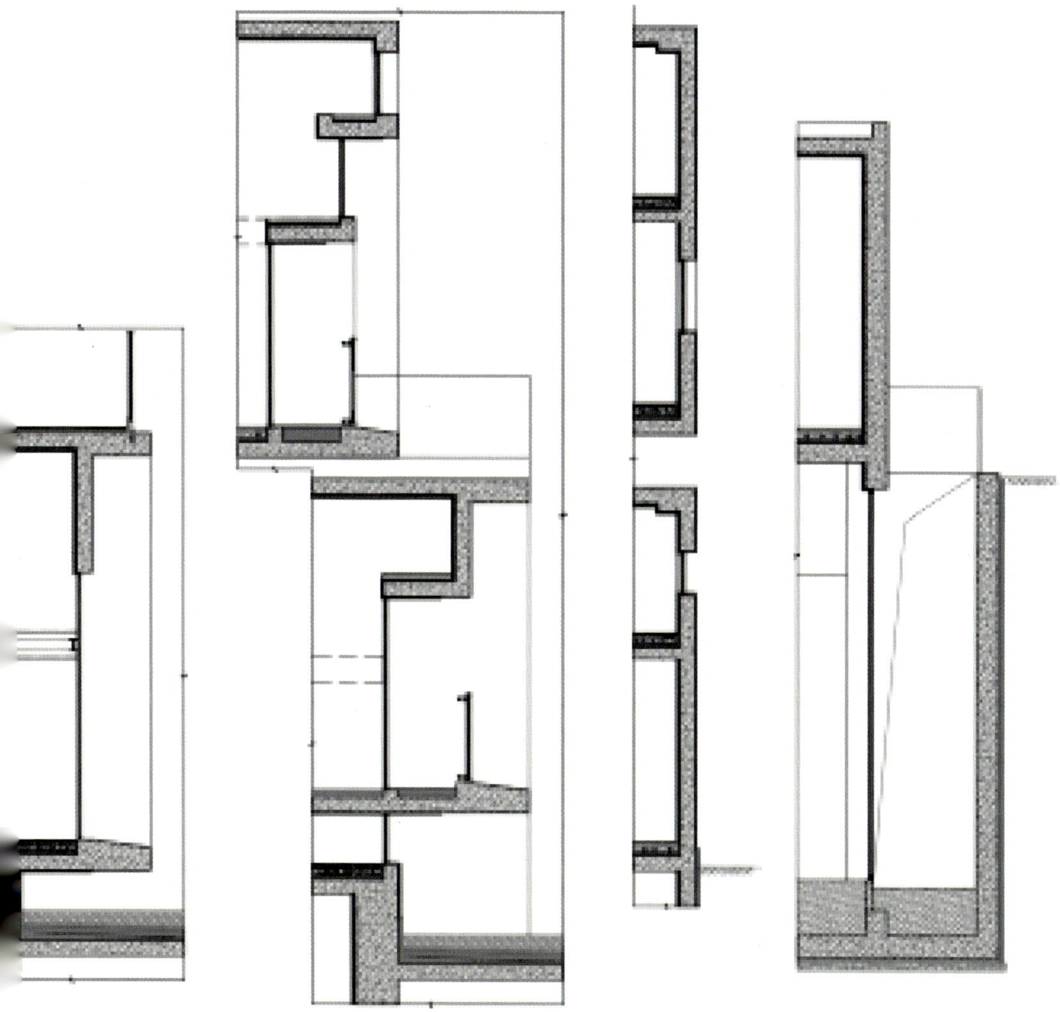

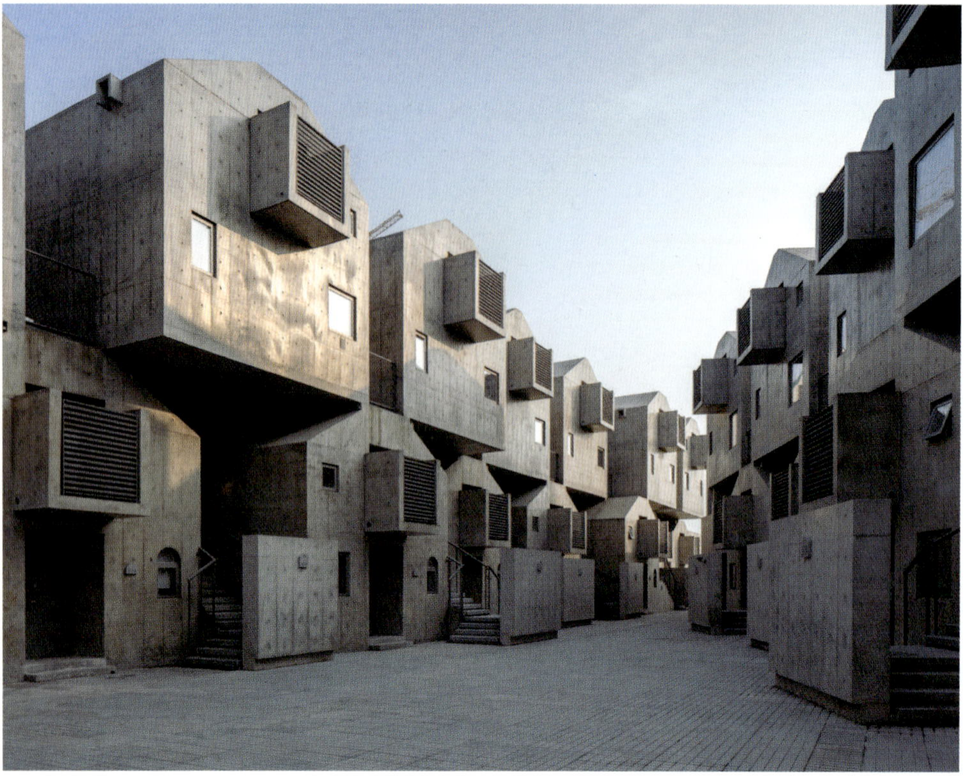

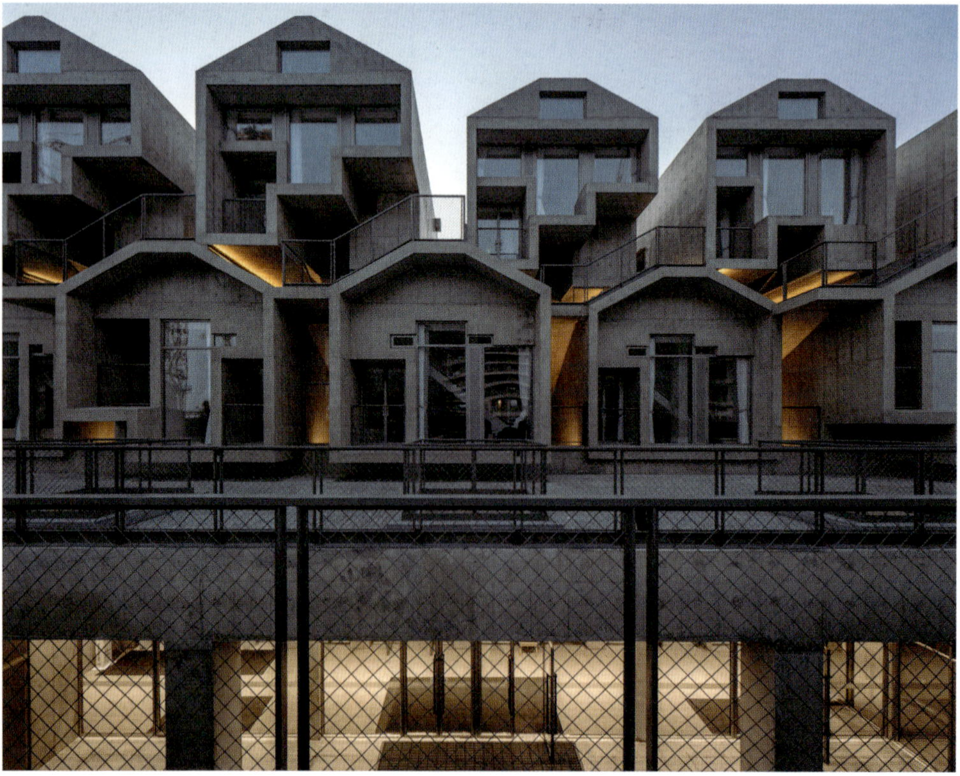

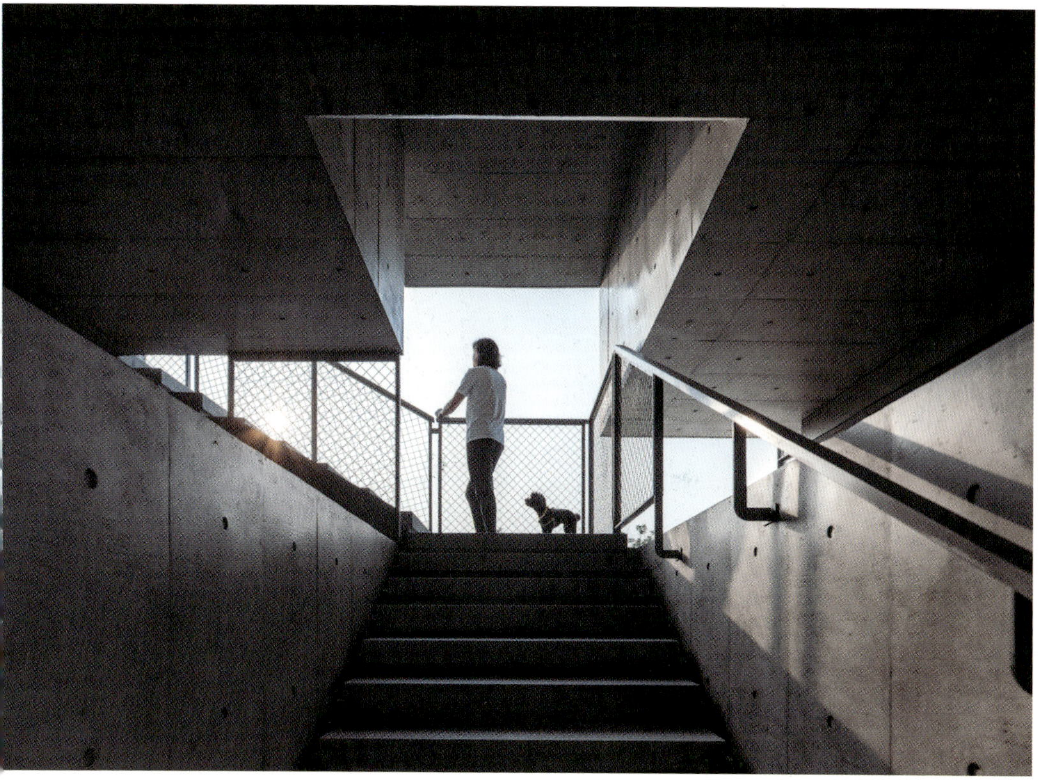

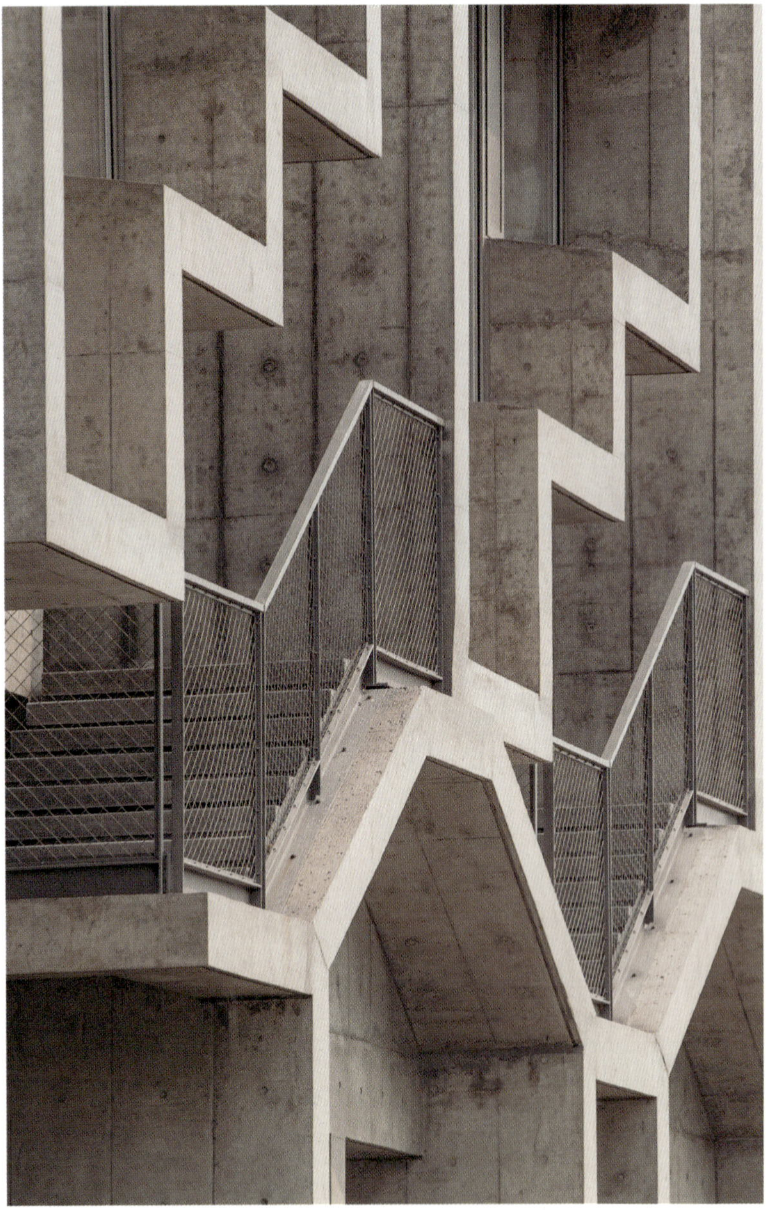

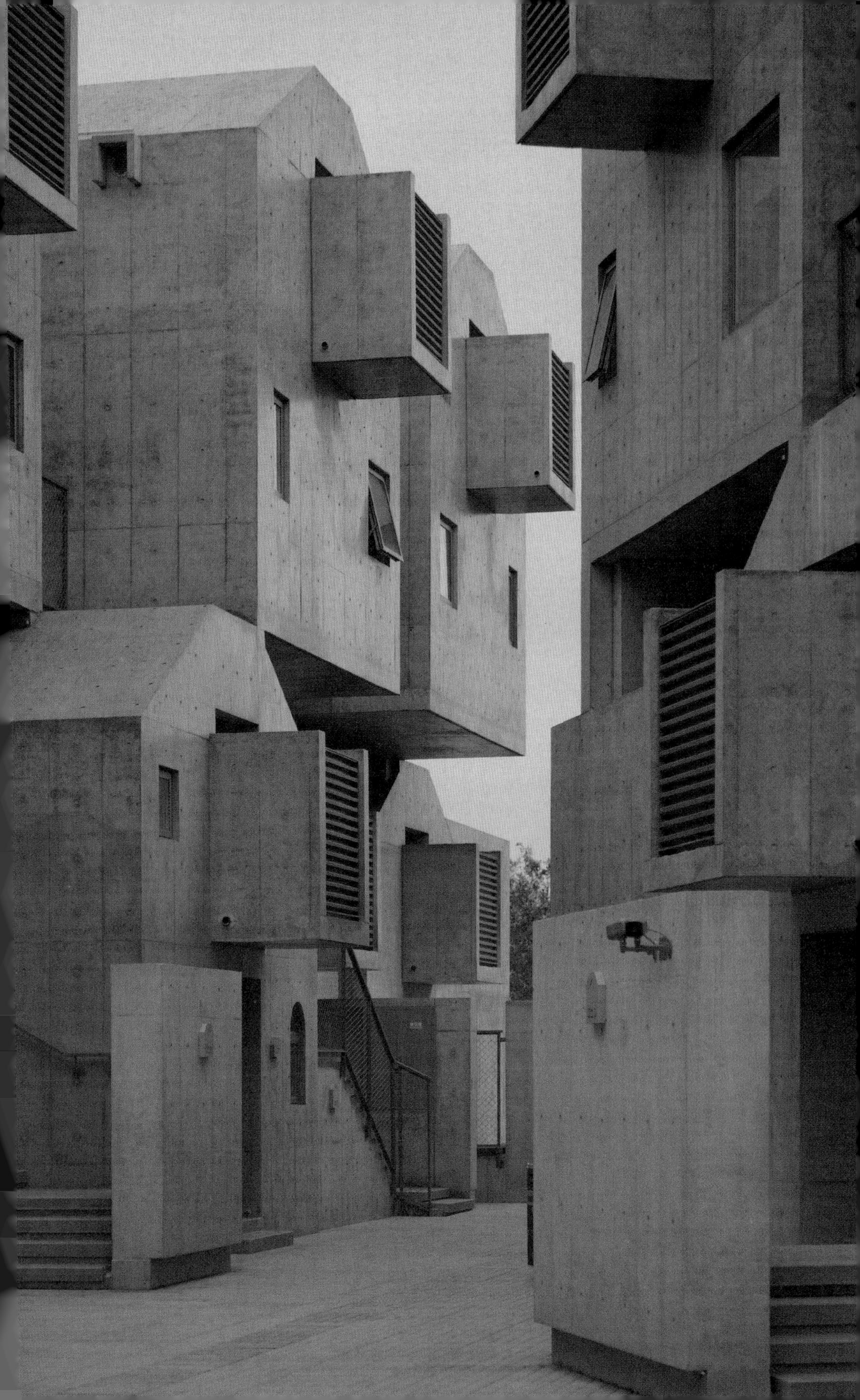

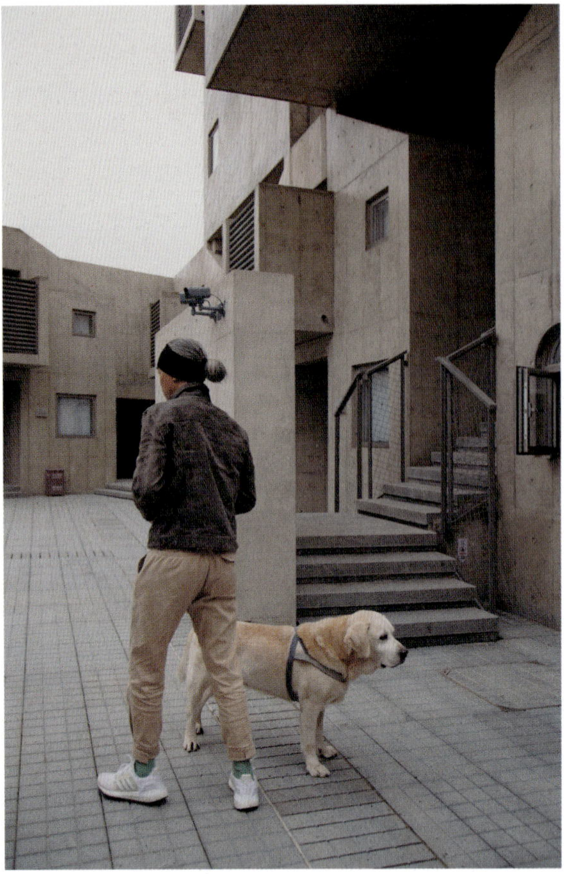

# 幺幺零零 16

**华山路1100弄16号**
时间：2010—2018
地点：上海市长宁区
人物：张佳晶、徐文斌、黄巍、徐聪、易博文、戈雪萍、束航、胡敏、熊晶、老陈、呆萌

# 华山路1100弄16号

如果将高目的职业历程分为几个阶段的话,2010年绝对是个重要的分界线。而高目2010年—2018年在华山路1100弄的这段日子则是一个难忘的阶段——高目近些年稍微有点名气的项目都是从2010年,也就是搬到华山路1100弄之后开始的。

而且,呆萌也在那一年来到我的身边。

我曾不止一次写文章写到1100弄这里的故事,以至于每一次再写的时候都会忘记想写的内容以前是否写过。因为每一次写,都有一种陈述的冲动,脑海中都有一些亟待涌出的画面。

一、兴国路口

2010年,是我疯狂旅游的一年。我春节自驾回了东北,回沪的回程去了北京、河南,开了5000多公里;十一去了云南和藏区,回沪的回程去了西安、合肥,开了8000多公里,其中一半是高原山路。更疯狂的是,这两次壮游的中间,也就是4月份,我还去了南非。在南非,和老友大象在美丽的南部海岸自驾了十几天。只不过,我没有当地驾照,大象是南非新移民,因此都是他在开。

南非的壮美是无与伦比的,尤其南部的那些地方,我觉得基本上是诠释了"人类该怎么和自然相处"的定义。前微信时代,没有发朋友圈的心理预设,享受路上的美景和美食就是唯一要做的,没有准确导航、只能查地图的旅程也让错进错出的路上增加了很多莞尔一笑的故事。

就在这壮美的旅行中,我接到了国内的长途电话。出国前,我本想为半年后租约到期的工作室看看新地方,但也并不是非搬不可。寻找过程中看中了一个华山路兴国路口一个独院的老洋房,但还差一点小小的条件没有谈拢,暂时搁置中。在南非接的这个长途电话就是中介打来的，意思就是国企房东思前想后，还是想租给一个靠谱的公司，那些开餐馆的、搞会所的、驻沪办事处的不差钱的租客们表达出的要大兴土木的态度吓到了房东。国企房东了解到我们是建筑事务所，还有点小名气，知道我们会善待那个1930年就存在的老洋房，就答应了我们的全部条件。

这个老洋房就是华山路1100弄16号。

由于前面的工作室租约还有半年，也就是说我可以不着急地慢慢地装修那个老洋房。当我第一次开车进到那个弄堂时，也深知弄堂深深人际复杂，就直接把车停在了院子里。但是，依然能够隐约观察到隔壁路过的、远处二楼的那些异样的目光，感觉自己处在了"弄堂凝视"中。

不过，虽说这是个80年历史的法式老洋房，弄堂口也被挂了优秀历史建筑的铜牌，但也被糟蹋得挺不像样子了。下面加建的两个平房明显是同主体的气质非常不符的。那些代表着一个时代的咖啡色铝合金窗也似乎被二楼的铜把手的老钢窗们微笑着凝视着，粗鄙的花瓶栏杆似乎是代表了新的扩建者有一点点想跟老洋房呼应的态度——但无奈，审美不行。

## 二、老洋房改造

我虽然是个粗糙的东北人，但是深爱上海老租界区的那些调调，尤其对那些竹编、拉毛墙、水洗石、爬藤、铁艺、钢窗等敬畏自然的一些材料做法深以为然。

我和两个上海同事不约而同地想到了沿着围墙做竹编，这样斑驳的旧墙也就不用粉刷处理了，而且也是基于在上海的弄堂里有个约定俗成的规矩，就是你家围墙想用实体加高，不行，但竹编可以。当时会竹编的师傅很少，想买到这么长、粗细统一的竹子也不是那么容易。我们找到了一个卖竹扫把的小生意人，跟他谈了一下。他决定去安吉的山里帮我们砍一批，第一批砍了8000棵四米多长的细竹子，卖相非常理想。我就带工人去了华山路上一段临街的竹编围墙观摩学习，回来通过实验基本掌握了编法。

等到一面主墙编好之后，我想再编一道纵墙将那个难看的小平房简单遮一遮。但前面竹子用完了，可是那个卖竹子的生意人再去安吉的时候，被人发现了不让砍伐了。在没有办法取得那么长的细竹子的情况下，他退而求其次在其他地方砍了一批3米多长的卖相差一点的。由于竹子跟前面的一批不一样长，我们不可能让围墙有高低只好把纵墙的下部向上提升，形成了一个脱离地面几十厘米的竹编墙，没想到这个架空墙给日后的呆萌提供了很多玩耍的方便。

遮挡另一个小平房的方式是做了装饰主义的铁艺壁柱；铝合金门窗更换成钢门钢窗；二楼的露台门高度是1.85米左右，刚好和柯布西耶的模度人差不多，那就做了一个黑暗中能吓唬人的防盗门；小平房的屋顶刚好是我二楼办公室望出去的地方，就放了一个五角星花槽，在放完之后，对面的一户居民露出了疑惑的表情。在我把大铁门上装了一个巨大的蝴蝶图案后，邻居们似乎更疑惑了。

整个地面原来是灰白色小地砖，我们将其剥离之后，发现下面的混凝土很厚，一些预先的设计不太容易实现了。我就让同事画了一个蒙德里安的线条分割图，作为地面铺装的分割条，然后用黑红两色的石子作为混凝土的骨料，让工人浇筑完再进行水洗，但不要洗得太透，露出一点点石头即可——这样的作法，石子不会剥落。

二楼花槽中挖出了一些仙人掌的根，工人说还没死，我就养了起来，十二年后的今天，它们依然活在西岸的院子里，并且开出了艳丽的黄花。

原来的院子是污废合流的，那么院子里的窨井盖板就会发出臭气，我们就在混凝土盖板反面装了一个潜水艇地漏，搞定。

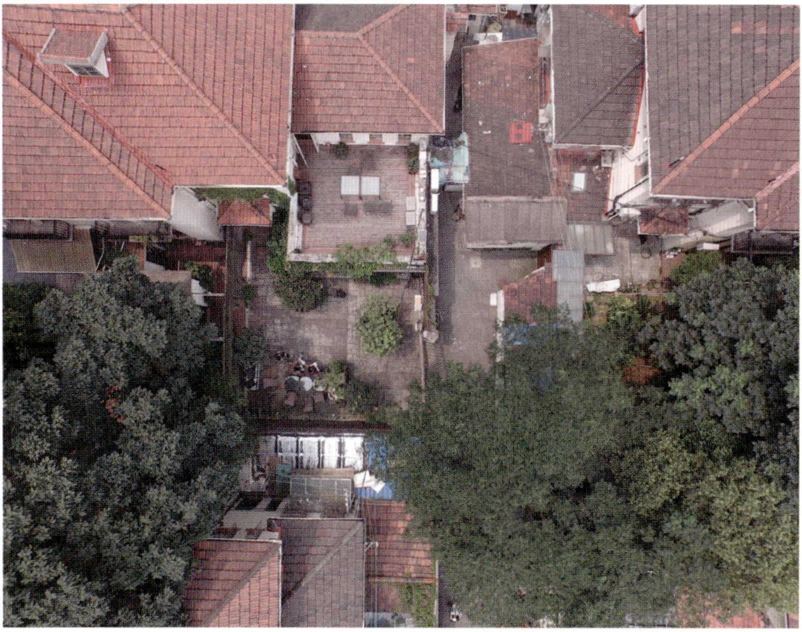

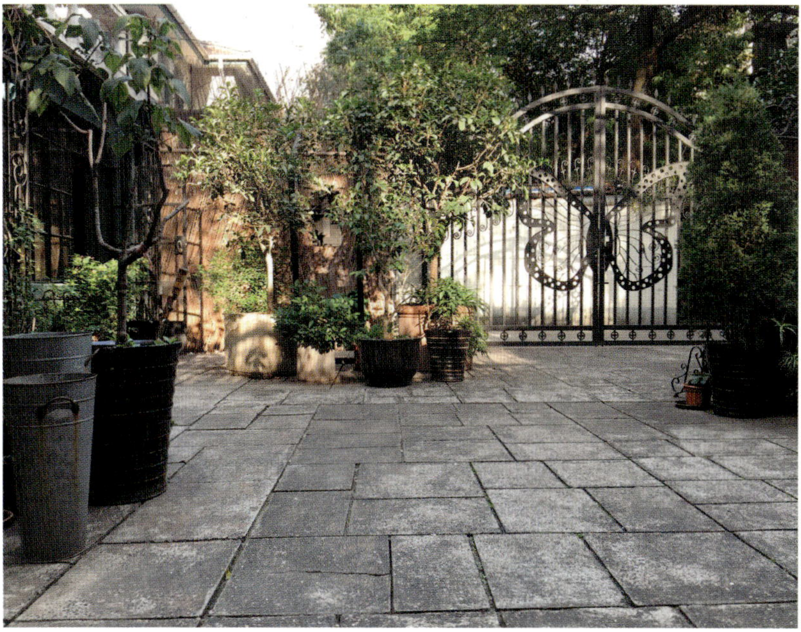

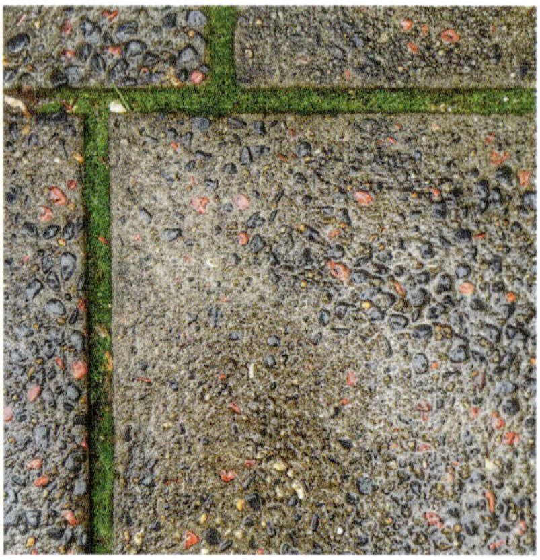

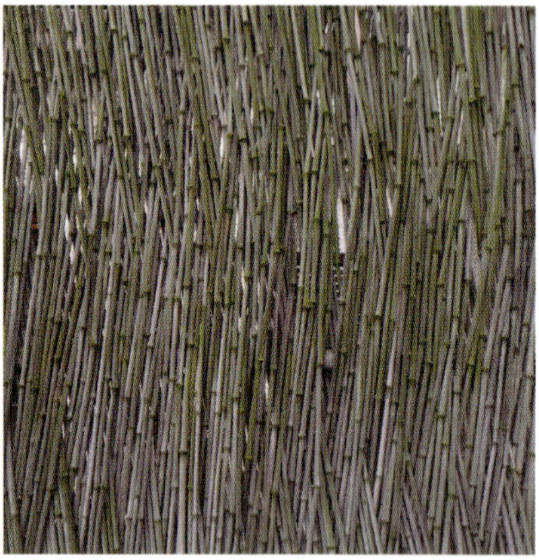

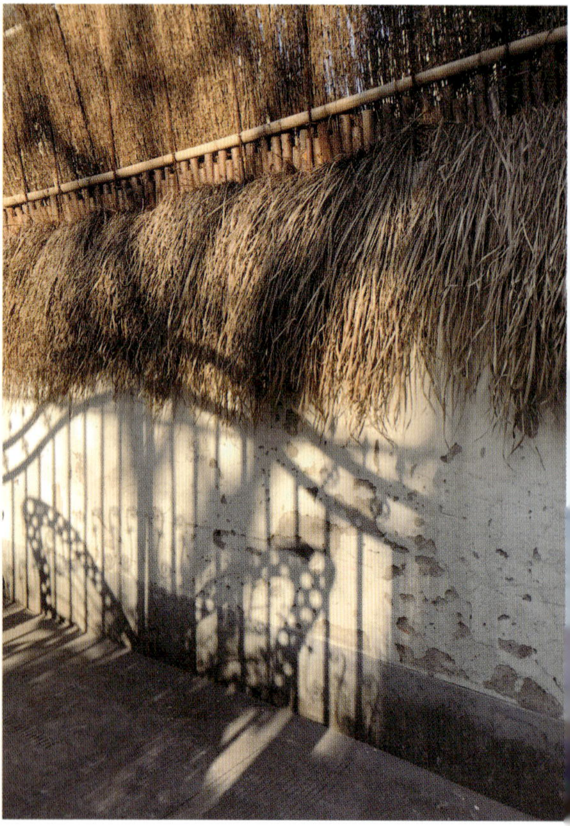

## 三、LP cafe 和我的邻居们

高目当时拥有一家咖啡馆叫 LP cafe，在当时是一家颇为专业的咖啡馆，是我从别人那里接盘而来，已经经营了四年。为了更好地当一个接盘侠，即使到了老洋房这里，哪怕继续赔钱，我也想将其继续装下去。既然不挣钱，就不太想服务散客，就弄了一个会员制，招待一些朋友们。后来在笔记人的建议下，为了满足莘莘学子来参观喝咖啡的欲望，就又弄了个门槛很低的学生会员制。

即使这么低调，工商局的稽查人员还是如期而至。他很客气地拿出一封联名信，上面密密麻麻的签名，和颇具文采的描述，把我这个带咖啡馆的设计公司写成了一个神秘场所。我向工商局工作人员解释说："我是个设计公司，营业执照都办好了，而且这个楼产权是商用。咖啡馆是我们自己玩的，不对外。"工商局工作人员很客气，给我讲了以前的故事，我才大概了解了一些过往。原来是斜对面的一个有钱邻居，是那一整栋的主人，开过西餐馆，和居民矛盾很深。因此，居民们看到我这样搞不清楚干什么的，就本能地有排斥反应。最后，工商局工作人员说，反正不会给我们办咖啡馆的营业执照的，你们自己低调一点算了。我想既然这样，那会员制也算了，就又演变成了我们公司内部的咖啡馆。一些熟人交了几百块会员费大概也不好意思要回去了，偶尔来玩来喝就是了。还有一些朋友介绍的会员制能退的陆续退了款，当然也有后来联系不上的。

弄堂里还有个矛盾就是停车问题，最开始的时候弄堂里没有一个停车的共识，基本上是丛林法则，新来的总是受欺负的。我们的克制加礼貌，加之慢慢地随着时间的推移，经历了从我的车被划，朋友的车胎被扎，等等一些不堪的博弈事件后，弄堂里换成老陈来管理停车，大家终于达成了默契，原本混乱紧张的停车问题在合理的管理下也变得很从容。

熟悉了之后，我每次表演停车技术都会引来老陈的观望。他作为一个老出租车司机，看我们停车有点像老师看学生，看到我停好后右反光镜离墙五厘米就伸出大拇指。邻里关系就是这样的，我明知我车上那些划痕至少一半出自他手，但我依然把他当成了朋友，给他家出谋划策搞装修什么的。有了主人的感觉，在看到外来车辆胡乱停放的时候我也想去用车钥匙划一下。

不过，很遗憾，在我2018年离开这里的半年后，老陈因心梗去世。

我们对面还有个大杂院，里面有一位大学老师（据说）。每次我们要维修电信宽带必须去他们院子打开总箱检查的时候，他都是阻挠的。电信工作人员也拿他没办法，就留电话给我们，说一看到他出去就通知工作人员，工作人员会过来架梯子翻墙去维修。

而那个以前和居民闹矛盾的有钱邻居，我从来没有见到过正脸，只是知道他们把餐馆改成画廊了。一个在其他画廊工作的女孩来我们院子找我恰好不在，据说她刚好认识的对面邻居的大少爷，还来我们这里观摩了一下。

还有一个邻居，是除了画廊和我们设计公司以外的另一个独栋用户。那个房子闲置了很久，居然有一天开始装修了。我透过围墙发现他们把建筑主体的一个混凝土雨棚砸掉了，这是1930年的优秀历史建筑啊，我对这种愚昧实在是零容忍，就直接举报了长宁规划局，他们帮我转告了执法队。虽然执法队来了之后对他进行罚款并勒令修复，但，替代的总是一个轻钢龙骨石膏板的赝品。

我还有个奇怪的邻居，就是曾经的一个"不良市民"，因为低保和户口的问题，跟政府部门洽谈未果，就在对面邻居也就是他的户口所在地门口，搭了一个违章棚屋。这个棚屋被城管拆掉过六次但每次都被他继续搭建回来，并且不断迭代演变，最后甚至"进化"发展出了推拉门。

不过，最后听说他的努力还是奏效了，政府给他租住了一个公租房。但是附带的副作用，是本地居民们联手把租住在他户口所在地的一个垃圾回收工作者赶出了弄堂。

我们的咖啡馆LP cafe是跟随高目十三年的标配，虽然从开始的门店到最后的公司咖啡馆不停地转换，但我们也有几位工作多年的咖啡馆员工，直到2020

年新冠肺炎疫情，最后一位咖啡师才跟随其老公去了其他的城市，LP cafe 的历史也就正式结束了。

四、养殖

我以前对植物的养殖经验约等于幸福树，当时 LP cafe 有一棵，时而繁盛，时而耷拉。到了 1100 弄之后，我想 80 平方米的院子总得养点什么吧。就安排同事去买几棵桂花、樱花、白玉兰什么的，当然是盆栽，因为整个院子的混凝土基层我不太想破坏。等园林工人送来之后，我们看到那几棵瘦弱的小树苗颇为不满——这时候工人讲出了一个近乎智者的名言："你们难道不想享受植物长大的过程吗？"这句话几乎准确概括了我后来的日子。

在后来的漫长日子里，我居然从养植物那里悟到了一些道理，曾经在豆瓣上写过一段文字：

1. 植物摆对了地方，比你随便乱摆拼命折腾它效果好得多，事半功倍。——跟人一样，待对了地方，比什么都强，就像网络段子说的，同样是一个B，往北就是NB，往南就是SB，待对地方、做好定位很重要。
2. 植物垂死了，任你怎么爱护它，丫蹬鼻子上脸就是不给你颜色，那你给它颜色随便放那不管，多半也能活过来。——放弃也是种救赎。
3. 樱花掉了个枝，捡起来没地方扔，随便插在一盆废弃的土里，结果长出叶子来了。——顺水善举能做还是做下吧，谁知道会有什么奇迹。
4. 春天来临，本来等待着冬天里郁郁葱葱的休眠植物更进一步，结果菌类比植物还喜欢春天，未提前杀菌使菌害导致充满希望的植物死亡。——条件来临的时候，你未必比你的对手更快，未雨绸缪是王道。
5. 桂花发新枝的时候，日照过强，新叶全蔫，发现缺水，然后移至阴凉处拼命浇水，结果新叶没救回来，老叶因水分过多大量脱落。——什么事儿都过犹不及，负负得正。
6. 一个大盆种了一个丰满的大树，开春之后发新枝，忘记修剪了，结果整体变坏。——有多少土长多大树，有多大能耐干多大事，不然就是瘦驴拉硬屎。
7. 种子直接播了未必长得出来，育苗箱里先催芽，再播种是容易成活的。——建筑师毕业就想怒放是不现实的，除非你生在育苗箱里。

8. 本土的植物真的好长。——还是在你基因形成的地方发展吧，橘过淮水则为枳。
9. 植物比动物更懂得感恩，你对它好，它就给你一片春天。——善待身边的人吧。

地坪的两厘米模板条缝，被尘土、填砂和狗毛填充着，自然成了苔藓植物的天堂，水分充足加阳光普照是苔藓最爱的气候环境。

当时我跟一些朋友说，由于公司男性居多，一些朋友也会在黄昏时分来和一个咖啡馆同事在院子里健身，整个院子荷尔蒙浓度超标，导致那些吊兰的垂条都是横着长的。

有一盆毛毛虫是一个已经去世的朋友给我的遗物，养了多年后，竟然能开出如此艳丽的花。

有了植物，也就有了四季。

和植物的生死枯荣相处的这八年，影响了我的人生和心境。在和这些最基本的生命算法交互中，我检讨着身为人类那些被事先赋予的邪恶算法。也大致明白了，作为一个进化过程中的实验品，人类文明的意义，就是从不断去除邪恶的过程中努力找回善的起点。

五、呆萌

一切的安排都是那么的巧合，呆萌就在2010年出生，也就顺理成章地来到了这里，这个院子和后来的西岸工作室似乎就是为它准备的。

呆萌在八岁前就没有在室内睡过，我完全把它当成野狗在养，冬天最多给一个大沙发放在遮雨处。也曾经给它买了一个大狗笼子，想当然地以为它跟人类一样，喜欢房产，就在它睡觉前将其关进大笼子。但在呆萌叫了两个晚上后，我还是放弃了笼养，才发现，动物的本质本就是星辰大海。

呆萌在两岁多的时候，迎来另一个小伙伴，是一个叫罗密欧的萨摩耶犬。懦弱的呆萌在跟罗密欧相处的日子里，学会了弹跳出击，不再惧怕野猫和癞蛤蟆，每天两狗打斗两小时，虽然它们的身体都因此变得很好，但是院子里不会再有小型的盆栽出现了。

罗密欧可能是一个混有狼性血统的萨摩耶，下雪天会冲到雪中冲天空嚎叫，每日观察着外面，目光中露着出逃的想法。虽然它的体型无法从大铁门中钻出，但是它依然不屈不挠地试过很多次，以至于我们用水泥板将铁门下面封堵起来。

但最终，在两次出逃之后，罗密欧终于抵达了它的自由世界，我虽然很难过，但也替它高兴。不过，它长得那么可爱，应该被人收留了。而呆萌的眼神中透露出，它可能知道罗密欧的一切，但就是不说。

## 六、告别

在2018年4月30日，我们搬离了华山路1100弄16号。

这个院子在很长的一段时间里成为上海中青年（当时）建筑师的聚会场所，大家一起度过了很多美妙的时光。

2010—2018年的华山路，我很想念它。

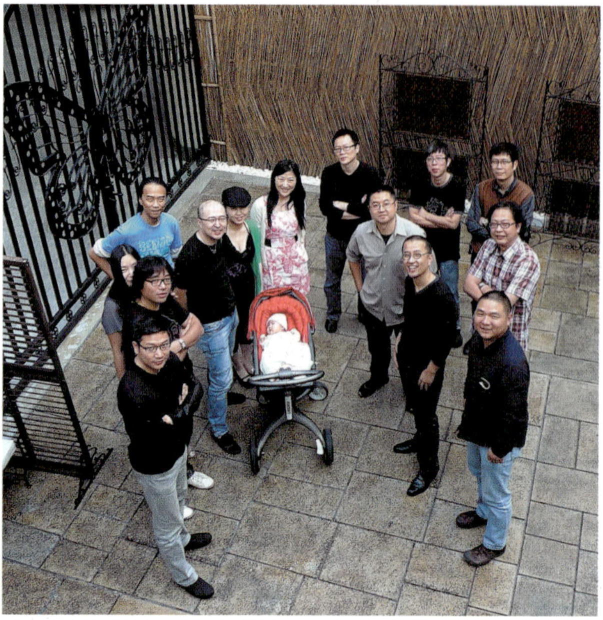

# 装置艺术

## 17

**2B＋九段＋蔓延＋鞿园**

时间：2012—2020
地点：上海当代艺术馆、上海当代艺术博物馆、深圳坪山美术馆、上海天原河滨花园
人物：张佳晶、黄巍

"今天很高兴被通知作为此次建筑师团体的代表来发言,
为此我专门洗了个澡也穿了件西装,就知道,请我作为代表来发言,
说明这个'生活演习'展注定会有个不正经的开始。

路上,我脑海中涌现出'三个代表':
这个展览注定会代表中国先进建筑设计生产力的发展要求;
注定会代表中国先进建筑设计文化的前进方向;
注定会代表中国最广大建筑设计行业中的人民包括甲方乙方丙方丁方
各阶层的根本利益。

我也在想,经过这次展览,这次上海+北京+深圳'梦之队'的集体亮相,
加上我这个建筑界边缘代表的发言,
这将促进整个行业内外之间建立联系的桥梁。
我也在担心,之后火了怎么办,
我将疲于面对今后扑面而来的媒体,和漂亮女生。

下面,我想介绍下这次'梦之队'的成员。
这次生活演习展中高手云集:有,功力深厚、吃穿讲究的张斌;
有,'将小清新进行到底'的万人迷大舍;
有,曾经的网络红人、理论实践双牛逼的冯路;
有,来自另外一个设计星球阿克米星的庄慎;
有,时而令人生厌、时而又很可爱的上海建筑界没谁都可以没他不行的俞挺;
还有我不熟悉但久闻盛名的kuu、直向和冯果川;
哦差点忘记,还有除了'能将参数化进行到底'之外还能生出双胞胎的袁烽;
当然,还有,我。

在'生活演习'展览期间的某一天,我将度过我的四十周岁生日,
先预祝我生日快乐及送我礼物的人更快乐,

再预祝此次展览及当代艺术馆名利双收！
并再次感谢策展人刘宇扬先生、冯路先生、王慰慰女士和参展艺术家们，谢谢大家。"

这是在2012年，在上海当代艺术馆MOCA的"生活演习"展的开幕式中，我作为建筑师代表进行的开场发言，那场展的策展人是刘宇扬、冯路及王慰慰。至于为什么会让我作为代表，我真想不起来了，有很多事情回忆起来觉得匪夷所思。那几年，是上海建筑师群体整体崛起的重要几年，2012也是我们高目的大年。

根据"生活演习"展的设定，每个建筑师针对一个普通住宅里的居住空间进行装置创作，抽签决定。我运气不太好，没有抽到书房、起居、儿童房、主卧室等表现力丰富的功能房间，而是抽到了"次卧室"，也就是第二卧室，2rd Bedroom。于是，我决定，创作一个装置叫2B。

当时我们高目的《聊宅志异》的研究已经如火如荼，我对高密度居住的思考也一下子刹不住车，那么，就顺理成章地继续了那些思考。一般住宅中，次卧室的面宽大都在3.3米左右，我想试试在3.3米的立方体中，能探讨的极限是什么。加上高目迷恋九宫格，那么0.55米、1.1米和2.2米这个建筑中最常见几个模数就会在这个3.3米的立方体中忽隐忽现。

显然，这里面想象空间很大，每个1.1米×2.2米的睡眠空间互相咬合嵌套在一个立方体里面，中间还能剩一个卫浴的空间。

我们还做了一个1:5的模型，展览的英文名叫 Moca Mockup，真心对得起这名字。考虑到展览的装置很多，我们这个不那么重要的空间也不会被分配多少劳动力资源，我们就尽量地考虑装配化、模数化。这样，自始至终，一个工人就能搞定。

搭建的过程中，我们的工人经常利用我们搭好的床板进行午休，多好的尺度人啊。

本来二楼是可以爬上去的，但是馆方考虑安全，就要求我们不能鼓励人攀爬。于是我们取消了下面的攀爬杆，并在一个不起眼的地方贴了一行红字——"禁止上床"。

中间因为有个卫浴空间，小伙伴问买什么样式的马桶，我说全宝最丑的即可。于是就买了这个红白相间的。实习生小伙伴在马桶还没完全就位的时候，就尿了一下，当然是假装的。

其间还用了艺术家张宪勇的两幅摄影作品：一幅和梦有关，贴在床板上；一幅和水有关，挂在了马桶后。

这个装置看着平平淡淡，只是沿袭了当年一以贯之的思考。高目的很多行为在时代的局限下，显得不那么讨巧，甚至有些时候被人认为是多余，就有一个建筑师当年对我的思考感到越俎代庖："这些难道不是应该规划局想的吗？"但往往多年以后，在时间的加成下，那些真诚才渐渐地显露出来，然后"这些规划局思维"让我进入了上海市规划局的专家组名单。

展后，我们回收了大部分物件，包括那只马桶。到了华山路工作室，我给它加了土，种了一束万年青。这"桶"万年青跟了我们很多年，一直辗转到西岸的工作室，虽然死过很多次，但都神奇地活了过来。2021年初的冬天，上海极寒，这盆万年青终于完全挂掉了。

但，现在它长满了杂草，和野花。

187

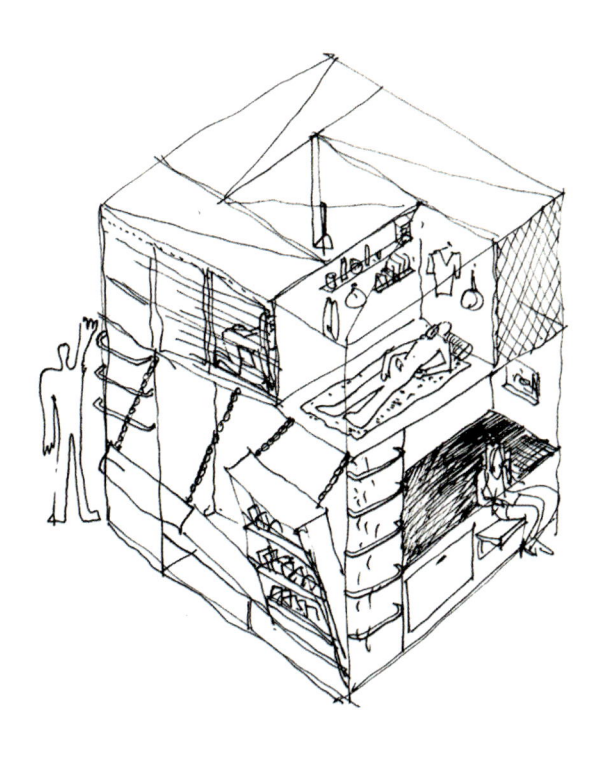

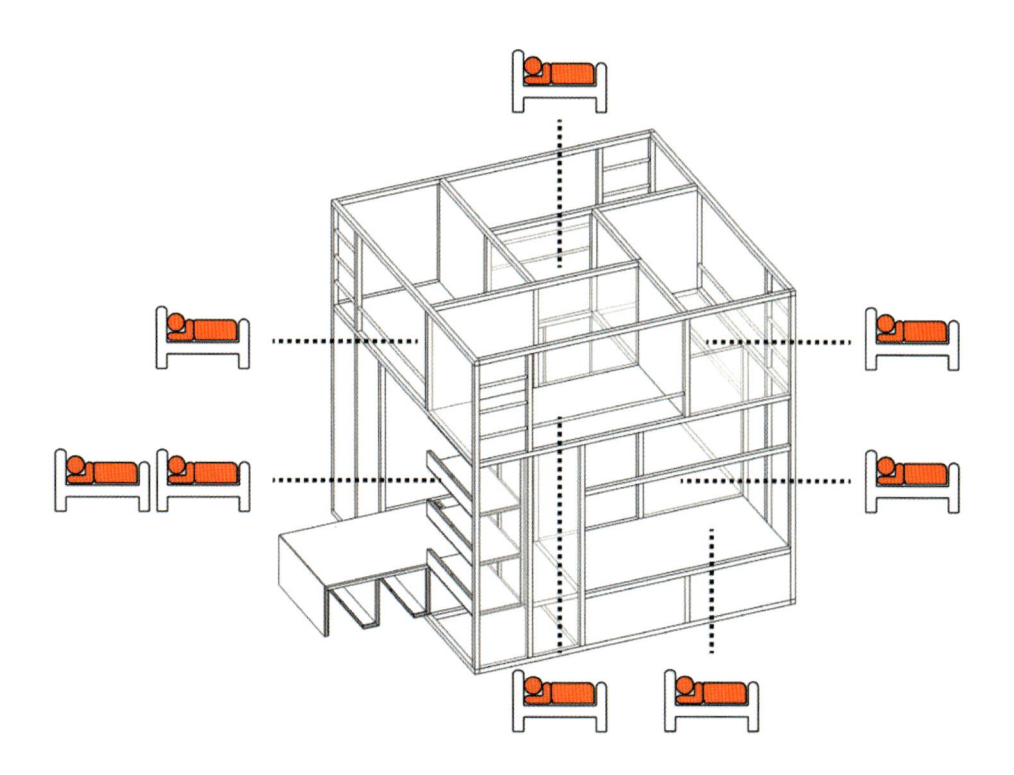

188

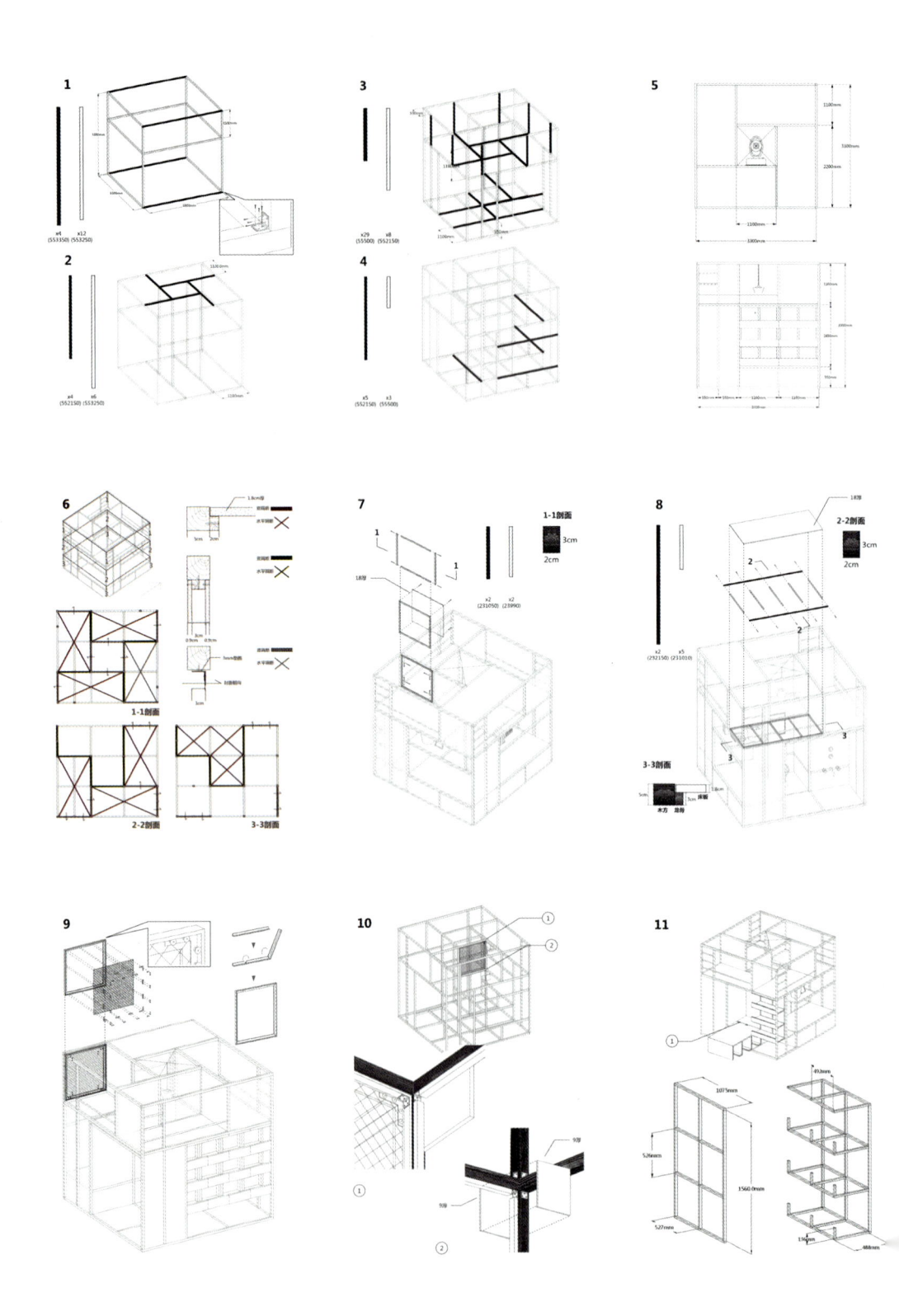

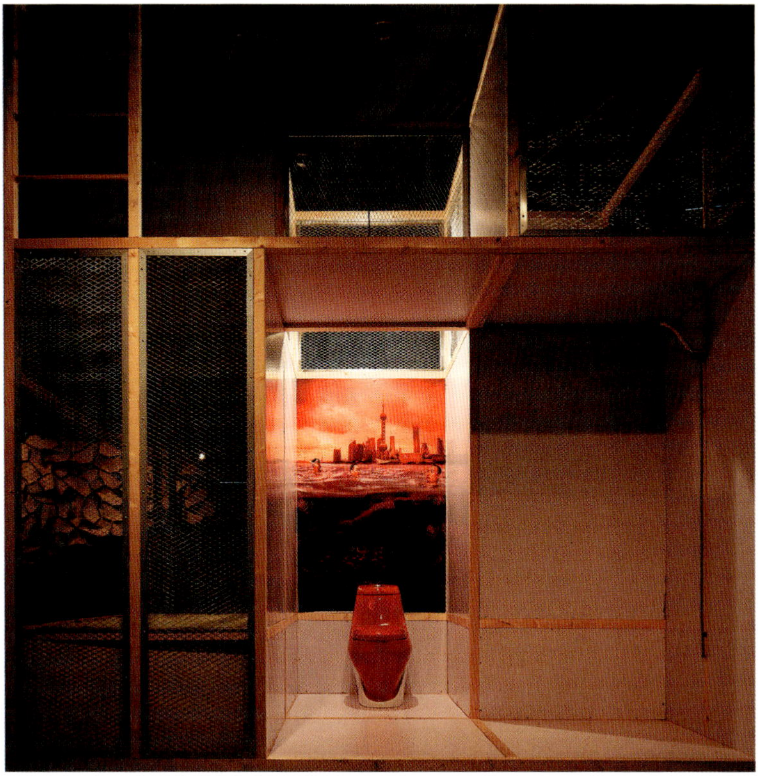

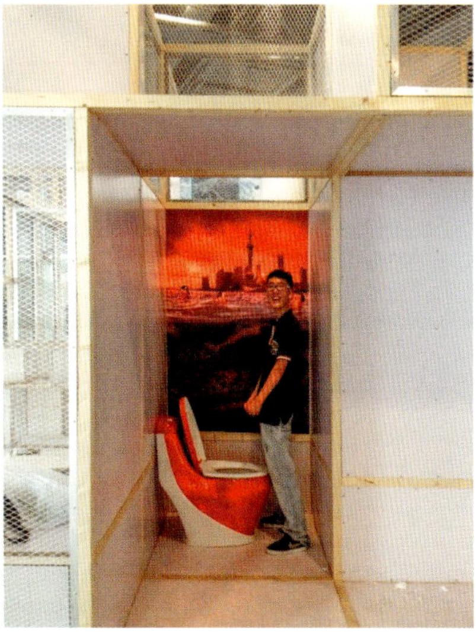

# 九段

2013年，在PSA（上海当代艺术博物馆）刚建成之际，还没有馆长，只有筹建处主任。在建筑师章明的促成下，建筑师群体在热爱建筑的现馆长还没有成为馆长之前，办了一个以博物馆为主题的当代艺术展。策展人是章明、卜冰和我。

展览名称为"蜃景"，英文是"SPECTACLE"。我作为没有策展经验的建筑师，其实就是一个参展人。在当时对宏大叙事的批判思想影响下，站在硕大的PSA建筑物里面，我毅然决然地决定把PSA切成了九段，变成一组装置，作为我的参展作品。

当时是这样想的：将建筑师的操作语言——"剖面"作为形象呈现。

我们将PSA剖切成"九段"，剖开的每一段宽度均为13米——这不是一个有所指的数字，仅仅是长度除以九之后的一种巧合。但无论它是多少，总归是与人更加亲密的关系，也是博物馆中人们所能直接感悟到的尺度。无论建筑物本身有多么宏大，最终还是由这些尺度构成；无论博物馆本身是多么各不相同，但是剖开之后却有着惊人相似的血缘关系。

庞大的建筑被剖开之后，也就没那么傲慢了。

剖切过的九段剖面，用一种新的方式呈现在它自己的空间里。我们将装置的尺寸定为每段宽40cm，长320cm，因为是斜切所以九段是深度渐变的装置。我们决定用钢板制作，在一个MOCA（上海当代艺术馆）展览里认识的哥们的介绍下，认识了一个做钢结构的工头，同他讲述了一下这个装置的内容之后，他觉得也蛮有挑战，因为从来没有做过，当然也谈拢了价钱。

然后他就租用了一个临街的小五金加工店，开始了"艺术品"的制作，由于装置复杂，平立剖对于制作指导已经失效，我们公司的建筑师黄巍就带了一个旧电脑当场教会他们用SU旋转角度、看图以及量尺寸。工人们制作过程中间不断因为扰民而被城管叫停，我就看到一个孩子在火花四溅的切割中嬉笑打闹，在城管上门的时候看着父亲与城管理论的难忘场景。几经中断后，工头最后还是又花钱租了一个暂时没有出租且没有装修的毛坯铺面，在里面进行了喷漆，最后完成，总重两吨。

在装置完成之际，我邀请了工人们去PSA安装"九段"，在到达PSA之后，工头跟工人们在严苛的物业管理管教下和硕大的博物馆空间感染下，才紧张地知道——自己做的是上海顶级艺术馆里的"艺术品"。在我的尽力邀请下，我们有了一张模糊的合影。

"九段"作为"蜃景"展里最鲜艳的展品之一，在那立了一个多月，也成为合影拍照的网红背景。九段左边的装置是俞挺的，右边的是邱黯雄的；合影中横着的是我，竖着的是柳亦春、章明、范文兵、曾群他们。

与艺术家做完展览艺术品要成为收藏品和或者普通展览结束后只产生建筑垃圾不一样的是，九段在撤展后开始了多年的流浪生涯。

多亏了PSA的Lily Zhang的帮忙，让暂时没有去处的"九段"在PSA的立体车库车架子上静静地躺了六个月。

后来在陈展辉的介绍下，要选几段去大同参加艺术家群体的雕塑展，我就去PSA选了1-3-5-7-9这五段，装箱运往了大同。展览结束以后，我又产生了纠结，大同的五段和PSA的四段最后到底干什么好呢？当时黄浦江著名事件，江上飘死猪，我曾经幻想过把九段全部运去右脚家的太浦河边上，装上竹筏冒充死猪全部扔到河里，然后再顺流飘向黄浦江，最后路过PSA的时候在PSA的注视下飘向远方——后来，想想，还是放弃了。

大同展完，该寄回到哪里呢？我想到了龙南佳苑工地，就请总包方帮我找个地方将那五段暂存几年。于是，在防雨布的包裹下，那五段陪伴了龙南佳苑平地起高楼的全过程。

但PSA的车库里还有四段呢，不行那就送人吧。

我先问章明，你自己的设计你要不？章明说，好啊。ok，一段解决了。但是章明没过几天就受不了那鲜艳的颜色而改喷成了黑色，这个是我预料之中的。

我又问陈展辉，你那么帮忙，来一段？陈展辉说，行啊。又一段解决了。

马达思班的小伙伴们还在这段上面上演情景剧。

陈展辉还曾经把这段用到过朱家角的展览。我看到一张照片后非常感慨，因为我有个朋友是个结构工程师，做九段的时候还咨询过他，而他在十几年前和照片中的登琨艳又有一段颇深的渊源。结果几经辗转，并不知情的登琨艳站在了他参与的九段前面，真是不胜唏嘘。

我接着问李晖，风语筑缺艺术品不？PSA展览过的。李晖说，可以啊。第三段解决了。

我自己当时的华山路工作室缺个室外的台子，一量尺寸，刚好，第四段，也有地方了。

后来西岸目外空间开始使用，我本来想再设计两个台子，一个是吧台，一个是室外用的条型台。同事们提醒我，龙南佳苑还有五段呢？我想也对啊，就派人去忐忑地拆箱，发现五段都光鲜如新，甲方和总包给保护得非常小心。那么拿回两段，放在目外这个不正经的房子里显得格外般配。

我想，剩下三段就捐给我设计的龙南佳苑做景观小品吧！于是，我几乎成了第一个向自己设计的项目里捐"艺术品"的建筑师，而且我一再强调：不要钱、不署名。

到了2017年，在龙南佳苑的景观接近结束的时候，我们小心翼翼地将另三段拆箱、选址、摆放，如开始所期待的一样，平躺在景观里作为小品。本想，一切圆满完成!没承想,第二天再去工地的时候,总包抱歉说大货车转弯半径不够,把一段装置的头压扁了。

当时我是很崩溃的,但是想想,这不就是最完美的结局吗?你小心呵护营造的所谓艺术,在资本和权力面前是可以随意被碾压的。于是,自己给自己灌足鸡汤后,吩咐总包将压扁的头部锯掉,防止尖锐的部分伤人,就将三段全部下沉埋到了土里20cm。

几年后,管理方还是将其移出了前广场,而移至党群办公室的绿化里,接受着党的注视。

目外工作室本有两段,加上华山路工作室搬来的第三段,它们便成为一个系列,分别处在不同的空间,执行着不同的功能。随着使用的变化和时间的推移,加上气候条件的不同带来的影响,它们也变得越来越包浆,越来越有生命力。

至此,九段自PSA诞生起已经过去了9年,来到了伟大的2022年。

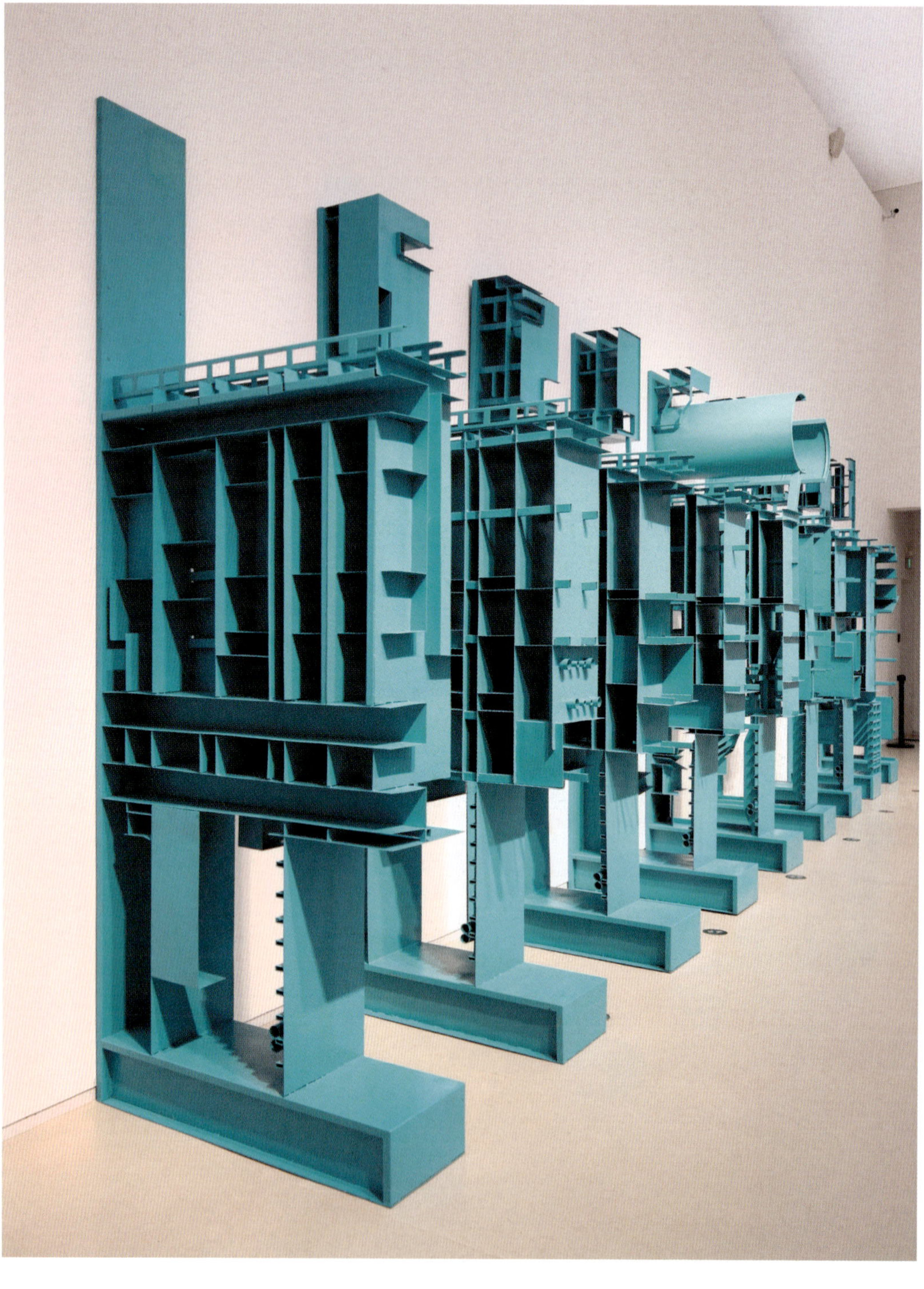

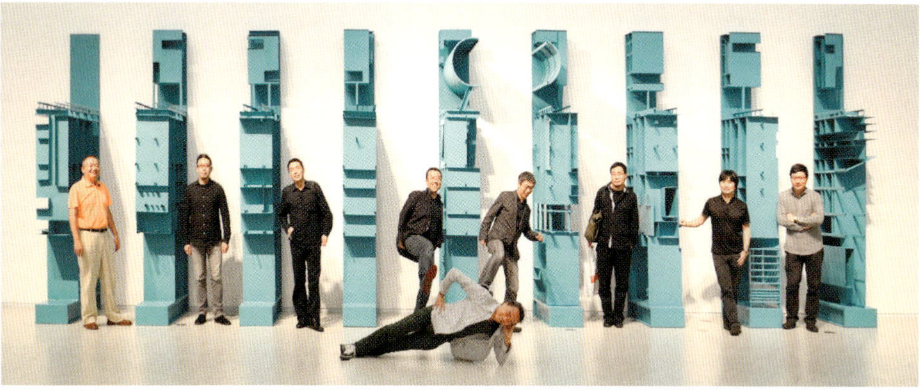

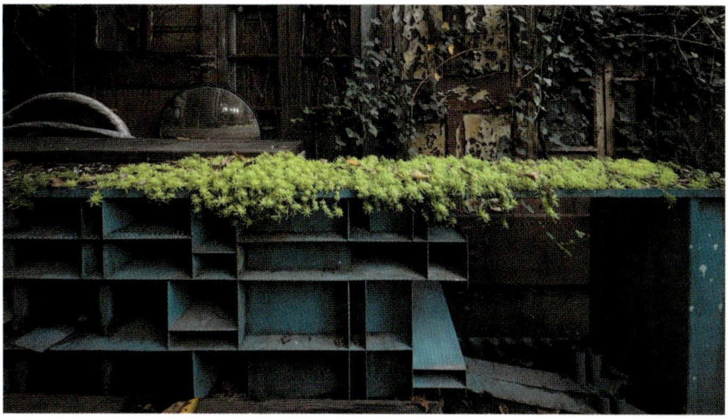

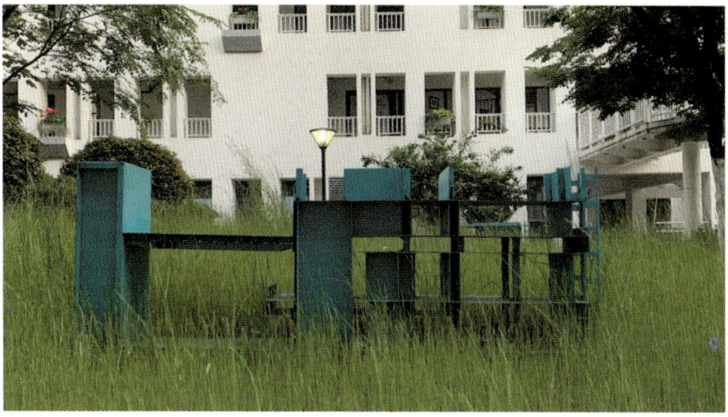

# 蔓延

几年前,坪山美术馆落成,策展人张宇星、韩晶邀请我参加开幕展:未知城市——中国当代建筑装置影像展。经安排,是在美术馆的三楼露台上,做个东西。

对于"未来城市",我是持有悲观的态度的,我总幻想着人类的蔓延最好被反噬,回归该有的样子。

我西岸工作室有一个长期的作品,就是挂在南院已经七年了的巨幅金属帘,爬山虎的随机生长加上一岁一枯荣的叠加,最终会留下一幅自然的绘画,在未来将成为我们离开西岸的纪念物。

于是,我就想在植物更容易生长的深圳搞一个"蔓延"装置,用一个董功老师喜欢的金属网,和董功老师大概率不会喜欢的爬藤,这样既"致敬"又"批判"。

我和团队对南方植物不怎么了解,也没有人会帮我去采购。于是在淘宝上买了一些凌霄和爬山虎,心想在扁担都能发芽的南方,六个月的时间似乎能长点什么了。事实证明这个选择并不太好。

另外,金属帘也是提前算好尺寸,直接淘宝定制发货到美术馆进行组装。

虽然画了图也建了模,但是对于工人来说,还是现场手把手比较会弄。因此很多帘子的挂法也就大约摸了。

由于我隔壁的邻居艺术家张凯芹也是喜欢弄植物,于是我就委托她找了一个园丁阿姨,每月300块,帮忙浇浇水什么的。

虽然凌霄顺利开出了花,但是在十月撤展的时候,整体还是没有达到预期的效果,而刚好刘晓都当了坪山美术馆馆长一职,他狠狠地批评了我,植物选择不当!

策展人说,我们还有下一站,可以移过去,继续长!

最终它被移到了一个叫做涌溪的海边,策展人给我们的"蔓延"找了一个好地方。但是我们没有时间和成本再跑一趟指导了,就遥控着工人拆装这个装置,结果又被简化了一次,那些漂亮的双曲面几乎都没了,只剩下了一个简单的架子随意挂了几张网的样子。

一些别的艺术家就帮我用五爪金龙和百香果这些南方植物重新在四周种植了起来,直到后来的枝繁叶茂,硕果累累。

"蔓延",在坪山开了花——在涌溪结了果。

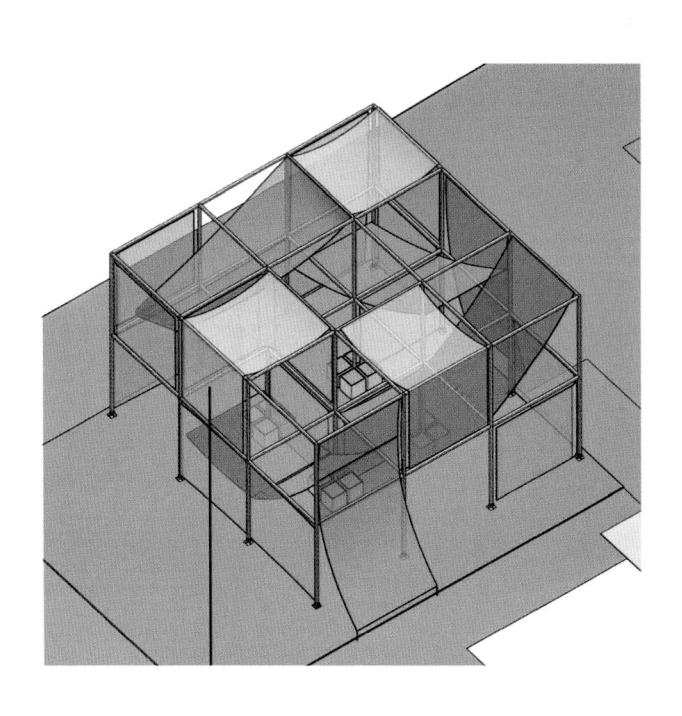

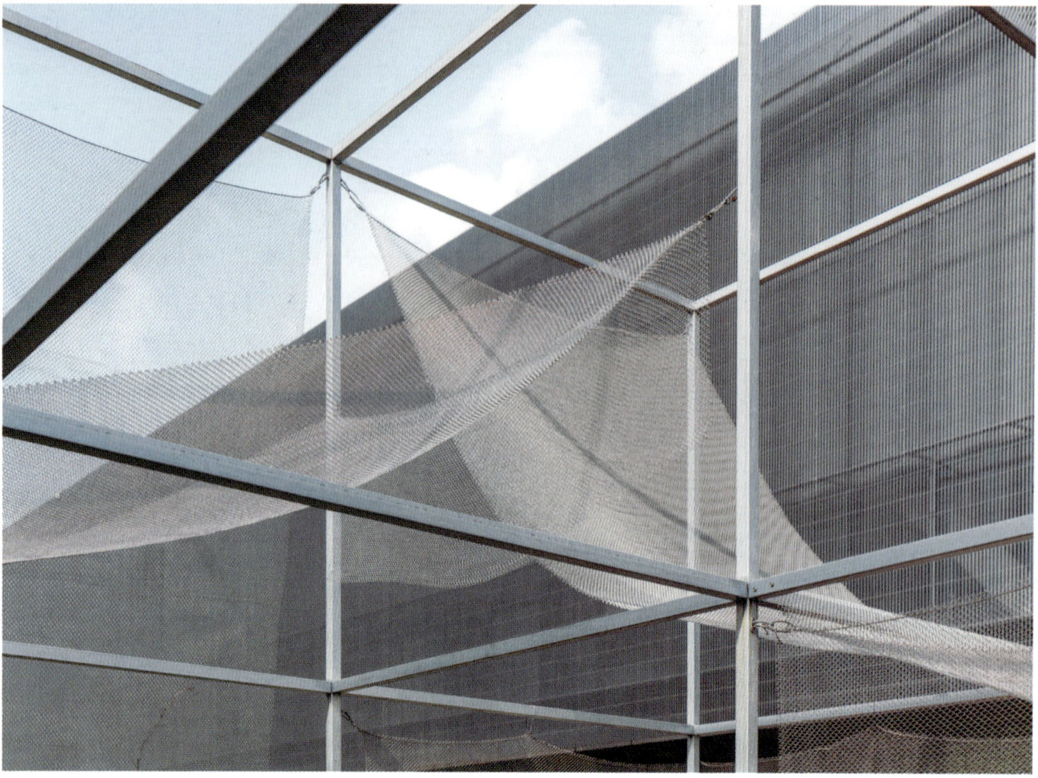

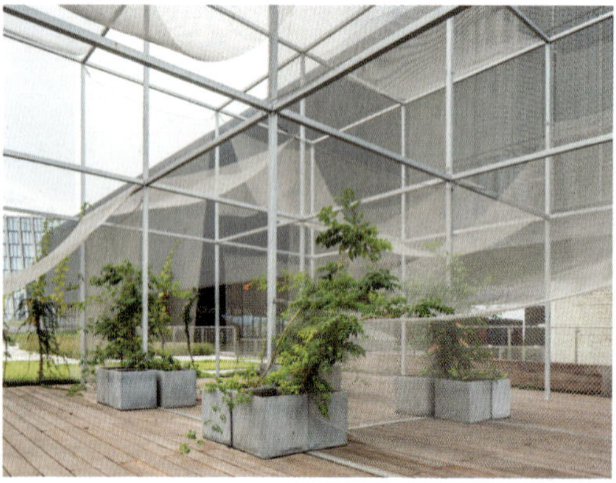

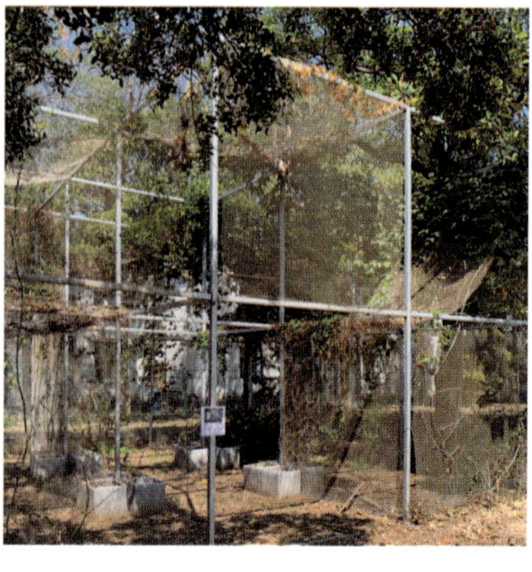

# 鞥园

也是在 2019 年，两年一度的上海城市空间艺术季活动一如既往地隆重举行，长宁分展区的实践案例展"乐水"由李丹锋、周渐佳策展，展览位于苏州河边的一个小公园里，名字叫天原河滨花园，据说，就是柳亦春家的楼下。

两位策展人邀请我给这个展览提供一个小装置。在现场找灵感的时候，我就对那个在空中的景观步廊产生了兴趣，想过在连廊上面的栏杆上做文章，也想过在跨越城市道路的那一段做文章，但成本高和安全性都制约着这些想法。

我从自己家里走到我的车位的途中，会路过一个反光凸面镜，天天看都看了快 20 年了，已经没有什么感觉。但那天走到那里的时候我就萌生了展览装置的想法，就是用凸面镜把那条空中连廊包起来，下面散步的人们就可以拥有一个重新审视公园的反射视图，也会增加一些小小的趣味，符合"滨水空间为人类带来美好生活"的主题。由于凸面镜非常轻，也不会有什么掉下来伤人的危险，并且掩映在绿化里，更不会对一村家产生光污染。

在淘宝询价后，我们看中了最大最便宜的一款凸面镜，共买了 200 个。为了控制效果和指导安装，我们在自己工作室先挂了挂看看效果，然后再到现场指导安装。当然淘宝发货也是直接到的现场，这东西虽然轻，可连上包装盒，体积可不小。

为什么叫鞥园呢？因为那时候，我喜欢在微信聊天时用北方发音的带后鼻音的"鞥 eng"代替一般性的"嗯 en"。由于这个聊天习惯，我就想到了以前给小孩起名字，比如虎年出生的就叫李虎，国庆出生的就叫国庆——那我现在天天说鞥，这个装置又在公园里，那它就叫"鞥园"吧。

展览开始后，我越看越觉得这东西像一条蟒蛇，如果是成本再多一点包得再长一点的话，整个公园会充满着诡异的气氛。但小朋友们并不这么认为，每每有朋友去看展的时候，都会发给我小朋友和大人抬头看天欢声笑语的照片。

我发现我们参与过的所有装置艺术展，最后都面临着废物回收再利用的环节，无一例外，这次也是。

工作室的咖啡馆缺一个遮阳系统，那反光凸面镜不正是最佳的选择吗？我们让工人将后面外壳去除，然后选了64个凸面镜面，安装在四个尼龙网上，反射面向上，配合本来就有的红色遮阳帘共同形成了一个三层的遮阳构造。这个遮阳系统在第二年的夏天起到了明显的效果，冬天对咖啡馆的保暖蓄热也起到微弱的作用。

鞍园的这些凸面镜就和九段、2B的马桶一样，最终都成为目外的一部分。

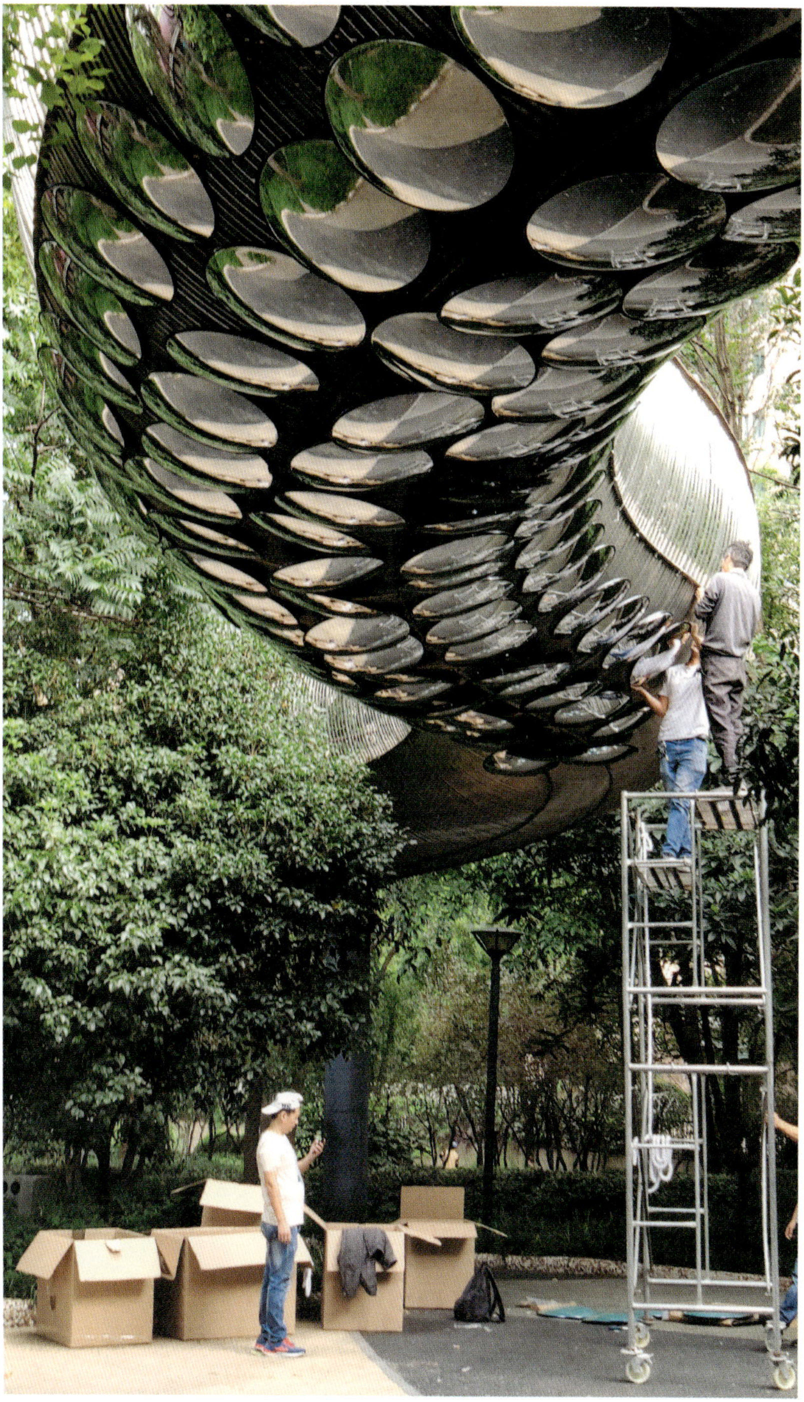

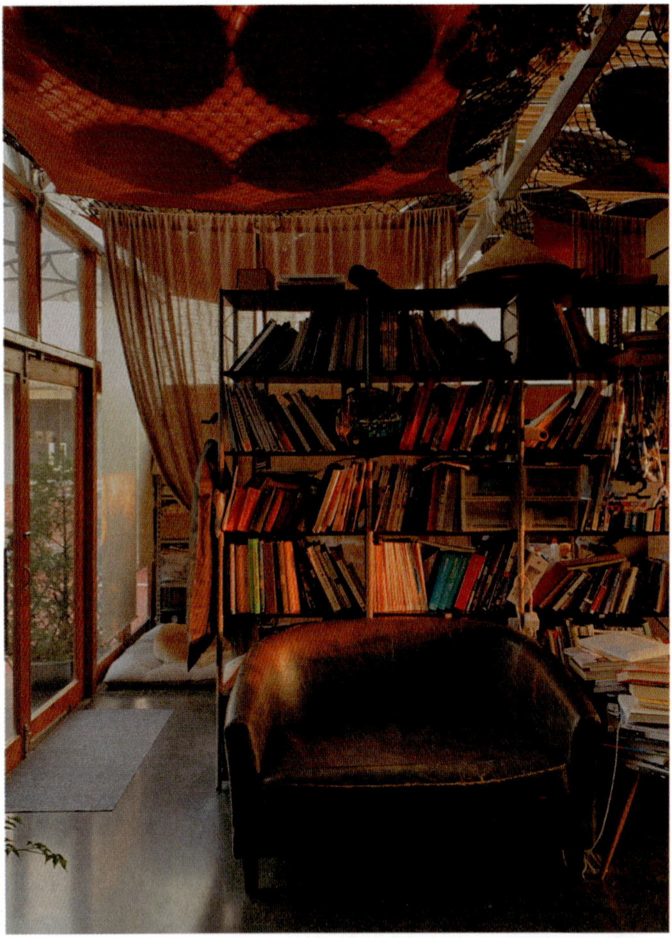

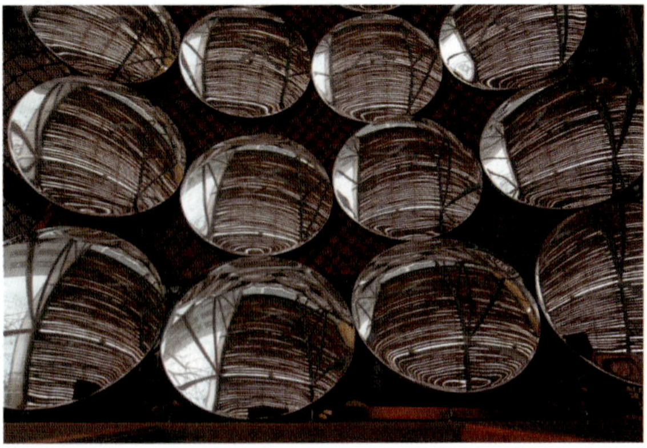

# 在水一方
## 18

**西岸听风台 + 西岸小方**

时间：2020
地点：上海市徐汇区西岸
人物：张佳晶、黄巍、杜嘉宸、陈逸

# 西岸听风台

我作为一个养狗的建筑师，融入城市的途径之一就是每天的遛狗，通过遛狗去深入解读我身边的城市。

工作室搬来西岸以后，我的遛狗路径一下子从小资的风貌区到了开阔的滨江空间，人群与空间，在这两个地方都有很大的不同。

西岸滨江是上海唯一一个可以遛狗的滨水空间。

在我遛狗的北线（向龙华港方向）经常会路过一个临水的小房子，绝大部分时间它都是关闭的，据说也开过餐饮，也做过咖啡。但在一段那么活跃的滨水空间里，这么一栋黑乎乎的封闭小房子，确实与开放的西岸气质格格不入。

我每次路过这房子的时候，就想，其实不一定非得是个房子才能提供公共性，而二十四小时可进入的构筑物反而更好。要是我来改，就把它打开，改成一个可以休息可以遮雨的棚子。

结果，"一语成谶"，在2020年的新冠肺炎疫情期间，西岸集团想统一改造一些滨江的设施，这个小房子也在其列，他们就找到了我。

我提出打开这栋建筑的方案的时候，他们开始也不太理解，因为大部分时候大家对房子的理解还是有空调、有窗墙、有人管、到点儿关门的概念。我后来用公共性分类说服了他们，就是公共空间是要分级的，有公益类、经营类和日常类等，亭、台、楼、阁都可以提供公共性。一个供人休息的小亭子可能比一个八点要关门的小房子更实用，这当然是我作为使用者溜了几年狗之后对这个地方的理解。

房子原结构就是个整齐的钢框架，我们将其打开后用预制的铝板包裹了一圈，并稍微加了一点装饰性细节。在面向滨江的方向，我们设计了两个不锈钢的情侣吧凳，这个设计是因为我常年在滨江散步发现了一个有趣的Bug，就是人们在普通座椅坐下后，栏杆扶手刚好会挡住江对岸的一线景观。于是我设计了这么一个不挡视线的吧凳，吧凳离平板的扶手有合适距离，既可以用手肘撑住上身，也足够安全。

在面向跑步道这一侧，我们设置了一个吧台，内置水电接口，为将来搞活动预留一些可能性。栏杆扶手采用宽板带翻边的形式，摆一盘菜都掉不下去。屋内的吊顶用了镜面不锈钢板，为过往的孩子和家长提供一个抬头的乐趣。

最开始起名"听风台"就是想把风引进来，并通过一组风铃的随机音乐让风变成音符，于是听风可以变成赏乐。那时候我们也刚好来了两个因为疫情不能出国上学的本科生（杜嘉宸和陈逸），我就让黄巍带他们设计有音准的风铃，希望能与音乐的音符完全对应。后来经过他俩的研究和查询，发现音频只跟风管的长度有关，于是我们就按照科学计算的办法设计了21音三个八度（C4-B6）的风铃组件。

这个想法让本来平淡无奇的这个小改造变得有趣起来，甲方也觉得非常好玩，我们还自己制作了一套21音风铃放在办公室。尽管甲方最后还是因为管理问题取消了这个设计，但我们没有放弃这个形式，最后就用了固定的不锈钢板模拟风铃的长度做了固定百叶的设计，当然也暗合了一句经典名言：建筑是凝固的音乐。

后来还有一个小插曲，就是我设计的那个不锈钢情侣吧凳略微有一点晃，虽然我个人觉得很有趣也没有安全问题，但运营方有点紧张，就拆除了两个吧凳，最后安放了西岸统一的木条凳——其实也无所谓。

我依然日复一日的每晚遛狗路过改造好的听风台，这样的机会并不多见——就是你作为建筑师长期看着不顺眼，又幸运地得到了将它的缺点改掉的机会，然后又能每天路过它使用它——这是一种无上的幸福。

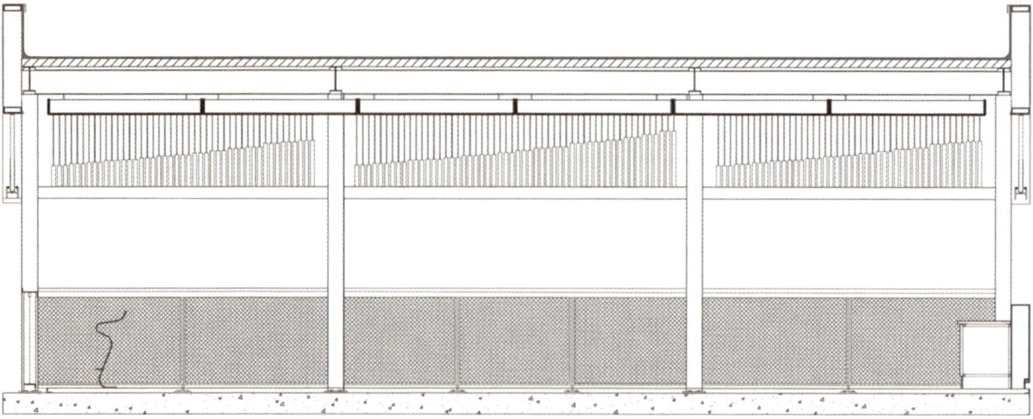

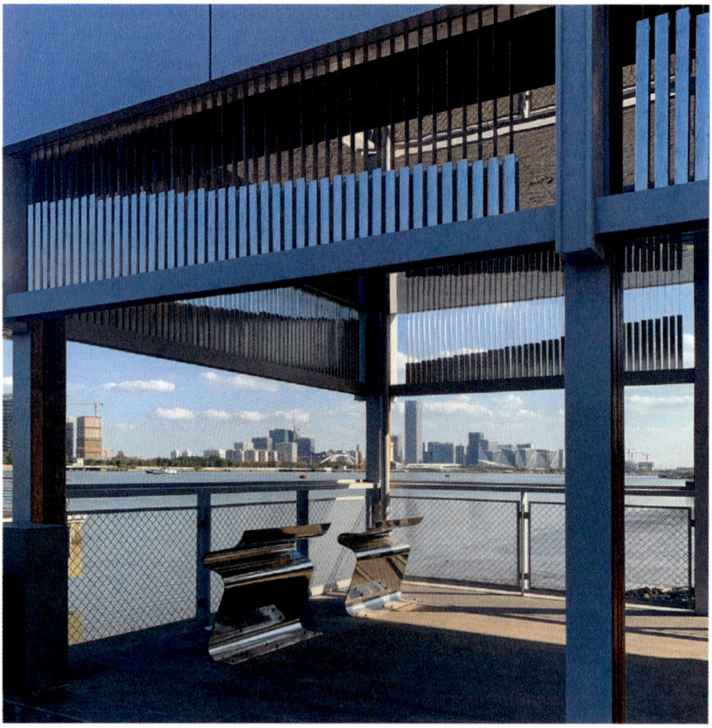

# 西岸小方

在改造听风台的同时,西岸也针对公共配套设施不足的事情和我进行了一些其他的探讨,比如全天候的公厕数量不足,售贩设备需要升级,下雨天临时雨具的提供,志愿者的休息处,AED(除颤仪)如何涵盖整个区域,狗的便袋和生饮水等。而且最麻烦的是整个西岸的岸线基本都是建成区,难以再新建永久性的建筑物或者构筑物,因此,临时、可变等特质,使得移动装置的概念呼之欲出。我们想整合一个集所有必要功能于一身的可移动、可量产装置。

首先就根据我日常的体会,我们分析了西岸现状设施的优缺点。比如售贩机本身也不少,但提供的饮料过多,很多并不是必需的,而且如此高大光鲜的东西立在江边,严重影响景观和观景。公厕明显不足,在我遛狗的数公里区域内只有两处,而且一处是临时的移动公厕。下雨天除了类似听风台的避雨空间外,需要有临时雨具的提供,但租借雨伞不像是个好主意,需要有更简易可行的方法。作为唯一可以遛狗的滨江空间,提供必要的狗便袋也是很必要的。老人居多的公共空间,AED的覆盖面应该以300米为半径以保证黄金抢救时间。

我们最后用了2.4米的模数,立方体的形态,最大限度地塞进了一个只售贩两三种饮料、提供一次性雨披和狗便袋、可租借充电宝的迷你售贩机,一个扫码式24小时公厕、一台空调机、一个储物柜和一个可以供志愿者休息换衣的小空间,这个小空间甚至可以制作简单的咖啡和放置AED等必要设施。

装置分为基座和立方体两部分,基座是为了适用不同的外部条件,用于电源、光纤的外部接入,相当于上部立方体的插座。上部装置则是一个圆润的立方体,不锈钢表皮,因为材质和形体的缘故可以通过反射四周而自身消隐。在起名字的时候,我们看到当时徐汇区时任区长姓方,装置又是一个立方,就调侃它叫"西岸小方"吧。

除了这个2.4米的豪华款"西岸小方",我也根据在西岸观景的一些感受,设计了不需要公厕和志愿者的基本款"西岸小方",出发点就是高度不能超过滨江扶手,将几大功能分开,用不遮挡视线的低矮组合方式进行自由组合,并可以根据需要进行更换和增减。此外,我们也配套设计了更小的一个生饮水机可供人与宠物饮水,也畅想了这一系列装置各种模式的组合方式。而在制作方面,我们建议西岸找一些徐汇区合作的汽车制造企业或者家电企业,相信他们想做这个应该是很容易的。

由于设计改良的都是我日常使用的空间,因此就特别有热情,甚至我们还提出了垂直玻璃宅的改造方案,也为西岸提供了一些新增雨棚的基本款方案。

在西岸遛狗的时候,时常被并不认识的某爷叔某阿姨打招呼,"侬今朝蛮早呃吗!"——或许这些日常就是设计中客观、理性与力量的源泉。

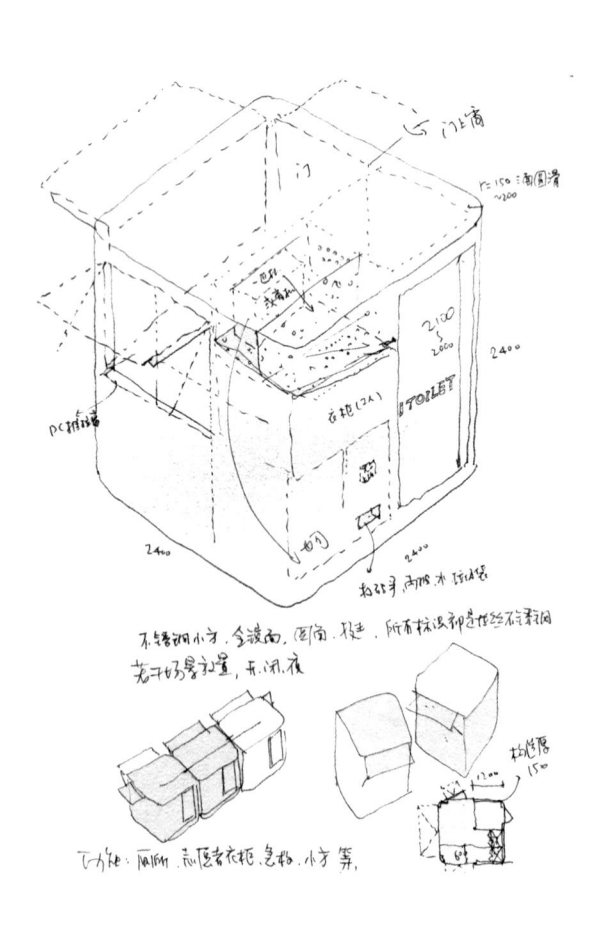

209

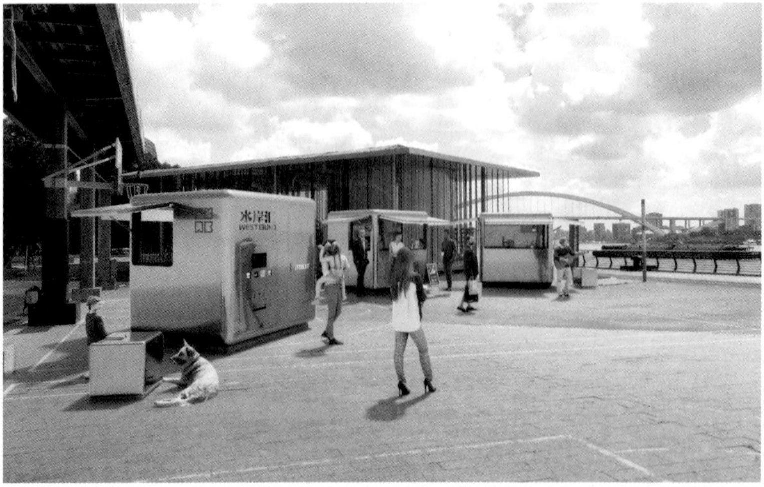
水岸汇
WEST BUND

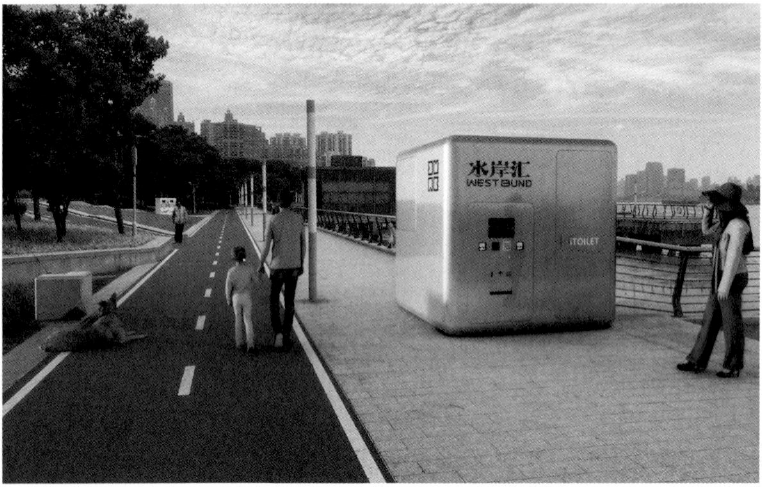
水岸汇
WEST BUND
iTOILET

# 耄耋南桥 19

## 奉贤老年大学

时间：2014—2018
地点：上海市奉贤区
人物：张佳晶、徐文斌、徐聪、金晓、董乐、蒋国庆、ZMD

# 奉贤老年大学

很多建筑师的设计生涯中都会有这样的经历，就是有些项目特别看重，特别发力反倒并没有做得很好，而有些项目没那么看重，也不怎么发力反倒由于心态不错，导致结果也不错。

奉贤老年大学就是高目开始不怎么看重，随便做做、轻松做做的设计，因为那几年，高目正为着德富路中学的各种争斗而焦头烂额。

奉贤区老年大学在立项阶段很不顺利，我们在投标中标后，要向区领导汇报，但当时的区领导各自有不同的意见，我们的设计随时可能搁浅。但有趣的是，汇报的时候，某位并不完全支持这个项目的大领导看到是我在做方案，竟然当场改变了立场，支持了方案。这样才得以让老年大学项目顺利进行——有的时候，好的人设比水平重要。

老年大学的设计初衷有三：一是我不想设计很装的现代风格了；二是建筑能做多矮就做多矮；三是我想保留场地中间那一排七十年树龄的香樟。

建筑做矮是为了增加老年人同层活动的频率而少走楼梯和坐电梯，于是整个场地被尽量地铺满，由一排香樟将建筑分为东西两部分并用连廊相连，断开的部分就成为了保留大树并可以遮雨的室外中庭。建筑内部的布局也非常理性规整，大空间、高空间全部布置在建筑中部由环廊环绕，教室则布置在环廊南北两侧，这个布局在功能上和结构处理上都非常理性且合理。

考虑到给老年人使用，建筑外立面我设计了些装饰主义风格的面砖。本来外墙想用真的面砖，但施工期间上海刚好出台高层建筑不允许再贴面砖了，我们只好想办法用真石漆来仿面砖。我们为此做了很多小样，从结果看确实做得很像。但中间也差点夭折，因为中间换了领导，不同的审美风格产生了矛盾。只好由总包将各方约见当面讨论定夺，当那位领导听说建筑师是我的时候，我的人设又一次起了作用——领导就跟她的属下说，那就听那位建筑师的吧。

还有中间那排树，在开工之前的所有时间里，我顶住了很多部门的非议，坚持要保留它们。为此我们还将地下室分别设计成两个独立的单体而并未连通，以保证大树的根系不受损伤。但到了开工典礼的时候，我走到光秃秃的工地里面时，看到那排树不见了。我的甲方老总急忙过来跟我解释说，为了保留这些树导致基坑的维护成本要增加几百万，因此就没通知我自行决定了。我跟他说，其实我没那么固执，如果跟我早点说通，我们的地下室就不需要分成两部分了，使用上也会更加方便。但我依然对这个事情耿耿于怀，最后跟我的甲方要求再种回几棵大树。但由于管线的问题，能种的位置已然不多，最后就弄了几棵落叶的大银杏树，见缝插针地种在了中庭里。

整个设计中规中矩，唯一过程中有些纠结的就是入口处的大悬挑，因为面对城市面的宽度不大，为了突出入口，就将本来应该存在的角部框架柱取消，这个得到了结构设计师的支持，并且在建筑细节上致敬了康。

这个建筑的设计非常放松，从建筑立面就能看得出来，四个面几乎是完全不一样的。这些立面的设计能互不相同但又很融洽，得益于早年高目的地产实践。

我也曾经说过，在高目这个时期，德富路中学是一首粗粝的摇滚，那老年大学则是一曲精致的爵士。

214

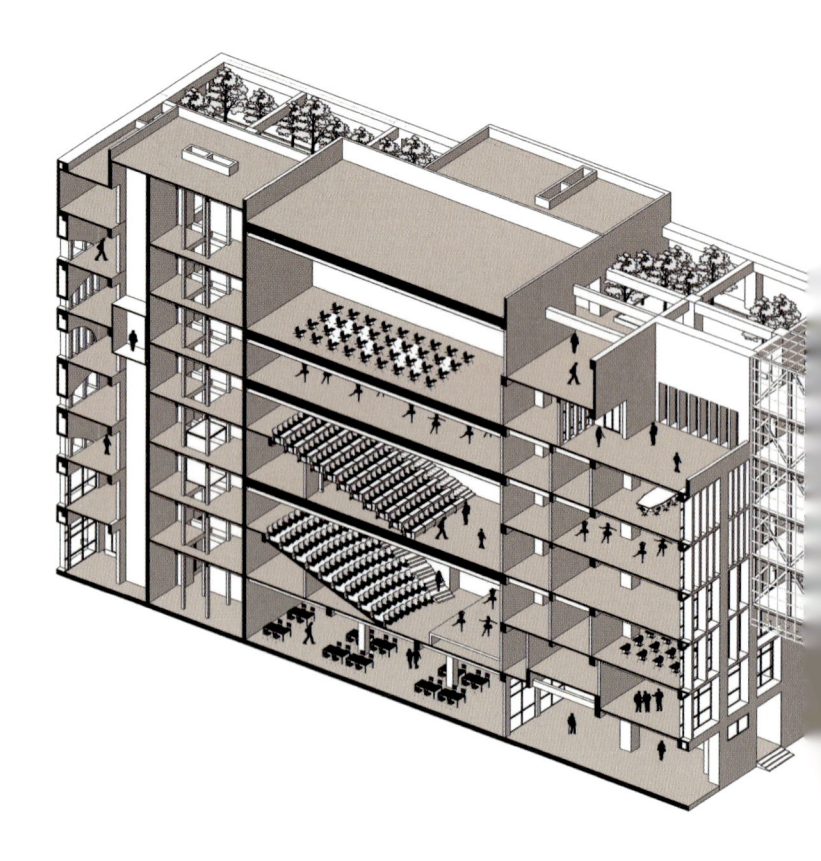

215

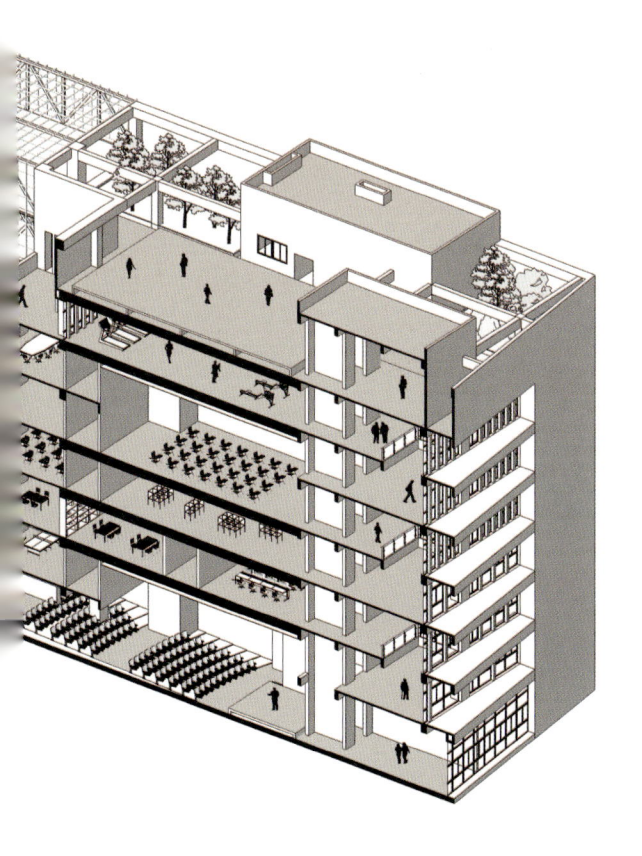

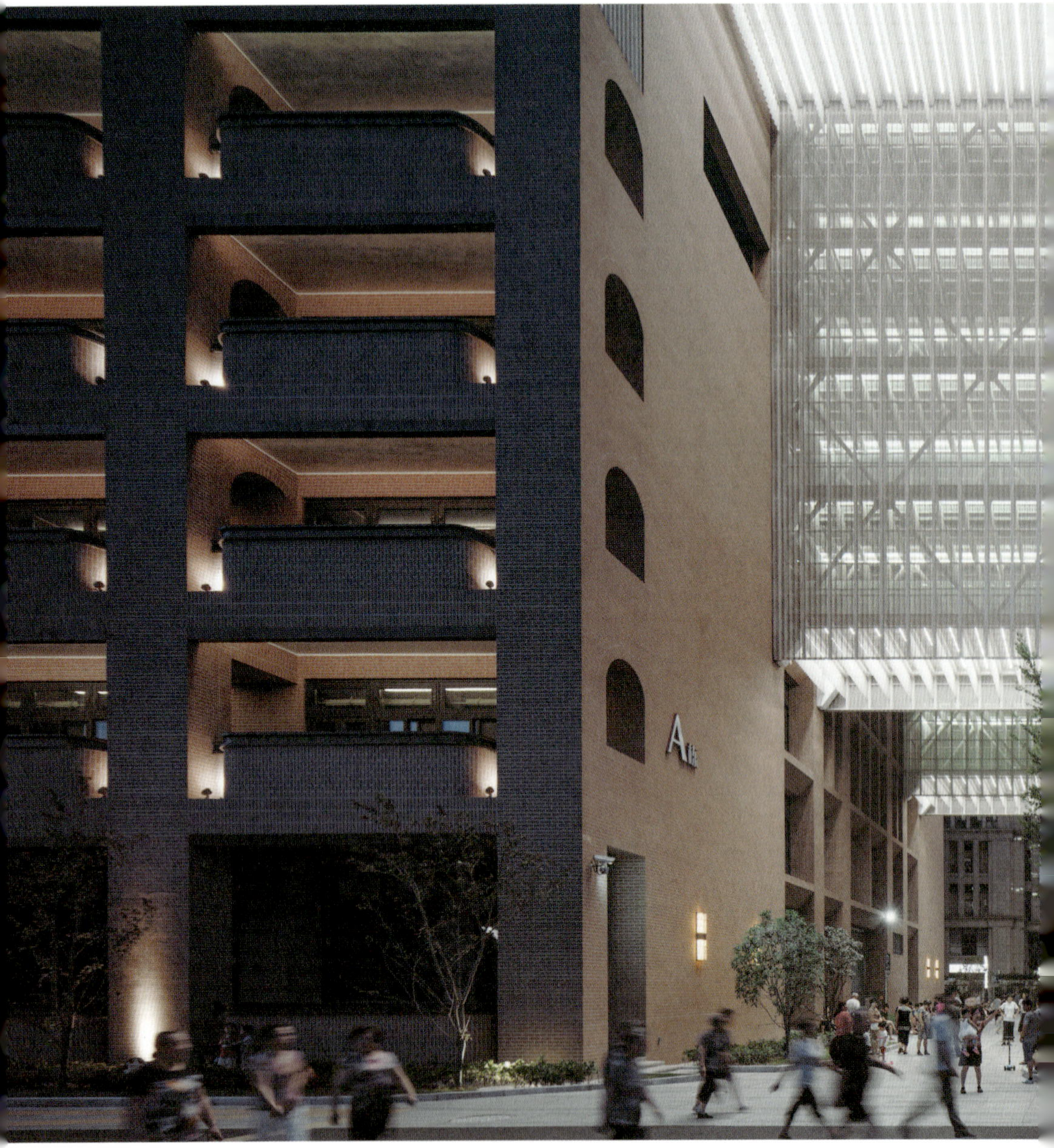

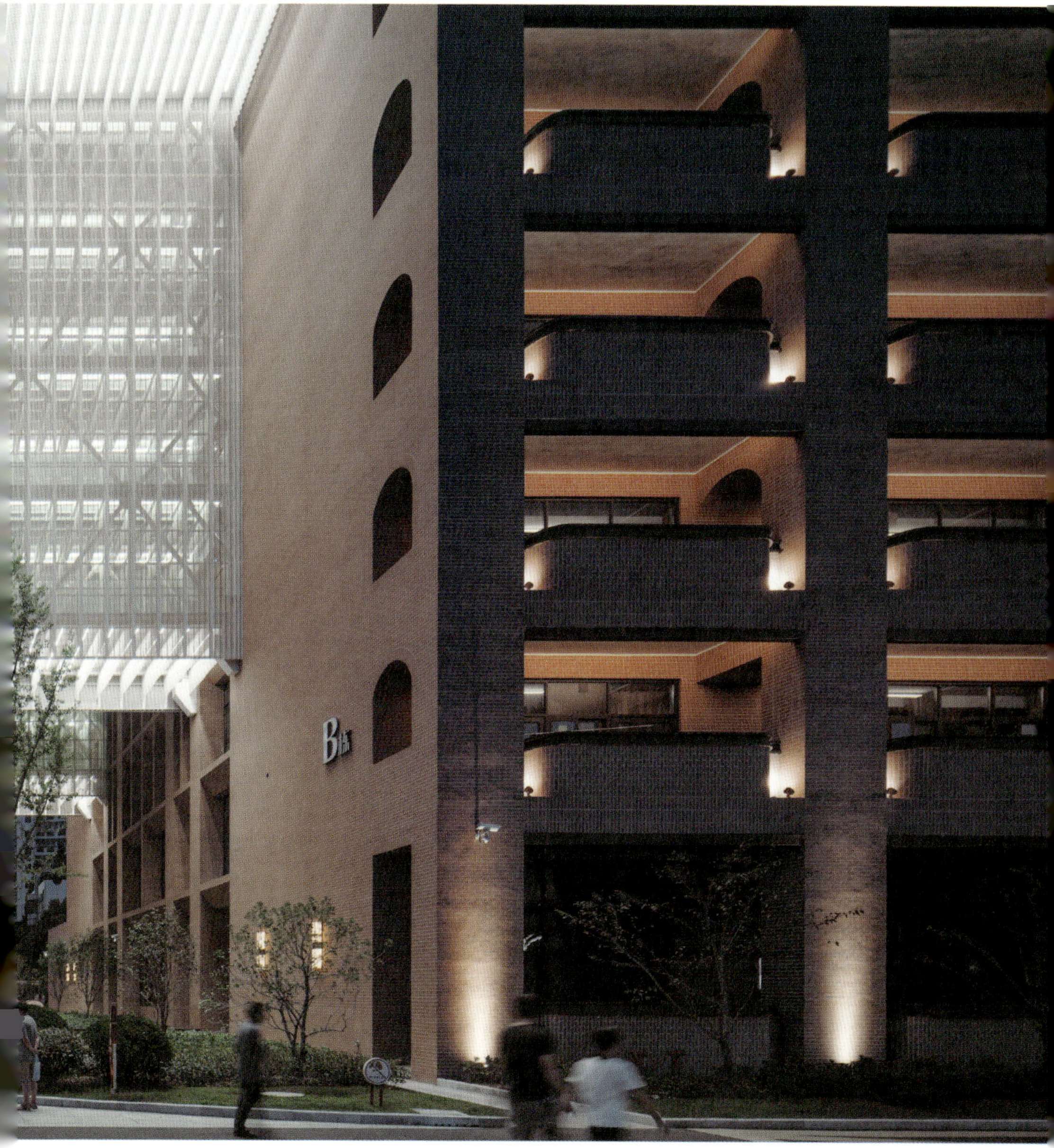
B

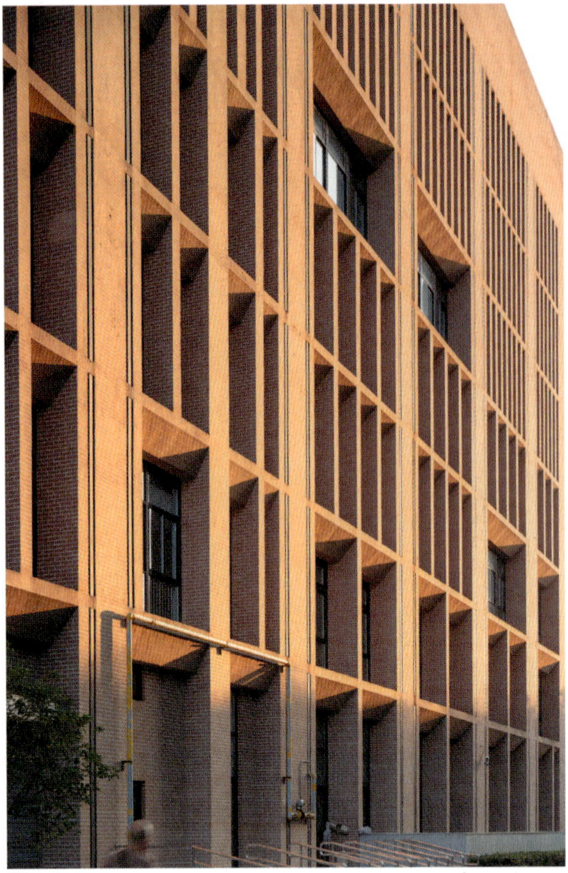

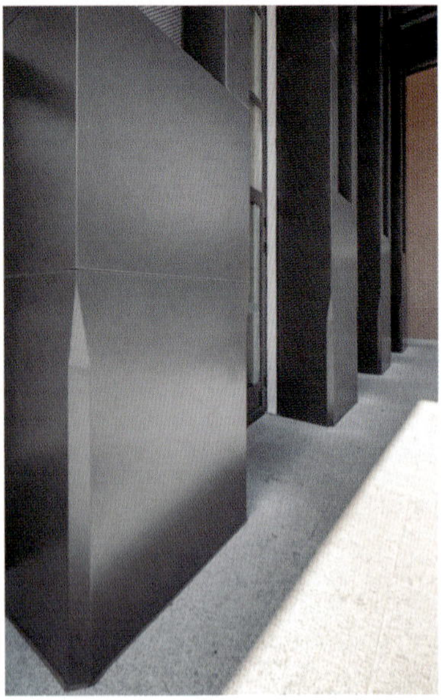

# 我爱云南 20

## 丽江渔歌+白沙小筑

时间：2007—2017
地点：云南省丽江市玉湖村、白沙古镇
人物：张佳晶、黄巍、郭振江、雷敏、李赫、豆腐哥、Kitty、张鸣泠、Jorge Gonzalez

# 丽江渔歌

"我爱云南"这个梗是出自许巍的现场版的《温暖》,他会在舒缓的前奏中温暖地喊出这四个字,这也是我和马志远当年唱卡拉OK时的微醺记忆。马志远是谁?我的老友,也是高目的英文名GOM的起名者。年轻时,我没能免俗,曾经极其喜欢大理丽江的生活状态,但那段经历,也确实令人怀念。

以前经常去云南旅行的时候,丽江大研古城听起来还没那么俗气,国家还没发展高铁,大家还没有微博,更不要说微信。

有一回,我在石头书店听了一下午的世界音乐,浑身舒软,随后百无聊赖地在古城里闲逛。忽然,看到一个排了近百米长的队伍,居然是在排队买臭豆腐!而凑近一看,也只是个一米宽的小弄堂口摆了一个摊位而已——看来不是一般的好吃。

卖臭豆腐的那个哥们半长发、微胖,浙江口音。从一些细微的动作看得出他和一般卖臭豆腐的有点不一样。后来通过搭讪我们成为了朋友,得知他是绍兴人,离了婚被净身出户,来到这里后身边只有500元现金,被迫支了个摊儿,卖起老家的臭豆腐。由于他本来也是个做企业的人,因此做法必然不同于一般小摊贩。

他说他叫渔歌,我也不太介意他的真名,当然非常熟悉的人也会喊他"(臭)豆腐哥"。

那时候我每年都会去云南两三次,每次也都会去丽江,我们就经常一起唱歌跳舞,快乐简单——旅行中认识的人大多都有这个特点,就是平时从不联系,但每一次见面都亲切无比。

一次经历加深了我们的友谊——我在石头书店门口打鼓,虽然没有受过专业训练,但是由于天生的乐感,以及那种放松的气氛,就打得还行。于是结识了日本人田口和少数民族罗密欧，我们就两个鼓一把吉他，在石头的店门口拍、弹、唱了起来。不知怎么地，围观的人越聚越多，就促成了我人生中第一次卖唱———共赚了700块，据说这个单场纪录在后来就一直没有被打破过——在我们唱的时候，渔歌也一反沉稳的常态，过来跟我们载歌载舞，还搬来一箱啤酒，分给我们仨和路人甲乙丙丁。大家就这样无拘无束地，在一起嗨了两个小时——最后我们把所有非法所得都捐给了石头书店。

那时候，渔歌就萌生了在云南终老的念头，他在玉龙雪山下的玉湖村租了几亩地，包括一块宅基地和一小块农田，想盖个房子。在我印象中地租很便宜，大概一年一万，租期35年。

在渔歌身边估计也就我这么一个建筑师朋友，也只能说他运气太好，这么误打误撞地用两瓶啤酒、一盘烤鱼和一盘丝瓜炒鸡蛋就请到了我这样的"大师"给他做个建筑设计。我说，"设计费你反正也付不起，就让我慢慢做吧，别催我，将来给我留一间屋就行。"渔歌说："好，那我能做点什么？"我说，"你去找人把地块给测量了吧，尽量准确！"

在建筑界，玉湖村有点名气。这村子里最常见的房子就两种样式，一是木构加火山石垒砌的传统民居；二是大地震后木质的抗震房。我们的基地就在玉湖村的最高处，水源边上。

由于基地处在两个高差的平面上，而且高差之间有一堵地震都没塌的挡土墙，我们就打算保留下来。考虑再三，建造方式还是决定采用混凝土标准框架加木构屋架——当地普通工人浇混凝土，木匠做屋架。

平台之上的建筑主要是自住，下面的两层建筑是对外的客栈。中间的水池是引自旁边的雪山融化水，清冽无比。丽江的水就是从这里流经玉湖、玉龙、白沙、束河，才到古城的。

设计几乎进展了半年，我每次旅游就顺带现场踏勘和方案讨论，当然和渔歌主要是讨论功能、造价等现实问题，也包括和包工头谈技术、谈建造。最有意思的是，有一次在束河无名客栈谈设计修改的时候，旁边有一个绿衫光头哥飘然而至，饶有兴趣跟我们聊了半晌。走的时候，我问哥们叫什么，他说他叫赵青，大理青庐的主人。

渔歌的理想归理想，但现实归现实，城市化和旅游开发的铁蹄也已经践踏了云南，后来的丽江也变成了充满生活压力的地方。豆腐哥为了生活得更好，就改变了计划，计划把所有的钱投资到一间书吧，致使玉湖这个事情搁浅。

当年"40<40"建筑展的时候，我们这些倾注心血的效果图几乎蒙骗了所有专业人士。为什么要这么对效果图呕心沥血呢？就是当知道这个项目不会被建造之后，我们的设计师们就放弃了常用的概念效果图手法，而是尽量把效果图做得"像"建成实景，来给这个事情画上个圆满的句号。

房子没造起来，但过程中却间接地促成了豆腐哥的婚姻（此处省略数千文）。修改这篇十年前的文章的时候，渔歌也就是豆腐哥已经成为了丽江最大最有名的 live house 的老板。

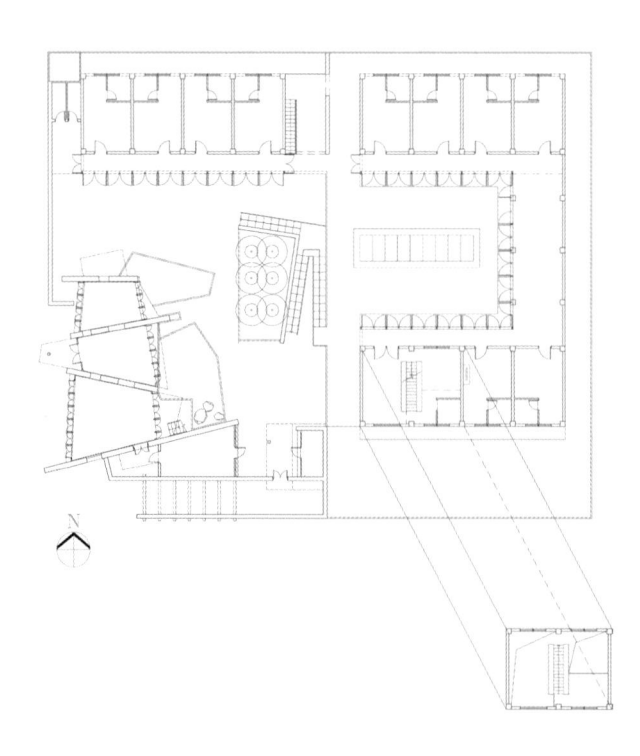

223

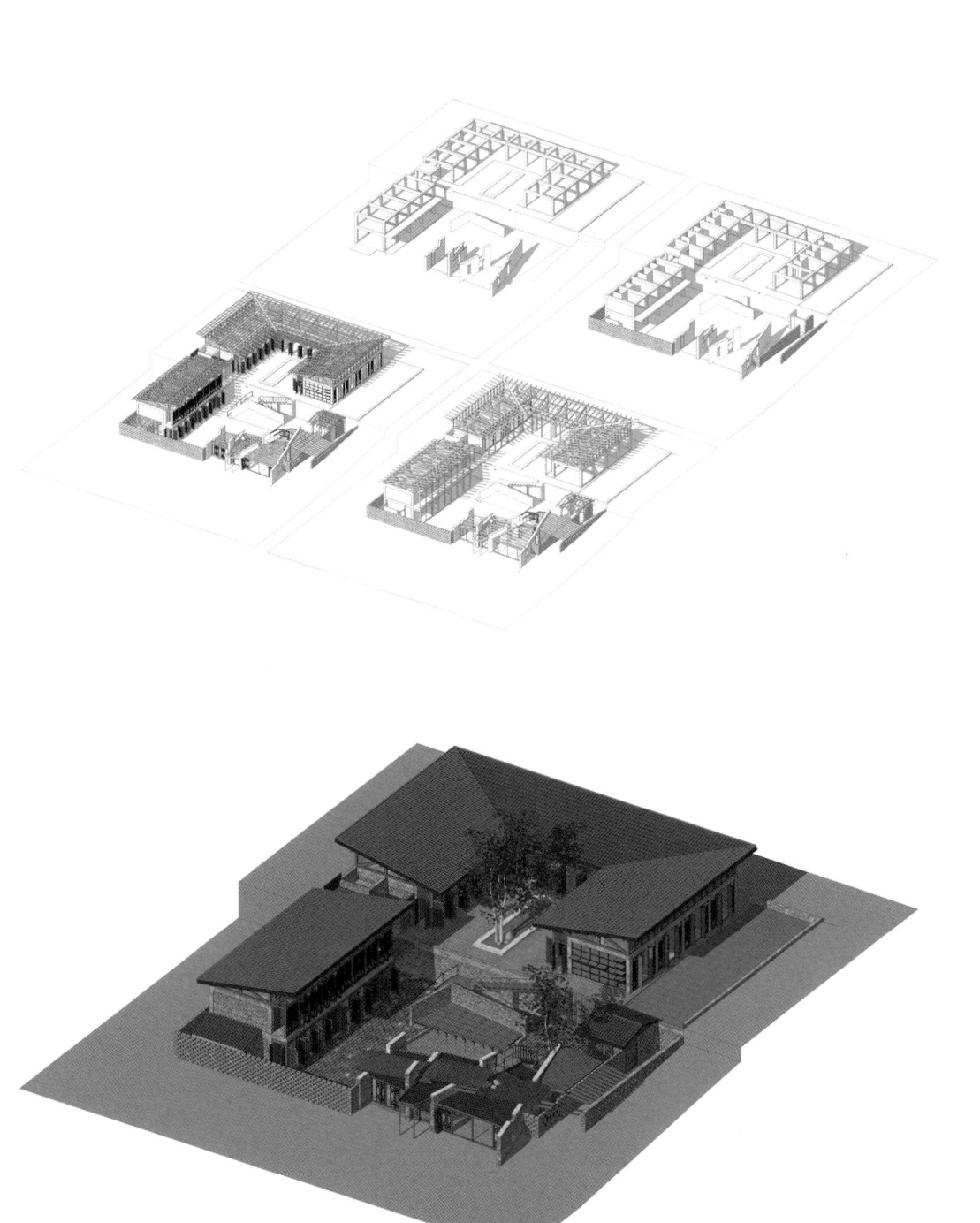

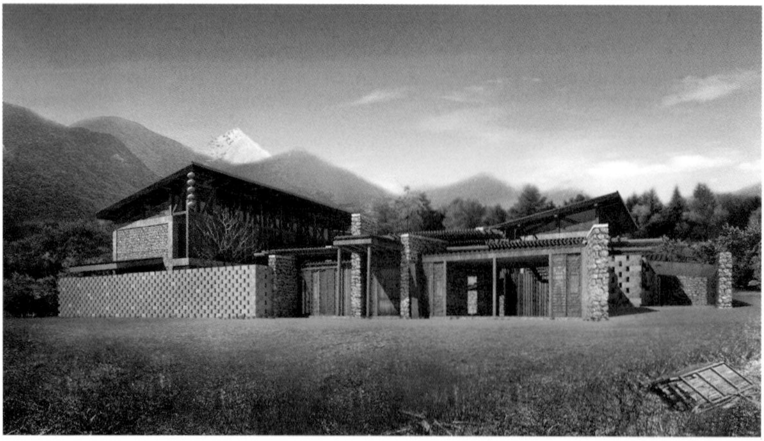

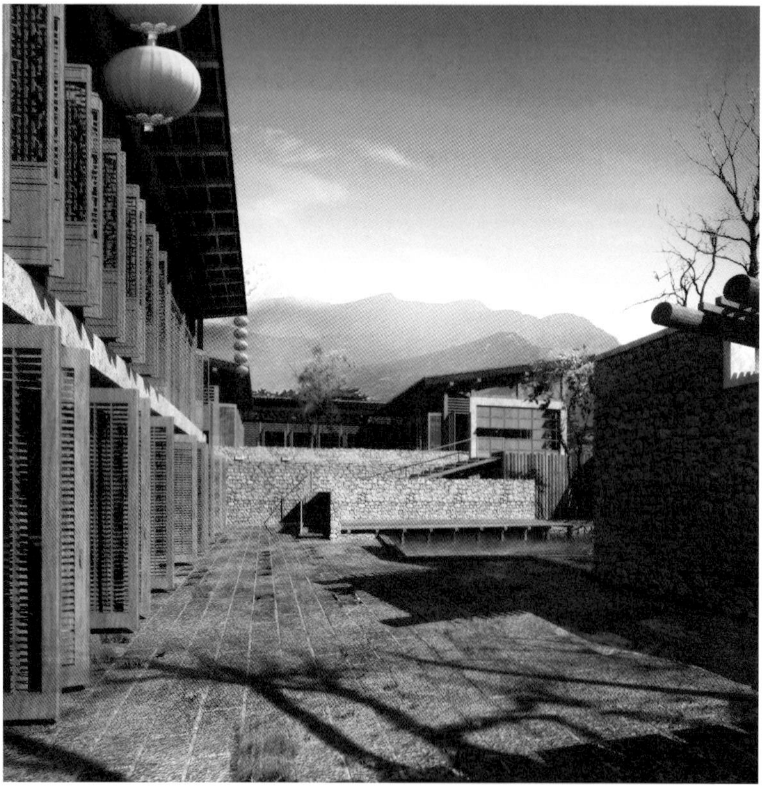

# 白沙小筑

在丽江，被真商业和假文艺消费侵蚀的顺序是逆着雪山融化水的水流方向的。不过，还好，先天不足让离喧嚣更远的白沙古镇至今也没能火起来，这倒是它的幸运。

故事还是从豆腐哥讲起，他当年决定把手里的钱拿去开店做生意，是从一间书吧开始的。而他书吧的合伙人Kitty则在白沙也租了一块地，听说我给豆腐哥做设计的事儿，也想请我。我说，总不能一直免费吧，Kitty答应我每次来云南，所有在云南的开销和机票她来负责，我想，这可能也是她能力之内最有诚意的承诺了。

虽然后来随便做了几张图，但事情也没有进行下去，我以为就这样结束了。但是又过了几年，我搬到华山路工作室的时候，Kitty说她把这块地作价入股了她一姐们儿，由她这个姐们儿来负责这块地的开发和运营，Kitty就介绍了她这姐们儿也就是张鸣泠在上海跟我见面。这个姐们儿是美院出身的，她这块地的运营思路是化整为零，将整个客栈拆分成若干小股权，让大家集资建造，她来运营然后每年分红。当然，我也冲动了一下，就也投资了一份。

再后来，她和一位西班牙建筑师Jorge Gonzalez来跟我聊这个后来起名叫做"白沙小筑"的建筑设计。这位西班牙建筑师是个基本功很扎实的家伙，他的设计草图我一看就喜欢。他是根据产权拆分的运营要求，把本应该每层若干间客房的传统做法，改为一堆4米见方的独立两层小盒子，每个小盒子是一个客房，密密麻麻地挨在一起，通过扭转单坡屋面来保证每间二楼的客房都能看到玉龙雪山。草模型很帅，很容易让人想起成语"鳞次栉比"和"钩心斗角"。

Jorge看跟我聊得也很投缘，就主动邀请我自己来设计自己投资的那栋小客房，他只给我限定轮廓、高度和坡顶方向——有点像制定城市设计导则。

Jorge说我可以随意发挥，他负责盯现场帮我实现。这也算我第一次"涉外"

的合作设计，白沙小筑也是我设计过的最小的房子。大家在建造之前，还统一了一些外墙材料，尽管内部完全不一样，但外部看上去没有任何不同。

造好之后，我跟 Jorge 也成为了朋友，也共同将白沙小筑发表在了一些媒体上。他很客气，有的时候会在设计师栏里将我名字写在他前面，其实大部分工作都是他做的，我造好之前连现场都没去过。之后，我也去白沙住过几次，也跟 Jorge 交流了两个设计的优缺点——我说他的底层做得特别好，他也反过来夸我二楼那个夹层想法 "Old dog！"

我实现了夙愿，就是在云南盖了一个房子。

最近几年还去了几次云南，每次还是会跟豆腐哥见面。他也都会开着他的大皮卡载着我在城里找地方吃饭，晚上再去他的 live house 听歌，但我竟然到现在还不知道豆腐哥的真名叫什么——那不重要，我依然爱云南。

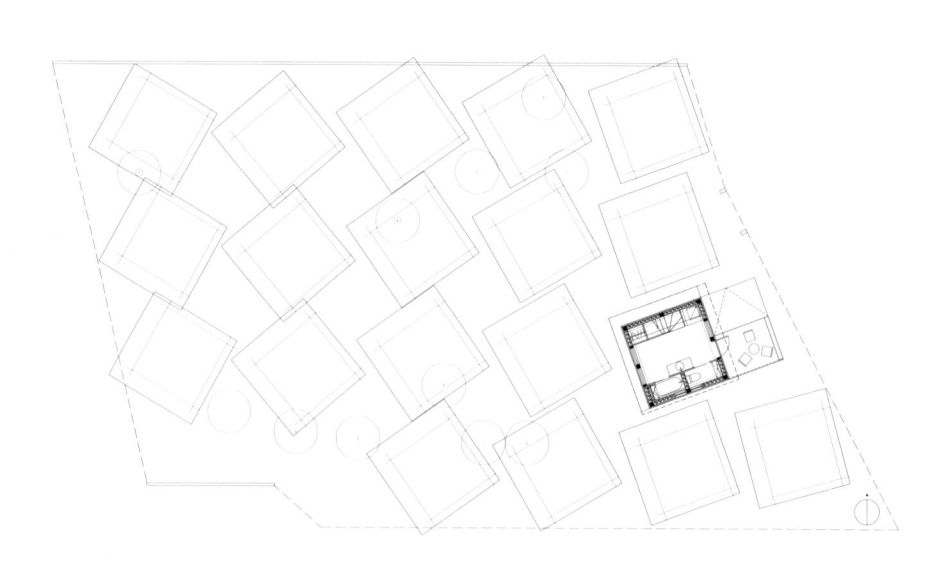

227

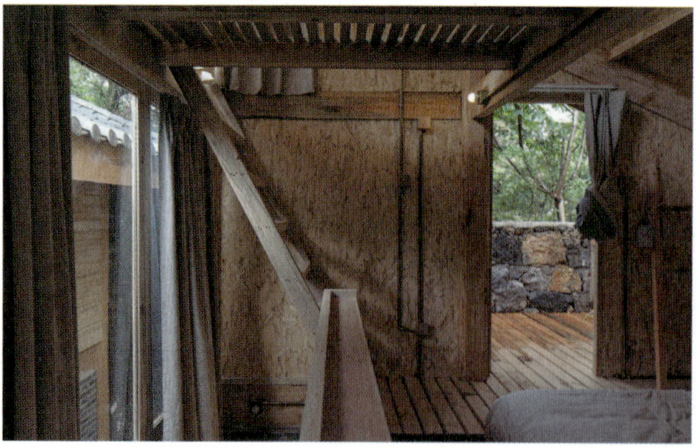
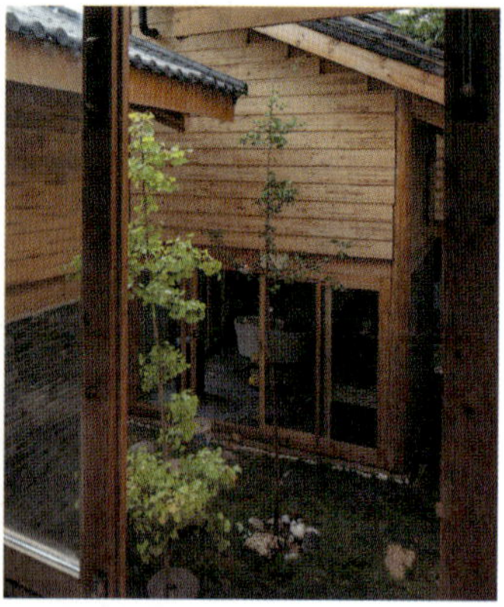
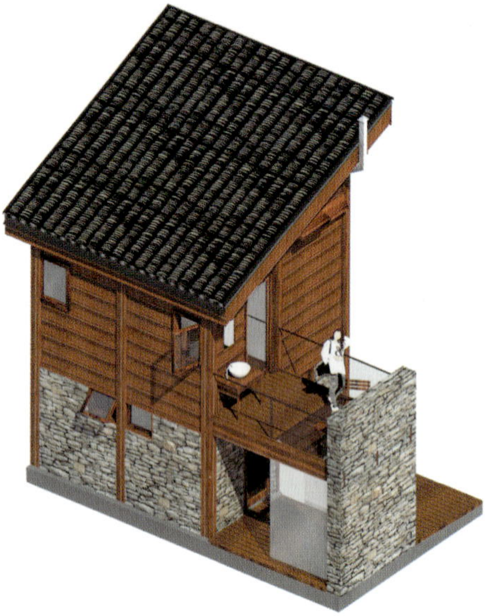

# 洛书河图 21

**雾灵山泡池**

时间：2017—2021
地点：承德市兴隆县雾灵山
人物：张佳晶、徐文斌、黄巍、徐聪、舒扬、叶文仪、马寅

# 雾灵山泡池

我跟马寅的初次项目洽谈就是在雾灵山，一个位于承德兴隆县的景区。我们从北京坐了几个小时的车，一起去了雾灵山的村子里。那时候，是我刚认识他没多久，以马寅的习惯，在新认识一位比较认可的建筑师后，他会想尽一切办法找项目给他尝试，这种喜欢尝鲜、热爱集邮并乐此不疲的甲方是建筑师的福利。那次项目洽谈是一些民房的改造，并不太适合我，也因各种原因最后不了了之。

阿那亚犬舍建设的后期，估计我的水平已经基本上得到了他的认可。于是，马寅就邀请我设计一个雾灵山的泡池，当然，这个泡池系列，他邀请了很多人，每人设计一个。

在山里泡温泉感觉灵魂距离自然之神很近，于是，我想从自然界的基本数理入手进行设计，即建筑布局上回归本源，在数理平衡中寻求内在平衡。小时候对洛书（九宫格）的浸淫，对我影响很大，加之看到西塞尔·巴尔蒙德的同好，让我更加坚信这个西方称之为"幻方"我们称之为"洛书"的数列一定有着它的神奇之处。

我先根据大致规模确定了双线网格模数，并填写了5×5的格子，我们暂且称之为25宫格，作为基本平面的基础。我再将这里面的数字分成奇偶，来决定生成拱顶的方向（奇数南北向，偶数东西向）。完全根据数理规律算出最终的建筑形态，再投射在坡地的地形上，增加了一个空间变化的维度。开始设计的时候，选址很模糊。我是从大致模拟了一个南低北高的坡地开始的，直到后来基本确定选址之后再做了标高的调整。

然后我想做一个烧结砖和玻璃砖混砌的拱顶，希望在白天是过滤阳光的圣所，夜晚成为一个树林中的明灯。为此，我在淘宝上采购了我能买到的所有样式的玻璃砖，有纯透明的、磨砂半透明的、有水纹的等，然后进行了光线和砌筑实验。

洛书的平面、奇偶的拱顶、双线的网格、高差的介入、虚实的表皮等一系列预设算法，最后形成了出人意料的结果。这种用数理规律形成空间句法的方式，我很少见到其他建筑师采用，然而我钦佩的西塞尔·巴尔蒙德的很多设计则多次运用了这种方式。能与一个结构工程师在算法上引起共鸣，我是很欣慰的。

因为平面和空间都来自于洛书的数理关系，所以我们将这个泡池命名为"洛书浴场"。

雾灵山的泡池一直在定位和选址中变化，因为要占用的都是建设用地，那么用最小的地块带来最大的回报总是地产商要考虑的。于是，在经过一些建议后，我们决定缩小洛书浴场的规模，方法是平面布局从5×5向3×3回归，回到了真正的洛书平面，叫"洛书浴场"则更为贴切。

给马寅做设计，有个特点，就是越小的项目，你获得的自由度就越大，这个很好理解，就是小项目上做得嗨一点风险最小，回报最大。

把面积缩小之后，整个平面更加紧凑高效，并由于基座变小，那么整个建筑就可以坐落在同一个标高的平地上。我们在对于洛书的最后干预是，将1的位置的拱顶反向悬挂倾斜，让身处公共泡池的人们感觉到离天空只有咫尺之遥，有一种"以天为盖以地为庐"的心境。

无论是幕天席地的泡池还是冥想空间，都是面向西南向，夕阳西下的群山是人与神交流的最好场景。身处其境，似乎站在五台山佛光寺大殿的高台上，随着日落西山，内心渐渐平和。就跟平和的心境一样，设计心态也跟随着设计投入而变得进退有度，一些多余的设计被去除，设计的逻辑与洛书在手谈对弈中达到了完美耦合。

由于雾灵山项目部分土地尚未取得，也就意味着即使设计再完美也需要等待。但高目的历史上，多次出现这样的状况——就是项目暂停了，但热情停不下来。我们就基于前面获得的洛书设计方法的这些积累，继续设计了一个更小的泡池。

这次设计的初衷不是为了项目，而是为了研究。我是想占地再小一点，将洛书中间5的位置作为一个螺旋楼梯连接其他各数字部分，成为垂直向上的观山小泡池。总的建筑面积也很小，它小到甚至可以只服务于一个人或者一家人。我们称之为独乐池，当然也是向独乐寺致敬。

同样是九宫格的布局，这次更像一个立体九宫格。去掉边墙，打开四周的视线，只用中间的井字形作为结构。而每一个标高、每一个朝向，都有自己独特的景观。

这个研究方案做完后，暂停了很久。我在朋友圈发布了一个系列叫"海市蜃楼"，其实就是发布高目历史上做过的未实现方案，这个系列长达数月，竟然为我接来了两个项目，而其中之一就是这个搁浅的泡池的继续设计。

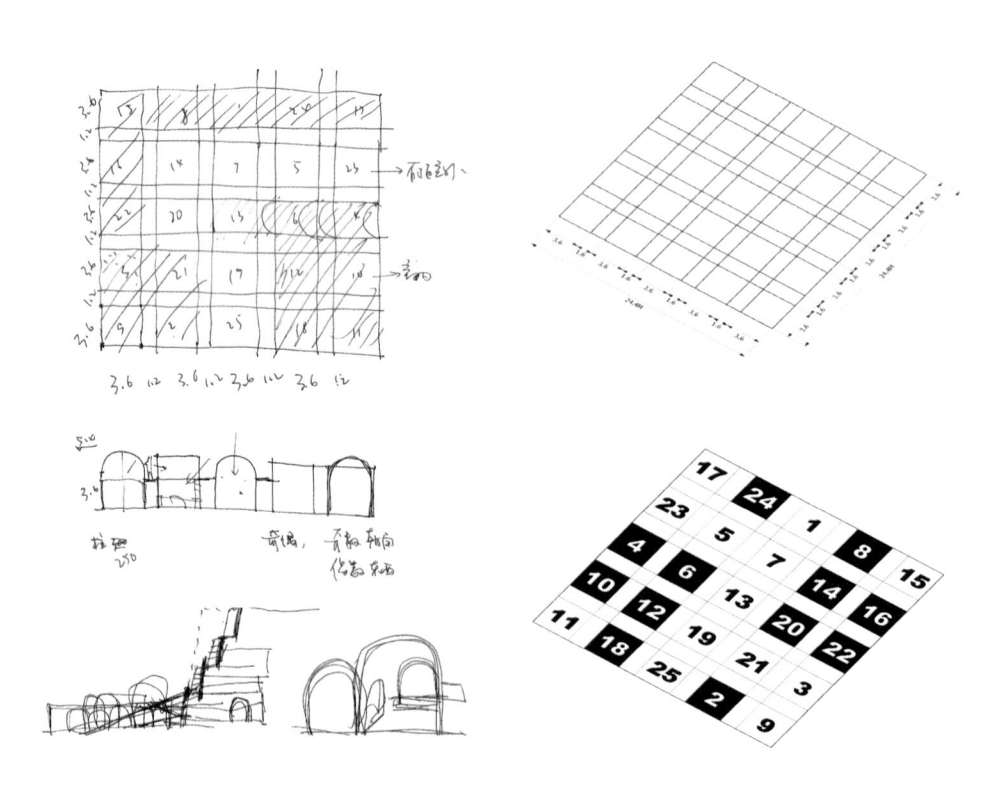

233

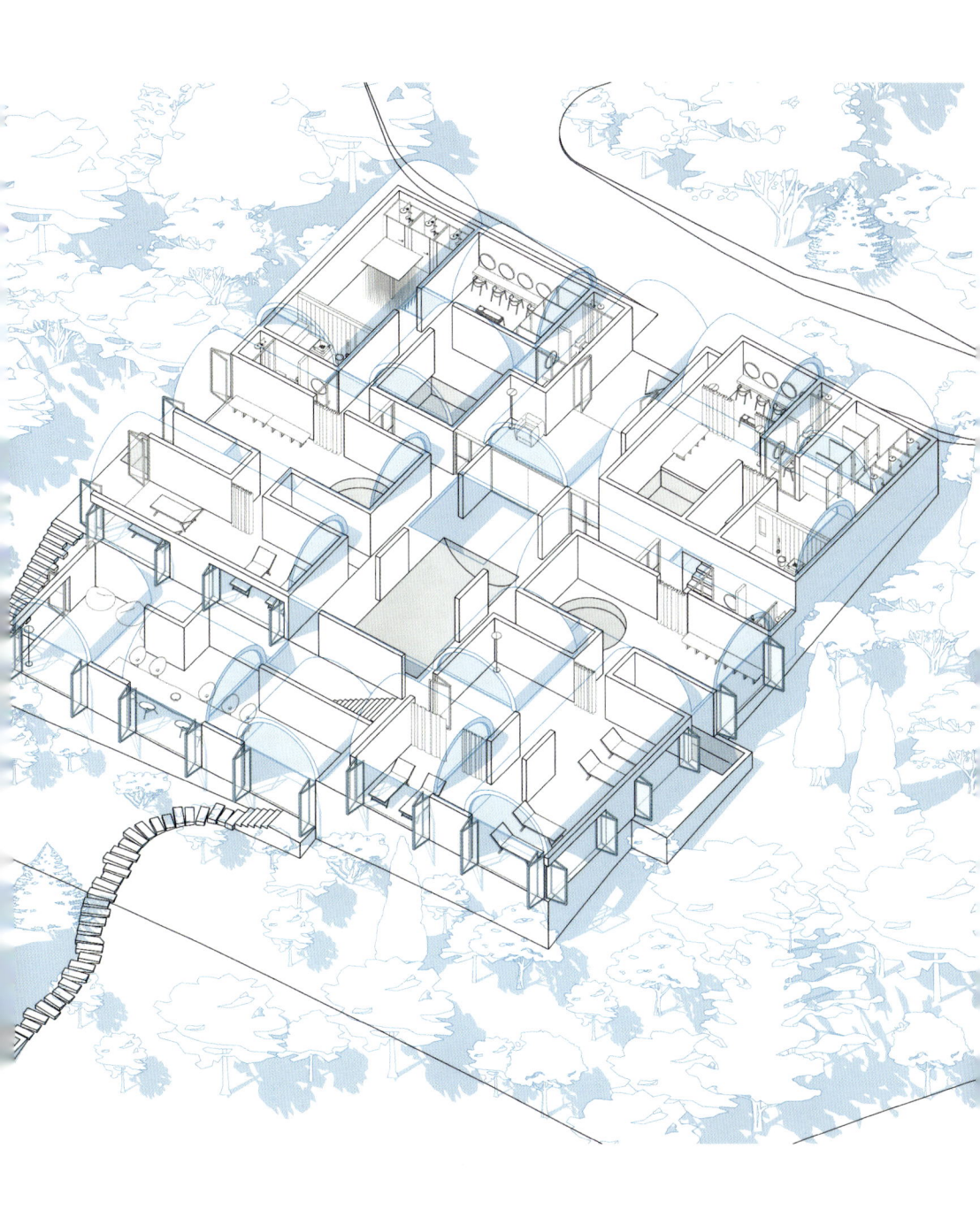

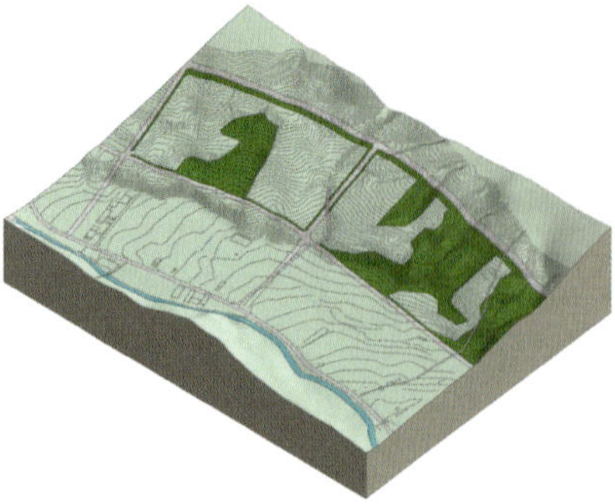

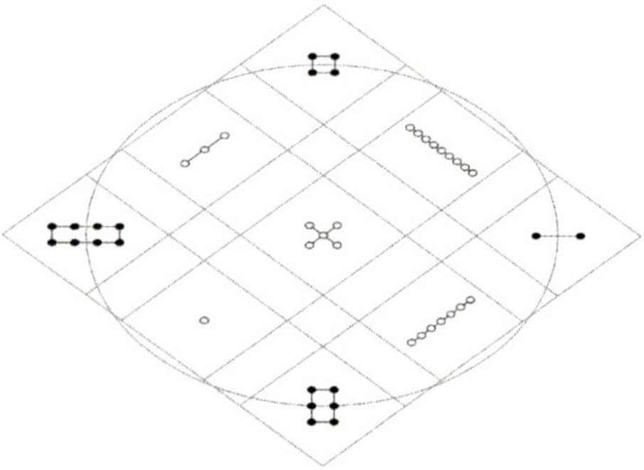

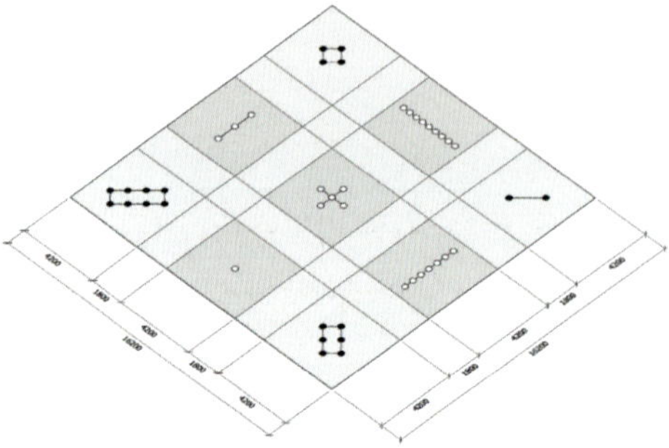

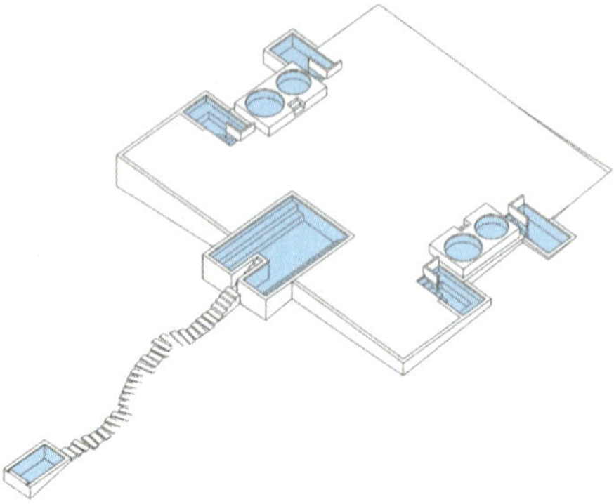

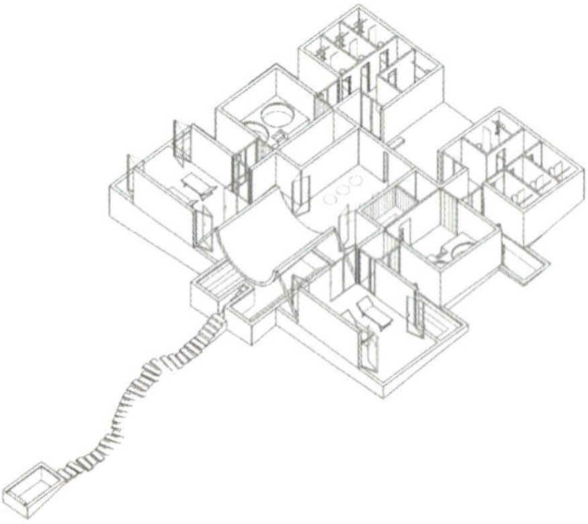

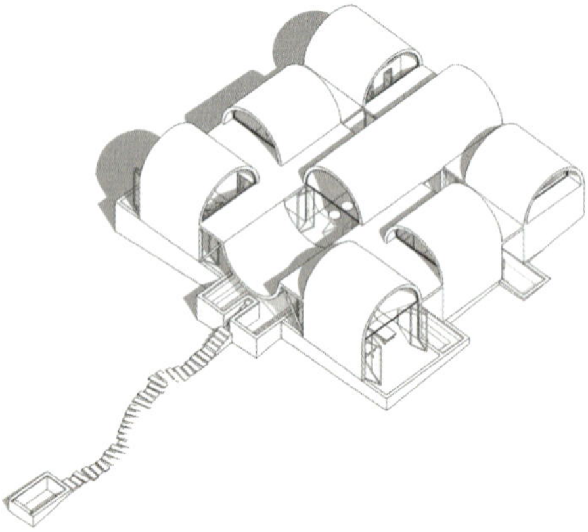

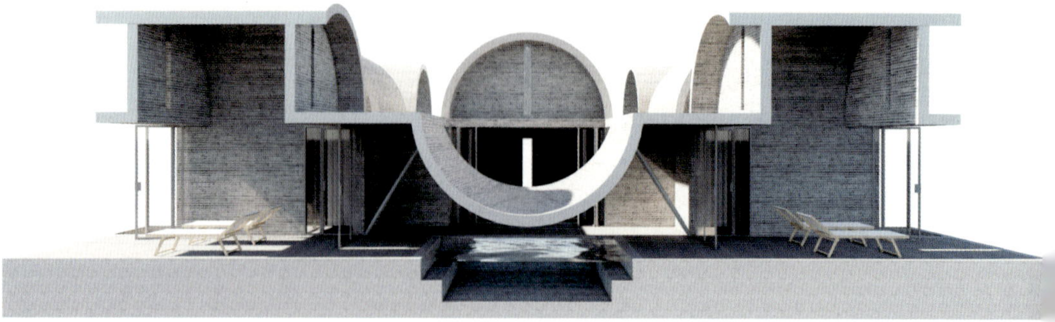

因为上一轮泡池的方案的停滞是因为没有合适的选址，也加上马寅的犹豫，也或许方案的感觉并没有完全打动他。而我这次将这个研究方案在海市蜃楼系列发出之后，他在下面留言道："如果你这个泡池方案小于150平方米，我就买了。"第二天我确定他不是酒后胡言之后，就说我没问题，随即就开始了设计调整和新的选址工作。

戴烈老师是雾灵山的总设计师，他帮我做了一个PPT，帮我梳理了一些潜在的可选址地块。

我在仔细斟酌后，又回想了当时在雾灵山踏勘时的感受，就选择了一块西边是河流陡坡的小地块。这个小地块在退界之后仅剩下8米的东西向面宽，而由于地块狭窄不易建造，南北向也距离附近的住宅很远，但确实是一个"独乐"的好选址。

前面的研究方案虽然已经缩小了很多，但依然无法完整地放置在这个狭小的基地中。于是，我们对方案又一次进行了干预，就是将完形的九宫切割成了仅剩六个方块的非完型，但中部（5的位置）串联全楼的交通空间依然可以存在——即使被部分切割了，但生成逻辑不变，基因不变。

在这个过程之后，建筑设计就到了一个最佳状态，就是根本不需要考虑造型和立面，因为内在逻辑支配了所有的一切。至此，所有的深化设计都只剩下了愉快。我们不停地用模型进行空间推敲和设备整合，也基本上不在意这个项目到底能不能真正实现，因为在某个平行宇宙里，或许它早就存在了。留下这些设计代码，是高目想做的。

由于设计是由完型的九宫格切割而来，我想在那个切割面营造一个凿开的感觉，暗喻这个形体演变的过程。由于独乐池是整浇的混凝土结构，最好凿开面也是一次成型的感觉。于是，我就自己跟同事研究浇筑不规则混凝土的办法，同时也让阿那亚的刘宇翔开展了两地实验。我们都采用了发泡剂加土工布做模板的方法，最后都将凹凸不平的混凝土成功地浇筑出来，当然刘宇翔的冷库保温用发泡剂明显比我们工作室用的填缝发泡剂更为粗犷真实。

制作大比例模型的快感在工作室充斥了很久，虽然项目走走停停，但也可以理解为事物在时间维度上的一些节奏变化，与垂直于时间维度上的空间维度的那些变化是一样的，都是美好。

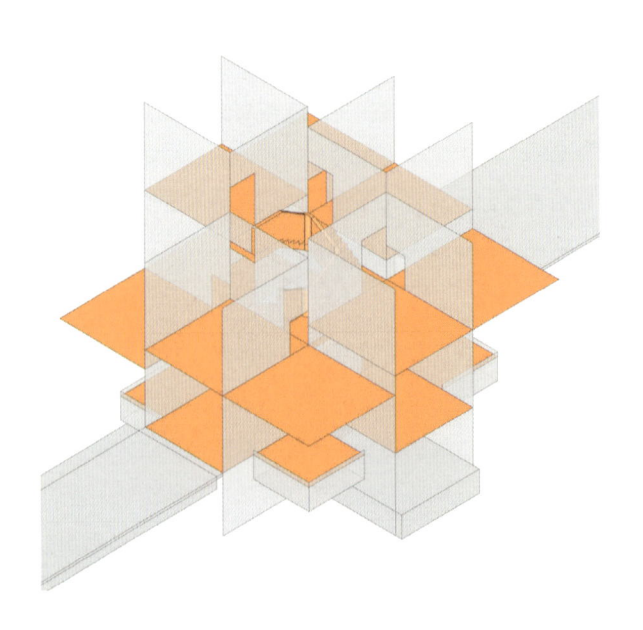

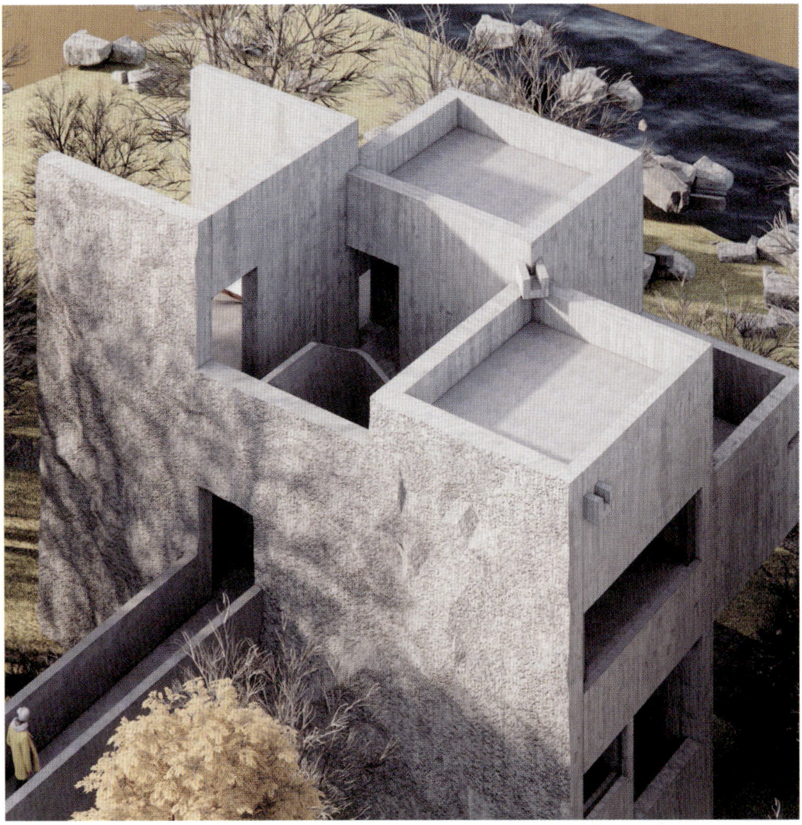

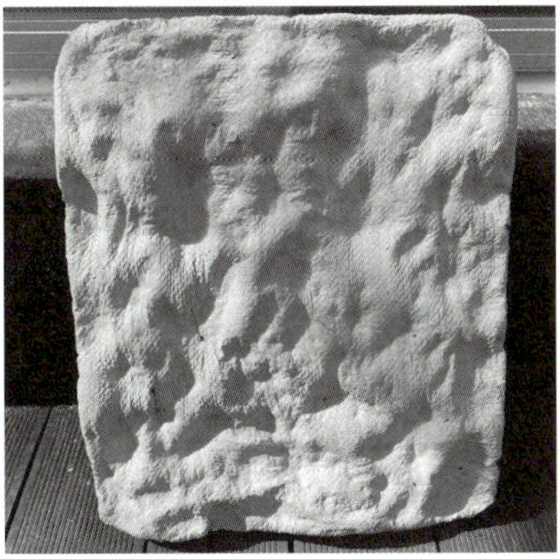

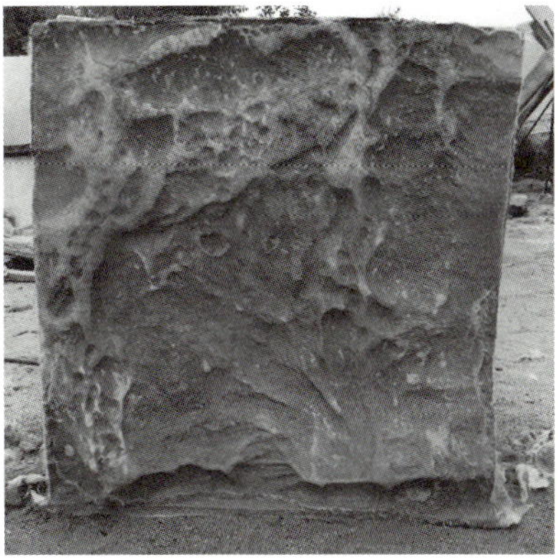

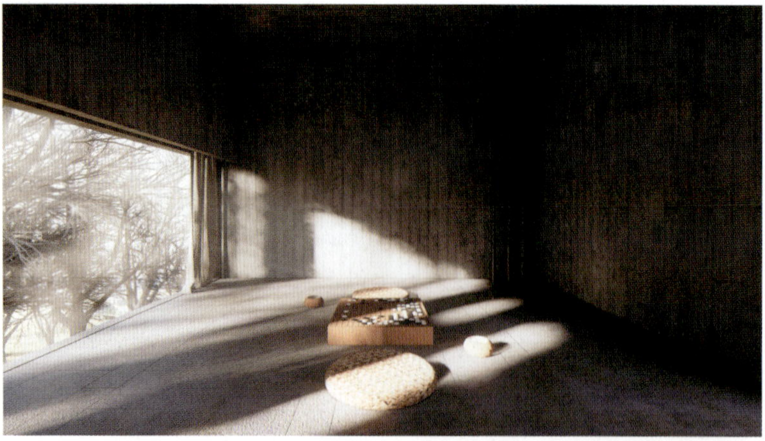

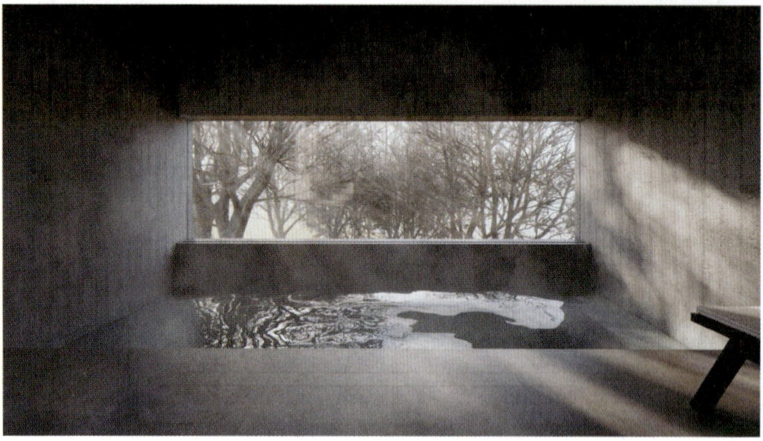

# 聊宅志异

**22**

## 聊宅志异（House Chatting）

时间：2002—2021
地点：上海市
人物：2002年后曾经在高目工作过的全体成员

## 后聊宅志异的实践：

徐汇滨江人才公寓＋城开紫竹租赁住宅

时间：2012—2022
地点：上海市徐汇区、闵行区
人物：张佳晶、徐文斌、黄巍、易博文、徐聪、叶文仪、张启成、舒扬、莫琛、张珂维、LZH、LP

在 1996 年，年纪轻轻的我才 24 岁，在决定参加一次住宅设计国际竞赛的时候，绝对不会想到 25 年后，我站在自己设计的公租房小区里，内心的那种喜忧参半的莫名感受。

那一年高目还没有正式成立，但工作室使用的名字是 FROM25，是模仿当时一个励志的日剧。剧里 30 岁的男女主人公成立了一个叫 FROM30 的工作室，25 岁的我觉得这个名字蛮好听，就学着起了 FROM25 这么个名字。

FROM25 的主要业务是什么呢？就是充当设计院邀请的外来"枪手"，帮设计院投标，风险共担，利益共享。

做枪手的那些日子，认识了后来影响一生的老师陈伯清。在最该出现的时候他出现了，他将一些朴素的设计价值观和一些平淡无奇的设计方法灌输给了我，让我从那些虚伪的建筑和规划套路中摆脱出来。在他醍醐灌顶的栽培下，我们在那一年的投标中屡战屡胜，导致自信心增强，后来就报名了参加 1996 年上海住宅国际竞赛。

由于陈伯清老师的教导及豁达，也由于查尔斯·科里亚的力荐，我们参赛的方案获得较高的名次（事实上的非设计机构第一名）。这次成功，为我以后的职业生涯限定了方向。

1997 年，高目正式成立。

在房地产时代的学习对于我后来的发展不可或缺，那个阶段让我接触了学院建筑学之外的很多，包括社会、市场、营销、施工以及上海话。在我的大部分同学都在读研究生或者出国深造的时候，我已经在刚刚起步的中国房地产大环境中勇敢地跳下海并开始了裸泳。而我的一些具有大师理想的同行们，或许正在校园里研究着凡艾克的幼儿园，赞叹着路斯的维也纳，或是阅读着罗西的城市建筑学。而我却在疯狂的炒更中计算着容积率，设计着新古典。

北京的塞纳维拉项目是我从模仿古典主义的房地产实践中解脱出来的救赎。

做完塞纳维拉项目之后回到上海，我的高目团队继续为了生计拥抱着房地产。由于对上海的深入理解，流行的Art-Deco的风格我们轻车熟路，拥有这个能力在那时候的上海房地产乃至全国都是一个很好的吃饭本事，我们甚至还准备研发出各种适合高层建筑的Art-Deco立面菜单用于以后的各类设计。

我也曾经在房地产强排的智力游戏中因为熟练而沾沾自喜，但鉴于对资本渐渐主导的房地产对于住宅设计多样化的扼杀的本能不适，2002年，高目发起了自己公司的住宅研究系列——House Chatting，至此聊宅志异时代开始。

由于 House Chatting 的第一本册子里的一篇文章阐述了对当时的万科地产的一些造镇实践的质疑，竟因此意外地成为了万科的战略伙伴。在非正式伙伴关系中，高目长期参与了万科的规划分析、产品研究、老旧小区改造以及一些小建筑实践。在数年后，万科上海区域的老总们请我吃饭希望能跟高目签订正式的长期战略协议，而喜欢自由自在的我"十动然拒"，依然想做那个活儿好不黏人的独立建筑师。

从跟万科保持常年恋爱关系，到最后看到万科从一个创新主导的公司演变成半推半就的报表公司后，我对房地产本质的认知又加深了很多。几乎所有的开发商都面临同样的宿命，城市也因此一样，单一化的开发模式最终导致了单一化的城市图景。随着垄断性资本力量（表现在快速拿地建设销售及高周转）、房地产的项目管理制度（表现在可复制的标准化的总平、房型和立面）主导的房地产开发，加上国家强制力（主要表现在全国统一的住宅设计标准）的共谋，中国用了没有多少年，就成功地将中国各个气候区的城市风貌刷成统一的模式，这种模式呈现的直观城市意象就是排排坐的行列式，在幅员辽阔的大地上重复着全世界独一无二的胜景。

我曾经和我的一个从事房地产的大学同学争论过"一切应有市场决定"这句话的对错，当时自然各执一词争论不出所以然。但现在时隔多年我终于明白了，这句话本没有错，错在鼓吹这句话的机构和资本并不是自由市场催生的。

2007年的时候，房地产持续火热升温，而随着量产和重复，以及交相呼应的土地政策，房地产开发也渐渐不需要建筑师了。这时候，80后建筑学子们陆续毕业，我们的团队也在这一年招聘来了两位这个年龄段的同事。虽然又做了一期不痛不痒的 House Chatting 2，但这个阶段的高目并没有什么大型集合住宅的设计机会，而更多的是在设计杂七杂八的小型公共建筑。

"80后"是个特殊的一代，他们及其父母"50后"几乎经历了新中国成立以来所有的坎坷，而尤其是80后在走入社会之后，所面临的居住问题最为棘手。高企的房价导致了传统商品住宅产品根本不适合他们的收入水平，于是，将大房子整租再拆分租给年轻人的群租模式应运而生。通过了解，我知道了新入公司的年轻人的居住方式也大都屈服于这种自主的或者被迫的群租模式，从居住尊严和舒适度来说都非常堪忧，而且由于群租大都是层层转租的商业模式，也让年轻人的租住风险加大。而我们这些"三房两厅一代"确实占了时代的一个便宜，大都在高房价之前解决了基本的住房问题。

在这个时候我们也偶遇了一个有趣的开发商，这个开发商主要从事小型商业地产项目，当时邀请我们设计一个小型商业中心的改造，主导意图是改造设计出适合年轻人创业的超小商铺，从而用低房租、高效率吸引暂时缺乏资金的年轻人共同构建一个"青年汇"。虽然这个项目并没有进展到建造阶段，但是过程中这个开发商的一个小研究启发了我。这个开发商告诉我，他自己研究了一个两米见方的居住基本单元（就是长宽高都是两米），并做了一个木构的mockup，把一个年轻人所需的所有生活内容全部塞在了这个单元里——这在当时，并且由一个开发商做出来还是让人印象深刻。于是，我在这个启发之下给我们的团队提出了议题，就是，研究高容积率的超小住宅。而参与研究的年轻人就是这些刚刚公司入职的80后，他们对于群租有着非常直接的切身体会，带着这种切肤之痛为自己做设计，是一个良好的起点。

于是高目公司非常重要的里程碑 House Chatting 3 横空出世了，并且这时候终于有了一个中文名字叫"聊宅志异"，跟中国古典名著"聊斋志异"谐音。这种基于虚拟项目进行的乌托邦畅想和我的现代主义前辈们曾经的行为如出一辙，只不过在当下的中国，土地资源匮乏加上社会分配不公的现状下，根据参数能推导产生出的结果会比先贤们的当时更加极端而已。

《聊宅志异三》（*House Chatting 3*）的研究核心极其简单粗暴：一是缩小单户居住面积（让更多的人住得起），二是大幅度提升土地利用效率（容纳更多的人口）。

而这两项诉求，其实是反房地产的。因为在中国的那个房地产阶段中，从政府到开发商都在执行着两个相反的潜规则，一是尽量不做太小的户型，主要还是为中产核心家庭服务，因为简简单单的就足够赚了；二是不要提高土地的利用效率，因为土地高效利用远没有土地扩张带来的短期利益大。而灌输给民众的则是我们要改善居住的质量，低容积率、一梯两户、户户朝南、大间距。于是与之相匹配的大面宽朝南的板式住宅像病毒一样席卷全国，这确实是改善了前房地产时代的人们悲催的居住条件，而因此尝到甜头后的房地产及城市开发各领域的不节制所付出的各类代价（土地利用不足、房价高企、交通冗长、环境恶化、社会不公、城市形象无聊等）最终还是购房者及其后代买单。

研究中，我们根据那两条原则进行了从单元到组合到城市的一系列操作。单元方面研究就是看单户能做多小（与面积挖掘有关），组合方面研究就是住宅平面如何将单元构成各种标准层（与住宅类型有关），城市方面研究就是看尽可能满足基本日照、通风、消防、环保等方面诉求后能容纳多少户并应该有多少配套设施（与土地利用有关）。

在《聊宅志异三》推出之后，我们得到了南翔的一个经济适用房的项目设计，于是出现了高目的历史上最重要的未建成项目22HOUSE。虽然最终依然因为各种原因没有实现，却是高目反房地产风潮的开始。聊宅志异是从房地产的产品研究开始的，却走向了反房地产之路。

在《聊宅志异四》中，一些更极端的宿舍型产品、公寓产品也出现了一些成果，22HOUSE的方案也被编入了这一册。随着扬言"聊宅"要跟上苹果手机的进度，我们很快又推出了4S。在4S中，除了谈居住最后必然导向的城市议题之外，这期还记录了一个有趣的研究项目就是Apartment2.6。初衷是在上海市住宅规范的3.6米层高上限中试图挖掘新的潜力，在单个层高空间里不能实现的潜力让我们最终在两个层高空间里找到了,并设计出30平方米左右建筑面积的错跃层户型。有人会不理解为什么这么小的面积还要费劲的错跃层,其实表面上是建筑师常说的趣味,背后则是空间体积利用率的挖掘。

Apartment 2.6研究成果基本成型之后,我和团队犹豫再三,最终还是决定冒险地将这个研究性设计放进了同时接到的政府公租房项目——龙南佳苑里面。从无所事事的住宅研究到第一次有机会实践——从聊宅志异到龙南佳苑——从2002到这个重要的2012年——已经整整过去了十年。

龙南佳苑是高目引以自豪并且也带有微妙情绪的项目,因为这个项目在不可言说的政治背景下艰难展开,并历时久远,总耗时近六年。我在设计龙南佳苑过程中,曾经在饭局中认识了一个租住在其他公租房项目的专业媒体人,听她吐槽她的房子有这样那样的不合理,语气中充满着诅咒和不满。我听了之后就淡淡地问了她一句:"当你发泄这些不满的时候,你会诅咒开发商还是建筑师?"她毫不犹豫地回答:"当然是建筑师。"结果一语成谶,我在龙南佳苑造好数年里,就成为了那个被诅咒的建筑师。

当然,我不得不承认,这个龙南佳苑项目引起了政府审批部门和我们建筑学界以及社会学界的广泛关注。在后来的航拍照片中,可以震撼地看到——矗立在20世纪80年代新村、90年代房地产小区、二十一世纪一二十年代滨江豪宅之间的那个不规则地块中的一大片白色建筑最终成了这个时代的孤品。

随着名气的变大,以及在上海建筑师中拥有的独一无二的社会住宅的标签,我们团队后来又接到了临港双限房的项目。这个项目比龙南佳苑还要巨大,龙南佳苑的住宅是10万平方米建筑面积、2000套住房,而这个临港双限房的住宅是14万平方米建筑面积、1700套住房——大,也是中国特色。

其实这个临港双限房项目的性质,不同于龙南佳苑的租住属性,它倒是要定向销售的住宅。我们在规划中采用了混合折衷的方式,并拉开了面积段让小户型更多一些(其实我是可以不这样做的)以保证各种收入的人都有可能买得起。最后呈现的样貌就是传统板式住宅也有、围合廊式住宅也有、多层叠拼别墅也有、塔式小户型租赁住宅也有，不同的面积段会对应不同的住宅类型。从龙南佳苑的纯粹到了临港双限房的混杂，其实也是一种回归，因为在很多场合，我都说过："并不是我设计的这个一定比你那个好，而是我这样，也可以。"

由于有了龙南佳苑的经验，在交房之后我就等待着网上骂声的出现，结果没有让我失望，谷德网的留言和微博的留言如期而至。

而伴随着这些项目的同时，高目也悄悄地做了《聊宅志异五》《聊宅志异六》《聊宅志异十》这三期，而这三期基本上从研究住宅转变到研究混合居住、城市填空、城市缝合等范畴，虽然"聊宅"的研究越来越偏向于城市，但是在高目的服务器里依然有一个"住宅研究"的目录在不停地更新。

任何一件坚持多年的事情总有厌倦了想结束的时候，终于在2021年，我在同济的一次研究生讲座中，正式明确了聊宅志异这件事情结束了，翻篇了。

从2002年开始做 HouseChatting 1 到《聊宅志异十》已经过去了19年，从研究到实践，高目该做的能做的都做了——聊宅志异值得一个完美身退。

如果有机会的话，我还想问当年那个诅咒建筑师的女孩同样一个问题："当你非常满意你租住的房子的时候，你心中感激和表扬的是开发商还是建筑师？"

渐进
渐进式
填！
迁！
改！
本区的安置用房
永康路兴顺南里
改造方案
IN THE FUTURE
永襄坊
城市更新研究
田林新村
城市填空研究
拆
填

247

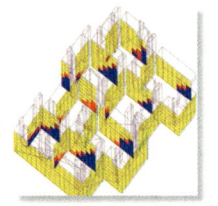

# 后聊宅志异的实践：徐汇滨江人才公寓

高目的社会住宅实践在2022年之前基本上分为1.0-4.0四个迭代过程——我们称龙南佳苑为1.0版本、临港双限房为2.0版本、徐汇滨江人才公寓为3.0版本、城开紫竹租赁住宅为4.0版本。而后两个版本的项目都是后聊宅志异时期的在建项目，与甲方合作的方式也相较于前两个版本有明显不同，因此可以将3.0和4.0放在一起说道说道。

我在西岸工作室的时候，每到黄昏就会在西面迷人的晚霞中望见不远处的一个自己团队的项目，而且是并不成功的设计。

那项目就是"徐汇滨江人才公寓"的一期。它的开发商虽隶属于有追求的西岸集团，但由于土地属性是动迁安置房用地，人才公寓定位模糊，建筑施工时管理没有跟上，没有按照设计方案，大干快上地结构封顶并出现了低级错误。我听到后勉强出手拯救，但早已面目全非。这个项目先建好了一期，是为了返还给土地方几栋房子。但二期的设计和施工图也早已做完，如果就这么建下去，我也就放弃这个项目了。但出于职业道德，考量再三，我还是给平时并不联系的西岸集团老大发了手机短信，说："我职业生涯中最差的设计终于在你的辖区诞生了。"

当时也恰逢这个分公司换总经理，于是，那个短信起到了作用，新的总经理迅速叫我去开了几场会，告知我要重启新设计。并在集团领导的关注下，他们重新定位了二期，就是要顺应上海当下的保障性租赁住房政策，并解决西岸大厂们的年轻人有合适的租住房源。因此，原来的动迁安置房的二期就转性成人才公寓型的保障性租赁住房。

那时候2018年刚好也是龙南佳苑建成，网上的讨论如火如荼的时候，荣誉和骂名都在让我反思。我觉得建筑师的单打独斗不是产生好房子的好方式，除了开发、建造需要好的团队以外，我还非常希望有良好的前期策划团队来互动。这一个想法得到了西岸集团的认可，并跟我商讨了一种既尊重专业也尊重市场的办法，就是我们建筑师团队先进行"多产品"研发，讨论修改后再进行网络问卷调研，然后接着锁定目标客户上门座谈，最终锁定两三种产品进行方案设计及深化。

产品研发经过漫长的讨论和调研，最后集中在多居套和跃层户型上。因为在西岸的大型企业里，刚毕业的单身年轻人和核心家庭租户都很多。多居套是针对年轻人的高效率模式，比单独成套要更实惠，同时规避了住宅的一些规范问题。跃层户型则是针对核心家庭租户的一个首创，即一层层高2.8米，另一层层高2.18米，巧妙利用面积计算法则和实际空间需求，让租住者用更小的总价换取更多的空间。

多居套即租赁市场上的"双钥匙房"，它的重要前提是厕所必须回归卧室内独用，这样合租的模式才能真正做到居者私密。在研发中，我们也出现过一种复式多居套，很多变层高设计非常巧妙，但实施比较复杂，在市场调研后我们就放弃了。平衡下来，最终选择的是平层三居套。

跃层核心家庭户型中，最要解释的就是2.18米这个事情，并不是所有的人都有精确的尺度感，想当然地会认为2.18米的空间没法用。我们即使制作了大比例模型也无济于事，眼看各方意见僵持中，我们就建议搭建一个一比一的模型，让大家现场感受。西岸的领导马上就给选了一个在建的商场工地，室内空间比较大，可以自由发挥。

当一比一的实体模型（mockup）出来后，很多人的想法随着真实尺度的体验而转变，加上后来的市场调研和上门座谈，大家发现这个构思也深得租户们喜爱，才最终让这个产品进入了方案报建以及施工图阶段。

还有一个值得一提的事情，就是我们的塔式完型设计被北侧的一户现状住宅的日照计算给打破了。由于这一户（真的就是仅仅一户被影响）的存在，我们只好将一栋楼根据日照控制线反求核心筒的位置来重新设计平面，并对核心筒外影响日照的一侧的形体进行复杂跌落处理。这些深谙住宅设计的常规操作让高目对于日照的理解要比很多事务所都深刻。

这个项目的一期方案和龙南佳苑竟然是同一年设计的，到现在已经十年。

# 后聊宅志异的实践：城开紫竹租赁住宅

在系统不能催生创新的当下，一些偶发的创新和改变只能看运气。一个偶然的机会，我接到一个规模较大的租赁住宅的新设计任务，就是高目4.0版本的城开紫竹租赁住宅。这次，我需要面对的是和西岸集团不同的开发人群，他们有着更强的大公司开发传统，对新鲜事物持提防心态，由于有着深厚固化的销售经验，因此通常难以说服。

我们团队的设计很多都是理性的产物，完全根据数据推导。这次设计也是，为了能与并不相熟的销售主管们平等交流，我详细阅读了销售部门的市场调研报告。报告中明确说明了这个项目周边的主力需求是建筑面积25~35平方米的人群，大面积段人群也有，但是少量。那么这个前提就是选择建筑类型的重要参数，在廊式的住宅设计经验中，35平方米以下户型想独立成套已经非常勉强，而流行的做法是中大户型的拆分，即设计一个50~70平方米的两开间户型，按单户进行报建，但使用上是分为两个单间进行装修。但是由于这种廊式建筑的特性，居住单元越小，得房率越低，而为了增加面宽舒适度，则带来更低的得房率，而这种做法直接导致的整体形象也必然会是十八层大板楼的城市风貌。当我看到原方案的两排、十栋、整整齐齐共四百多米长的大板楼规划时，我不禁要问他们，你们真的了解年轻人吗？

针对这个面积的特殊要求，我们专门设计了一个小方楼方案。

小方楼的平面尺度很小，迷你可爱，系高目在此项目的原创。按四户报建、八户使用，面宽及进深都是15.9米。小方楼的出现，除了隐含的规划间距伎俩以外，还拥有着板式高层没有的气质。新旧妥协之后的整个社区不再是大板楼独领风骚了，而是板、塔的组合。由于类型的变化，建筑高度也是由6层至18层不等，层次丰富，整体的颜值大幅提升。

更重要的是，同时也是我说服销售的重要筹码，就是这个小方楼得房率比廊式多5%，创新会直接反应到坪效比上；然后我又补了后租赁住宅时代改商品房的话，小塔式的价值也会高于廊式的终极杀招，才使得新设计得到了开发商们的认可。我说过："跟普通开发商谈有趣，他会觉得你很无趣；但跟他谈利益，他会觉得你很有趣。"

龙南佳苑的五号楼一直是我的心病，一有机会我就想设计一个改良升级版。这次带着徐汇滨江人才公寓的2.18经验，和以前五号楼的一些失败教训，再结合此次策划的面积段要求，我们在这个项目中设计了一个40多平方米的升级简化版。组合方式还是两户互相咬合，层高分别是2.8、2.18、2.8，没有错层，一户向上跃，一户向下跃。这样楼板拉平的处理让施工变得简单，也就降低了出错概率。同时，装配式的施工方式也让以前的五号楼那些难以处理的管线综合问题和漏水问题得以妥善解决。为了祈祷这个楼的创新顺利推进，我们特意将其编为8号楼。

城开紫竹4.0的设计中，我们还是进行了一些妥协，比如北侧小户型廊式住宅和东侧普通商品住宅的组合。在部分创新的同时放一些大家都接受的保守产品，会让大家都有面子，也降低了整体销售风险。何况，城市本来就应该是多样的。

两个项目都在缓慢推进——道阻且长，聊胜于无吧。

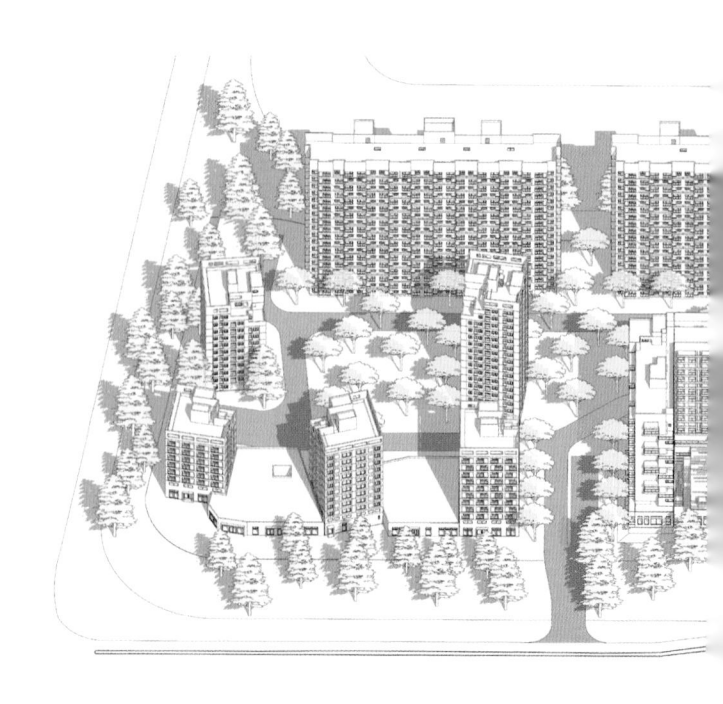

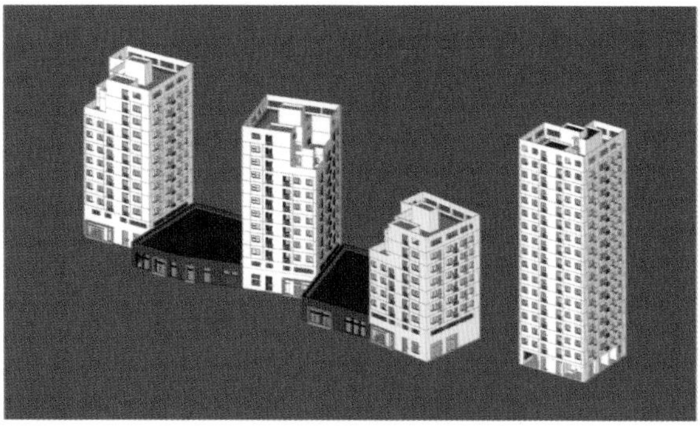

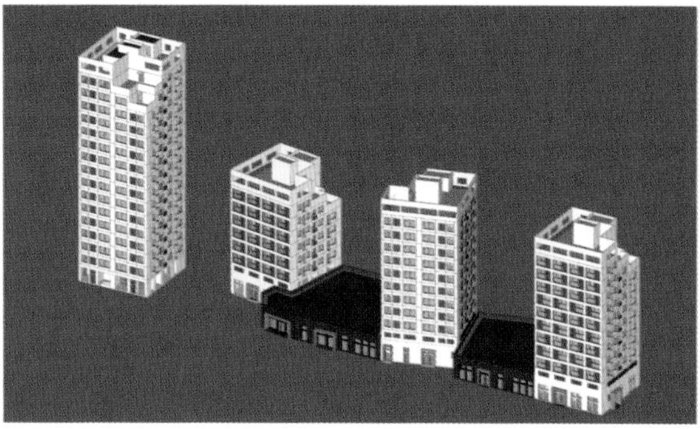

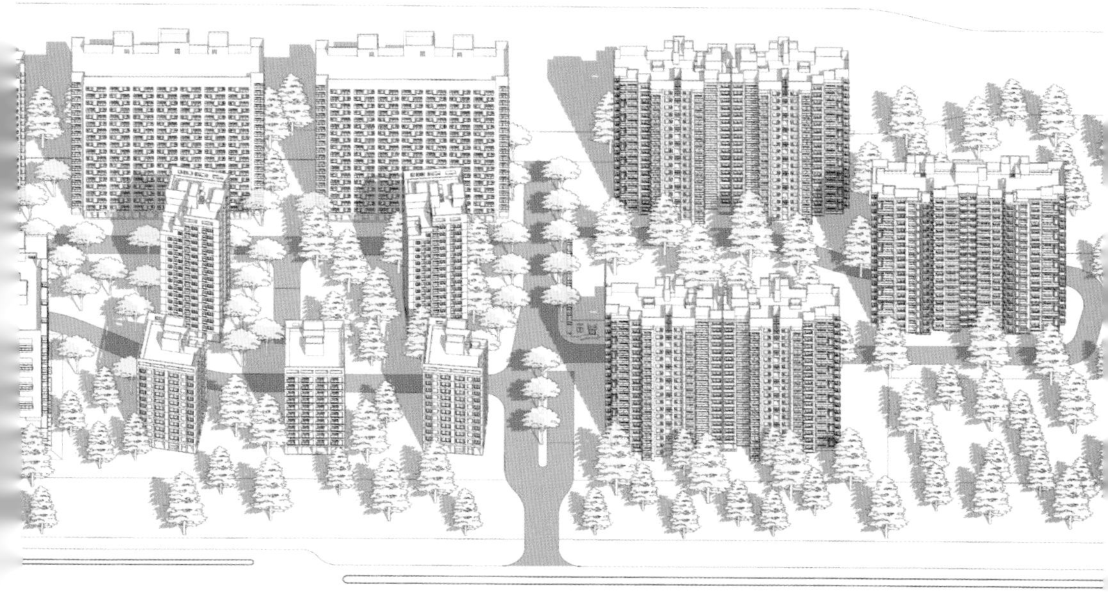

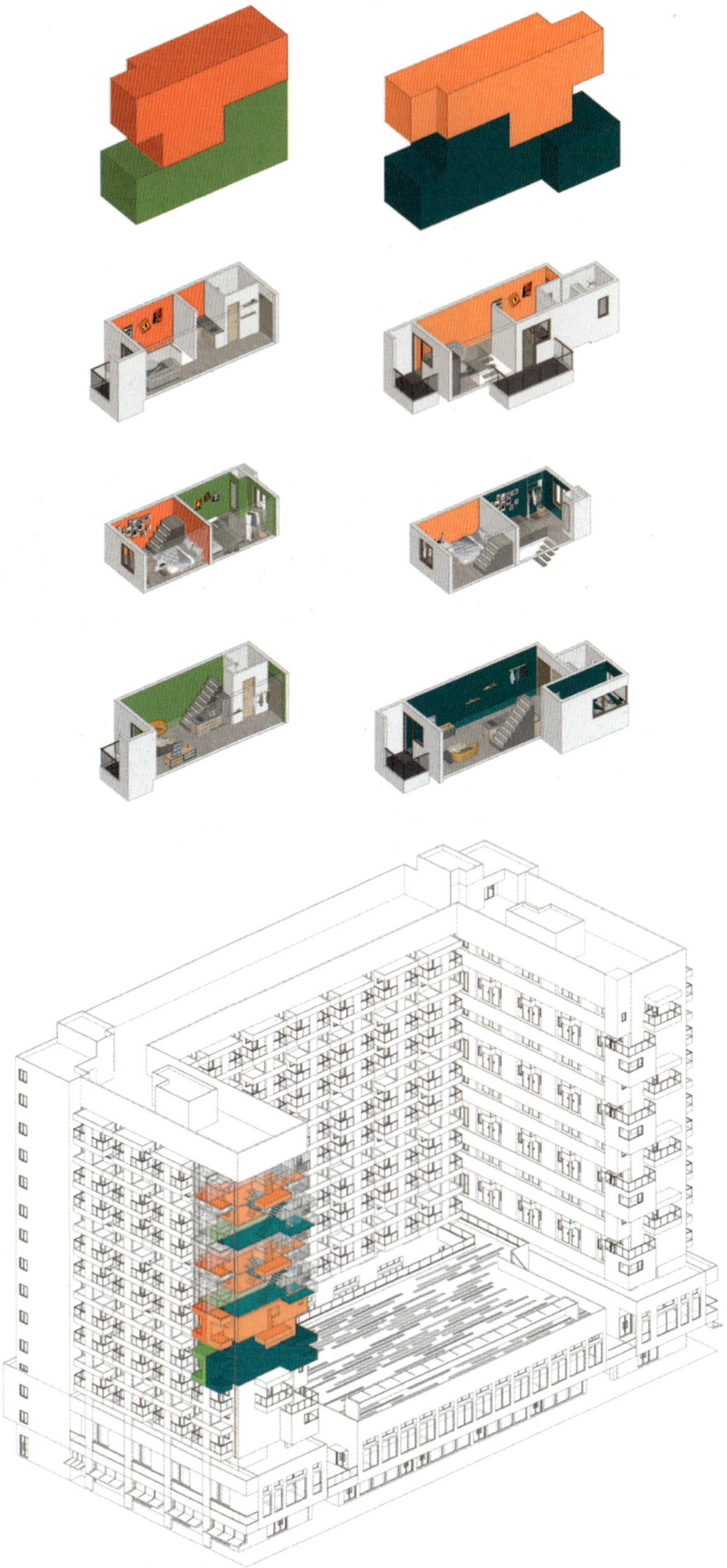

# 致敬江南 23

阳澄湖莲花岛渔隐酒店 + 冯梦龙村喜宜酒店 + 章堰村农民集中居住平移点

时间：2018—2021
地点：苏州市相城区、阳澄湖度假区，上海市青浦区
人物：张佳晶、徐文斌、黄巍、徐聪、易博文、舒扬、胡霄月、张艾、仲尧文

# 阳澄湖莲花岛渔隐酒店

江南，对于喜欢在歌词里经常唱"南方"的北方人来说，要想深入的理解，得必须放下北方莫名固有的傲慢。

而南方又不代表江南，江南这个概念用地域来说只是个相对的范围，而用自我认同来说，它是一种文化范畴。总而言之，江南代表着野蛮、愚昧、粗鄙、直白、猛烈这些形容词的另外一面。

作为一个北方人，在江南地区生活了三十几年，我深深地热爱这片土地和人们。也可能是受父亲热爱诗书画的影响，我对于江南文化往往能感同身受，毫不陌生。

我大学时期的很多实习都是在苏州，同学里也有一个长得颇像山东人的苏州人，他打牌说普通话的样子，完全颠覆了我对江南人的认知，直到看到他写书法、吃螺蛳、讲苏州话后，我确定了，他是。这个同学在房地产大潮中几经辗转，最后因为身体原因，还是回到了自己的老家吴县（以前的苏州古城区一圈，除了娄葑、横塘、虎丘三镇，其他都叫吴县），到了相城文旅公司当副总。

在阳澄湖的中心地带，有一个半岛，叫莲花岛，岛上只有人走的路，没有汽车、摩托车等交通工具，主要对外交通用船。相城文旅公司准备将岛上的一个小地块设计成一个小酒店，我同学问我有没有兴趣时，我欣然接受了这个任务。因为位置处在阳澄湖风貌区里的中心地带，所以在设计之初我就充满着小心翼翼。

我有时候经常开玩笑，就是看到一片风景优美之地时，觉得不造任何房子是最好的设计，但有的时候面临命题作文不得不造的时候，小心翼翼的态度就很重要了。

将约定俗成的建筑物回归基本单元进行重组是高目特别常用的设计手段，回归原点再出发可以探索建筑组合的本质，并能绕过一些定式进行重新的创造。

由于容积率和限高的存在，自然容易推导出一些小单体构成的聚落形态，回归聚落的手段也是高目常用的。聚落对于风貌的侵略性会弱一些，也更接近传统村落的尺度——也就是人的尺度，当然对于酒店建筑的理解也会在选择豪华高端的"琼楼玉宇"还是干净整洁的"蓬门荜户"之间反映出个体的价值观差异。

我曾经计划，如果这个小酒店建成，将是我们大学同学把酒持螯的聚会好场所。但是一些意外的事件让相城区时任领导停掉了这个地处敏感区域里的项目，也就是无限期地拖延了下去。项目停了，总不是好事，但有的时候想一想，这也可能不是坏事。

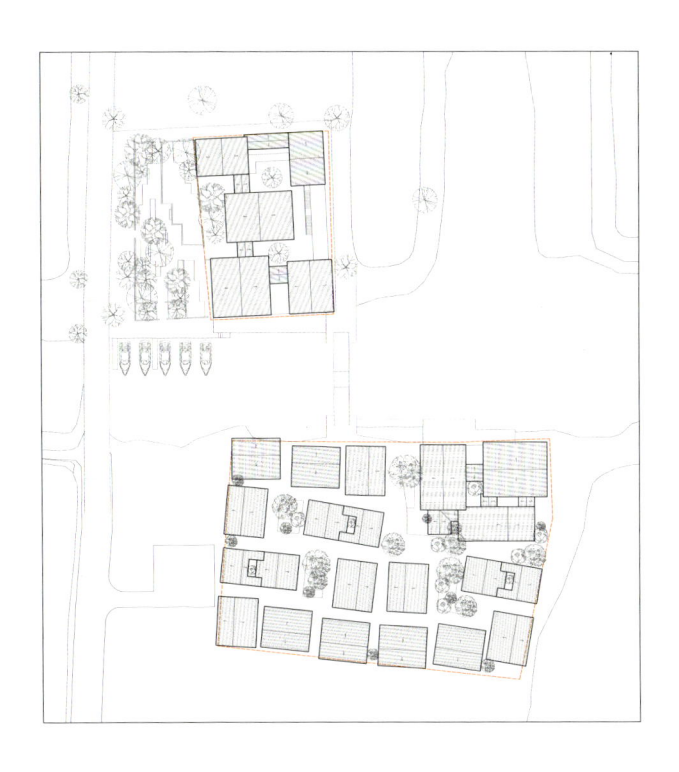

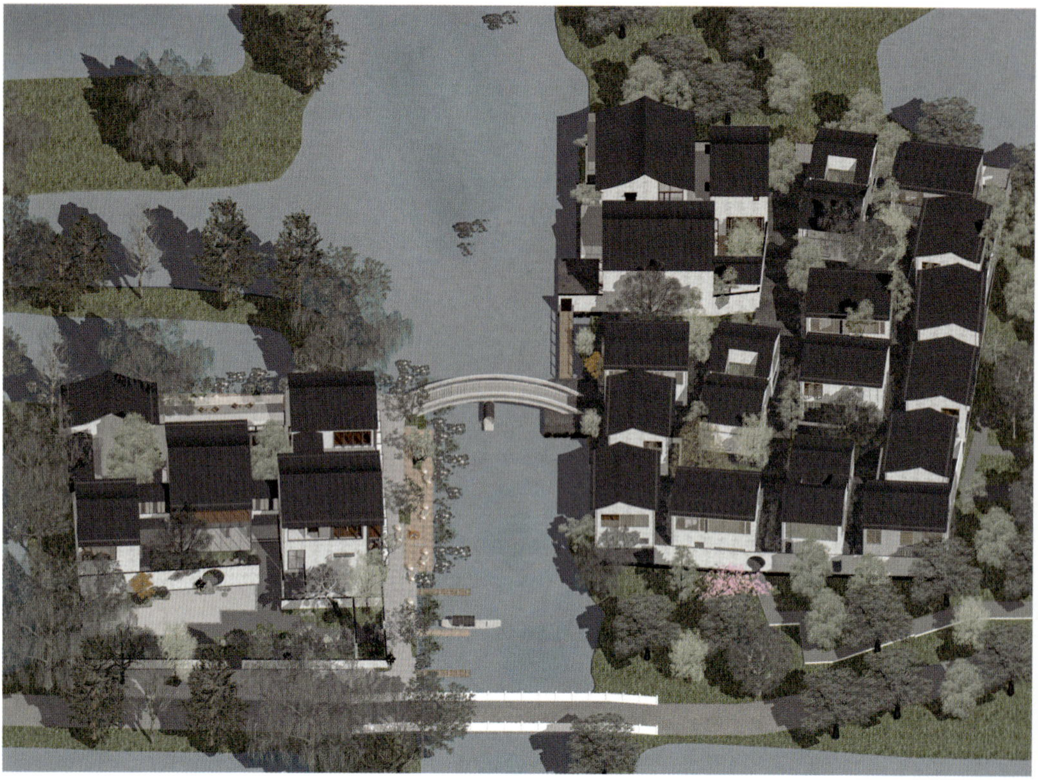

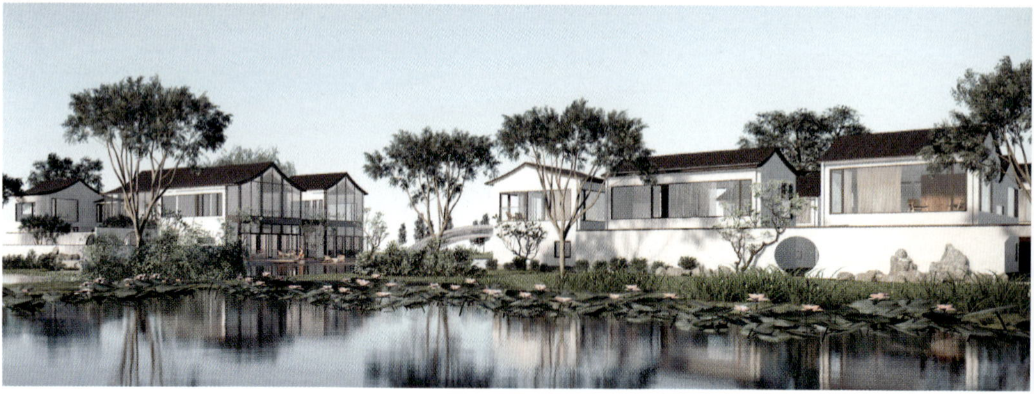

# 冯梦龙村喜宜酒店

在苏州相城文旅公司汇报的时候,经常有一些不经意的场面会让人当成段子听。比如你在等汇报的时候,甲方从会议室里出来,喊道:"现在文征明汇报,冯梦龙下一个。"

我就是那下一个,帮他们在冯梦龙村设计一个干部廉政基地的建筑师。

冯梦龙村,顾名思义,就是冯梦龙老家的村子,原名新巷村。新建项目就是在拆除原村委会的基地上,重建。地块西侧是一片典型的苏州乡村民宅,其他各向均无建筑,要么是农田、要么是绿化。在那样一个特定的区域,采用苏式现代风格几乎是一定的,因为你要是想让所有的人都满意那个方案的话,那么苏式现代就是那个公约数——但我并不讨厌这个风格。

当然所谓的借用了冯梦龙的由头而建造的干部廉政基地,其实就是一个低配的酒店,满足住宿、餐饮和培训的基本功能即可,建成之后投入使用的名字也改为叫做"喜宜酒店"。

用高目喜爱的聚落形态进行设计也不是没有尝试过,但容积率和具体的功能要求超过一定的极限值后,聚落式就失效了。但设计中我们也尽量地压低了建筑高度,打散了屋面尺度,也尽量地回避了对周边村落的影响,面对村落的地方也是整个建筑最矮的部分。

虽说建造中间也产生过和村民的纠纷导致设计一改再改,虽说也经历了栏杆一不留神又是不锈钢的老毛病,虽说施工质量也不是那么好,但好歹这个房子造了起来。传统坡顶与现代坡顶、粉墙黛色勾边、瓦型花格装饰、圆形月亮门等手法,也就是能用的苏式现代手段几乎全用了。

260

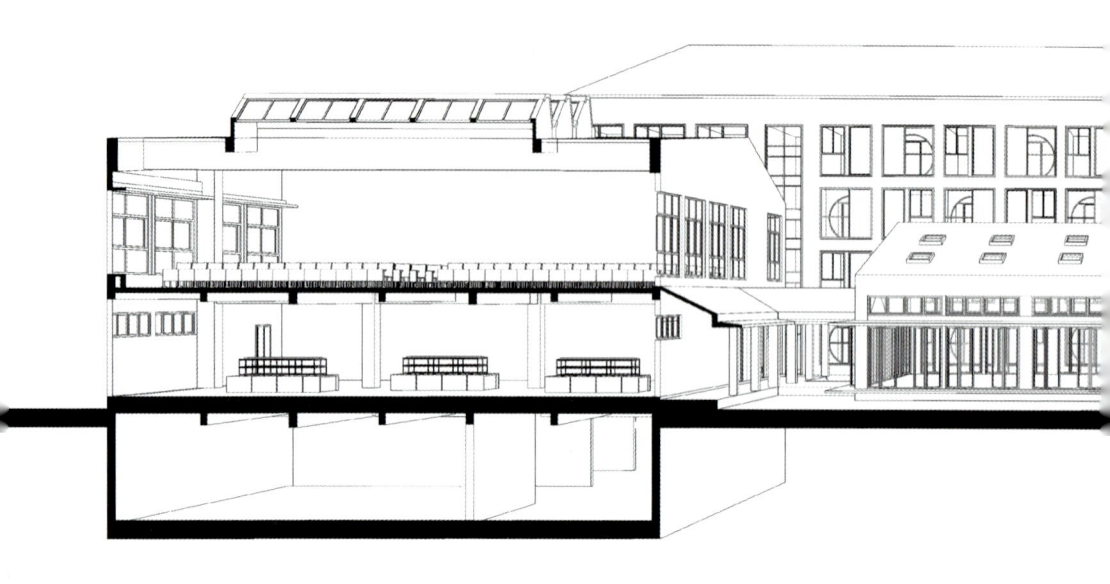

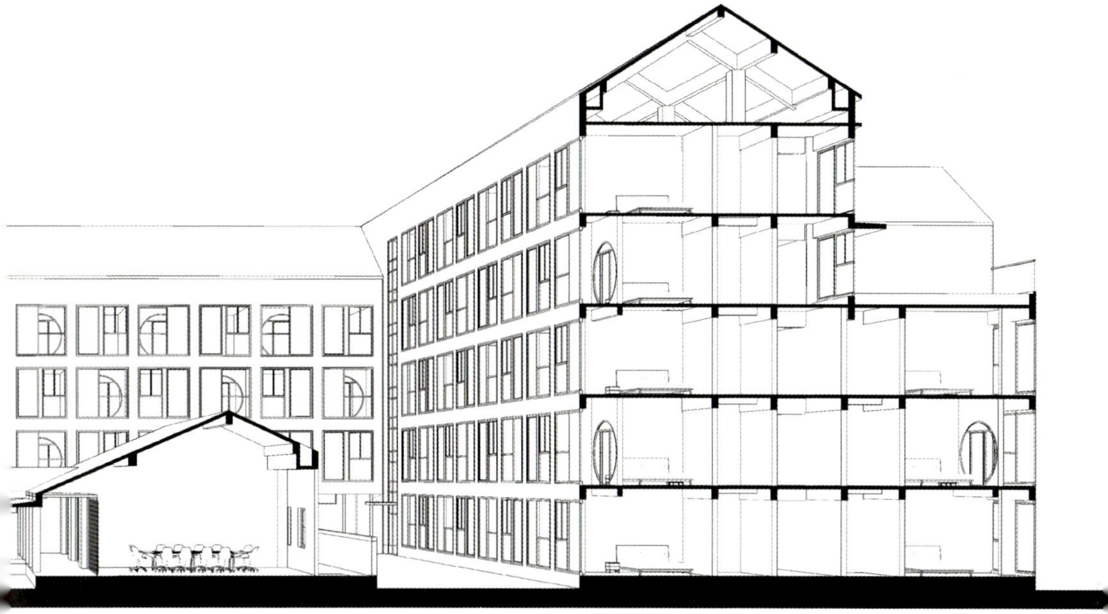

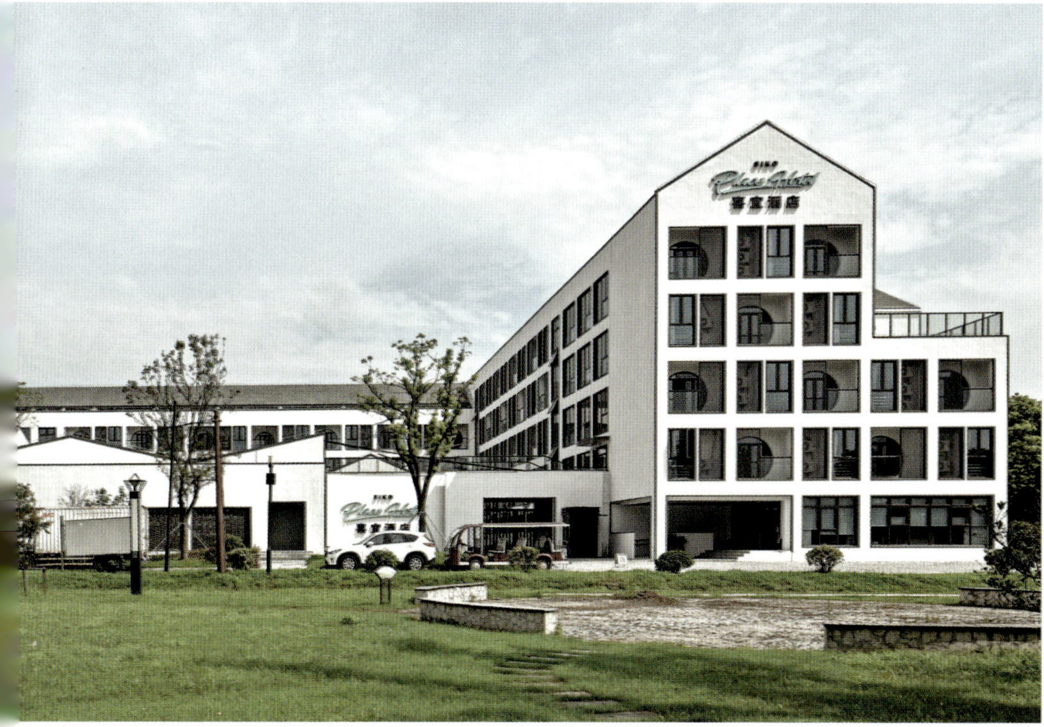

# 章堰村农民集中居住平移点

苏州大概是最接近江南这个词义的地域了，而青浦则是在上海区域最能和江南这个词产生联想的区域。青西地区，可以算是上海的湖区，也是很多上海人计划养老的目标地，我朋友右脚就在那里生活了十几年，让人羡慕不已。

章堰村并不属于处于湖区的青西地区，而是更靠近中心城区的重固镇（听名字就不像湖区的地名）。它是政府和央企中建八局在重固镇共同打造的一个示范村，属于新型城镇化 PPP 项目。

我接到这个农民集中居住平移点的项目原因也是很有趣——我们大概是有粉丝在八局的高层，据说是有一位总工级别的人推荐的我，而我并不认识他（她）。我接项目似乎经常碰到这种状况，每每在知道这些情况的时候，我都心中暗自感恩，并祈祷这些心无私念的未曾谋面的朋友们身体健康，事事顺利。

在一块毫无特征的基地面前，我也看到了原来设计院规划过的三排农民房方案，并且那些飞檐起翘的苏式园林风格竟让我也无法反驳。我对江南的理解是有着浓淡之分的，在某些区域可以浓墨重彩，而某些区域则应轻描淡写，而青浦这个地方就应该属于后者。

我们采用了有内院的错位联排的方式来规划全区，这个设计的好处是每一户都有前、中、后三个院子。虽然上海农村对于违章搭建已经管得很严，但院落的存在尤其内院，始终是给人一种归属的感觉。设计开始的时候，内院的存在只是我们的空间设想，没想到在征询农民意见时，意外地得到了大部分人的认可，主要的原因竟然是：建筑前后脱开，解决了出租开店和留守老人互不干扰的传统难题。

而前后脱开的关系，让对应的不同户型居住指标 180 平方米、225 平方米、270 平方米可以精确的对应到全两层、两层及三层、全三层的建筑形态。

建筑没有采用弧线的坡顶,而是简单的直线型,这就是我在这个区域对于江南浓淡的理解,错动的山墙层层叠叠,形成了一个抽象的乡村印象。

在每一个联排别墅的双墙之间,我留了200毫米的建筑缝,这是希望各自的基础能够脱开,在产权上邻居能干净切割,不要有产生纠纷的隐患。这个经验来自于王求安给我讲过的,他设计一个乡村的相邻住宅时,因为贴石材会厚出墙面,而闹出的兄弟之间不愉快的故事。在处理好山墙之后,我们在每一户的另外四片外墙设计中,整合了空调、水落管、开窗、阳台等必须的功能,并采用了整体幕墙体系的做法。

这个项目后来虽然也因故暂停了,但也不能说没有建造,因为这个项目造好了示范段的几栋单体的土建部分,那几栋已经眼见有瑕疵的单体至今仍孤零零地伫立在那个江南的田野上。

我曾几次非常愧疚地催问甲方什么时候可以继续配合建造,因为我的设计费已经基本收完了,而楼却还没有造好。甲方安慰我说:"你已经是我们遇到过的最尽责的建筑师了,继续等吧,不要有愧疚感。"

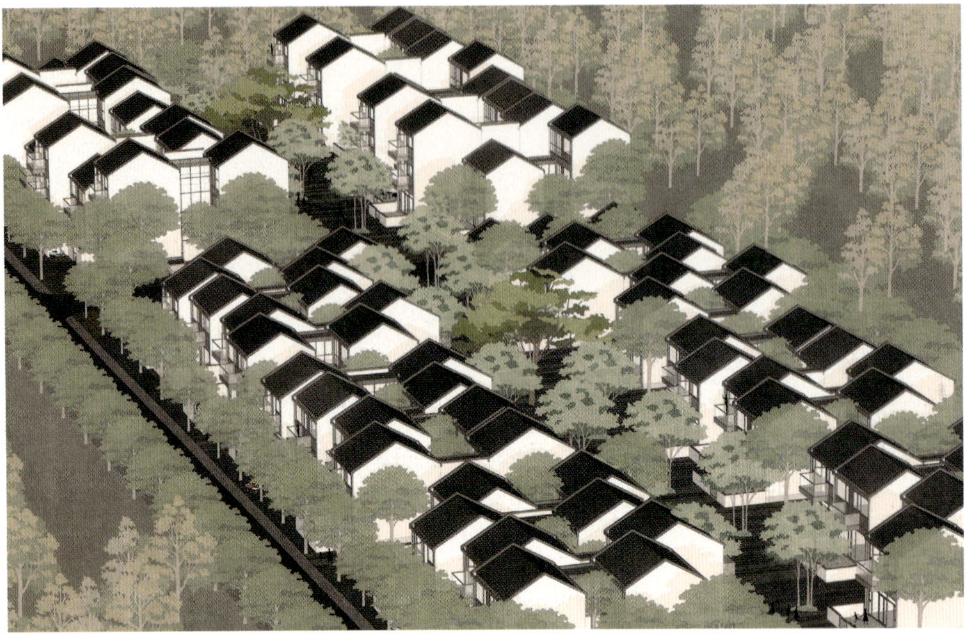

# 西岸以西

## 目外工作室

时间：2014—2022
地点：上海市徐汇区西岸
人物：张佳晶、黄巍、柳亦春、李忠辉

# 目外工作室

## 目外缘起

我们的公司成立于1997年,名字叫"高目"。我曾经开过一个玩笑,要是再有一个公司的话就一定要叫"目外",因为高目和目外是围棋棋盘上两个另类的点位。在前AI时代,开局这两个点的下法,被人类解读成奔放行棋、不重眼前利益而重发展的意思。而在AI封神之后,基本没有人再这么下了,这俩点被证明是开局即损失几个点胜率的"臭"棋(但其实这点胜率对人来说也可以忽略不计)。

于是,我们2014年开始筹划西岸新工作室的时候就不假思索地将这个可能的新地方起名为"目外"工作室。

造这个房子的缘起还是因为一次上海建筑师的集合设计,在从设计场地安吉鄣吴镇回沪的车上,我恰好和柳亦春、张斌同坐一辆车。柳亦春说西岸集团有意将一些建筑师和艺术家召集起来打造一个西岸艺术示范区,我们可以自己建造工作室。我一听这么好的事儿,就一口答应下来。

在建筑师职业生涯里,由于大部分是为房地产商或者政府部门服务,有严格的任务书限定、明确的甲乙方关系、大致的竣工日期和几乎一成不变的建筑永久性。而我们有条件在西岸营造自己的临时工作室的时候,就触及到了以前没有碰到过的问题:甲方即乙方,造价自己控制,临时性建筑,也不知道能用多少年。这些因素——临时、自用、可变、低造价——似乎也让目外的建造直面了建筑的本源。

## 首次营造

刚刚营造目外的时候,由于我们华山路工作室并没有到期,以后是否续约也是个未知数。因此,在目外的建造初期,我们就在未来的用途定位上左右摇摆,语焉不详，这个也在设计手法上体现了出来。最开始我想过用简单实用的夹心保温板作为屋面和外立面材料，打造一个"上海最美板房"，这也源于早年华山路1399屋顶工作室的记忆。但在钢结构框架立起来的时候，我改变了主意，决定把覆盖材料改成了暧昧的阳光板，立面也并不完全封闭，四周用雨棚、金属帘、瓦楞穿孔板等暧昧材料进行大致遮掩，甚至室内都做好了地面排水的地漏。这样首次建成的成果是个只拥有森佩尔四要素的构筑物——台基、维护、覆盖、火塘。支撑整个结构的拱顶钢结构剖面是根据结构软件运算后的结果，竟然跟拉布鲁斯特的圣热那维耶夫图书馆的剖面惊人相似，这可以视作对经典的致敬以及经典对我的肯定。

目外建成之时，我想，总要有个仪式吧。恰逢高目18周年，我们就在这里办了一个盛大的成人礼。高目成人礼上来了很多好友，我办了展览，也讲了话、唱了歌，这也算高目历史上的高光时刻。

在这个版本的目外空间里，仅有两处是有空气边界的——一楼咖啡馆和二楼小木屋。

我个人的仪式则是赤裸着上身在二楼的小木屋里，学着柯布西耶晚年在他自己的小木屋一样，从窗户立面探出身体，拍照留念。

在目外初级版本建成的前两年（2015—2017），由于我主要的时间还是在华山路，目外就成为我周末度假的地方。但这也使得这里平时成为猫狗等动物的家。自打这里的生态环境被改良之后（以前是个完全硬化的停车场），先后出现了狗、猫、蟾蜍、蜗牛、鸟、蛇等动物。有一次保洁员在进入目外打扫的时候被四只狗堵住狂吠，然后椅子上的猫毛也提示了发生过的故事。春暖花开的时候，钢屋架上还时常会站着一排鸟晒太阳，而乔木灌木上的鸟窝也比比皆是。后来也发生过大鸟误入房间，飞不出去奄奄一息，我赶过去救鸟的故事，以及同事黄巍在二楼不小心踩到了一条一米多长摔晕的蛇，然后它迅速扭曲跌到一楼逃向地沟的意外状况。

建造原址正中间有一棵大栾树和一个消火栓，为了不影响消防，我们设计之初就打算把他们外移到基地之外。结果工人移错了位置,阴差阳错地形成了目外内凹的前院。

而旧门板是阿科米星的一次展览后的无用之物,我看着这些旧物还不错,就索要过来。它们在一间西岸的仓库里躺了半年后,正式变成了我们南院的围墙。

目外刚造好的时候,我还没请专业摄影师进行拍照,只是自己随便拍了一些,然后发表在Archdaily英文网站上。之后被很多国外网站转载,甚至还被意大利网站Divisare评为中国的十大建筑(其他还有龙美术馆、孤独图书馆等)并出了实体书。最先告之我这个消息的竟然是马寅,他电话里不屑地问我是不是花钱了。

见微知著

既然有了一个空间,我和朋友们就都想着怎么把它用起来。几年期间办过展览、搞过活动、做过演出、弄过论坛,甚至连微电影首映都做过。

第一个展览是高目的十八年回顾展,回顾了高目十八年的历程,也是高目成人礼仪式的延续;第二个展览是我的针孔摄影展"见微知著",展出了我十年

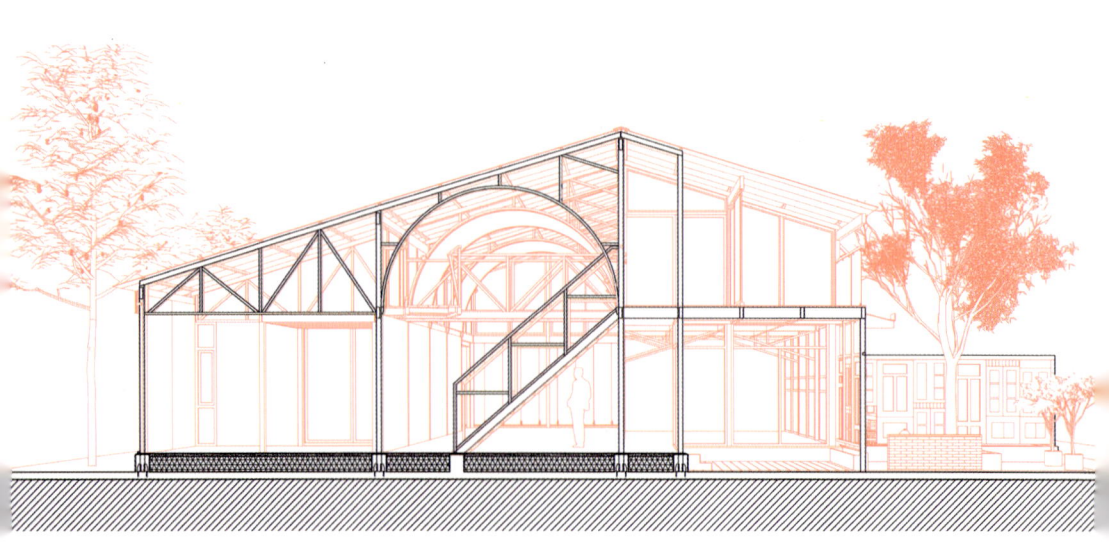

269

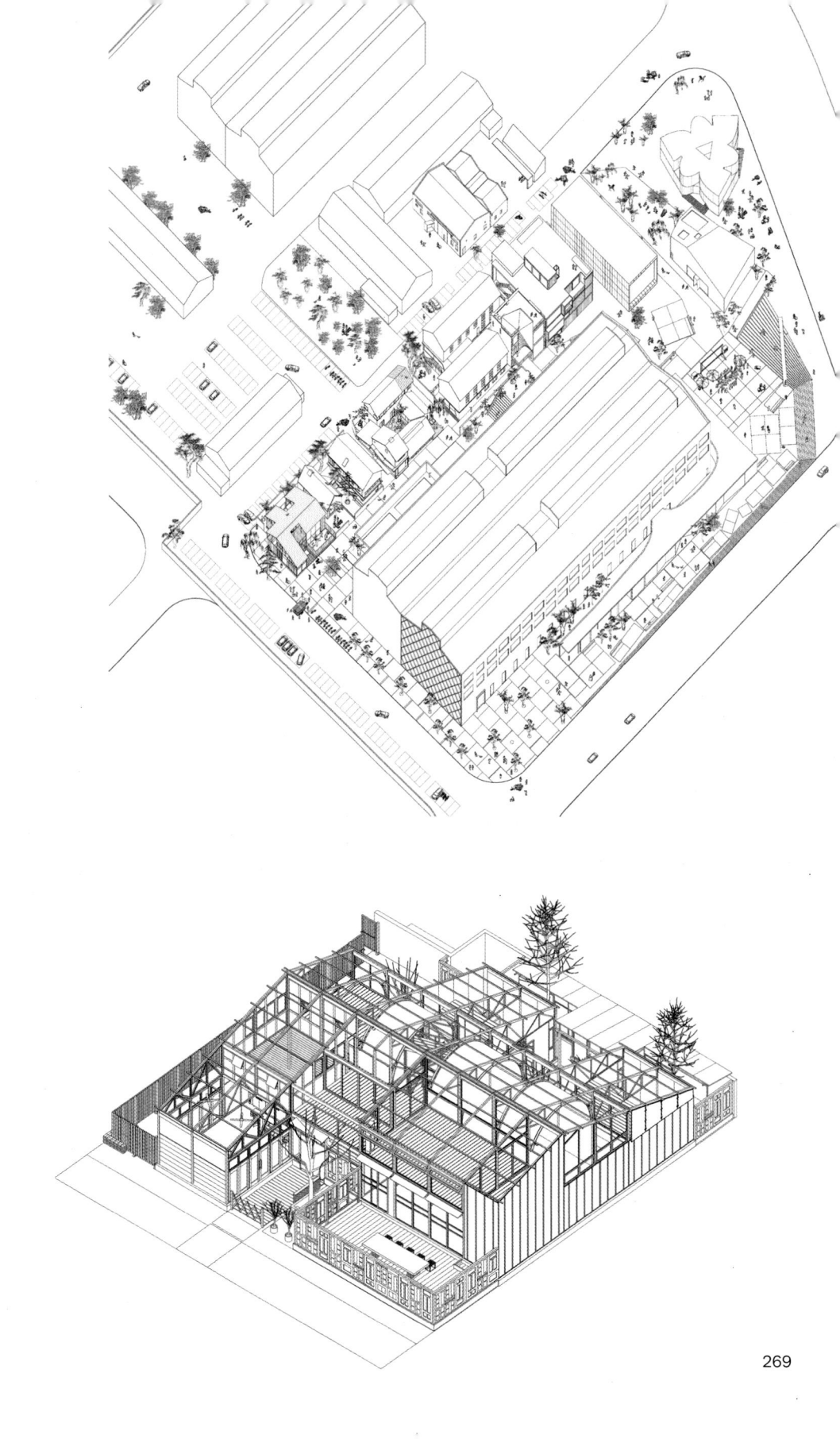

内的针孔摄影作品。因为"针孔"摄影这个词会被很多不懂的人误会，为此我们就在一楼一个桁架下面加建了一个小黑屋装置，向一头雾水的人们现场阐述什么叫针孔摄影，什么叫小孔成像。小黑屋后来也经历了二次改造，就是把普通的水泥纤维板换成了加强型的水泥纤维板，拆除后还成为后来小办公室的外墙板。

目外刚建成的时候，我也刚巧看到徐甜甜在松阳基地上晒的那些大鹅卵石甚是好看，就和她策划了一起"石头进城"的行为。我们将一吨多的石头从松阳一路运往上海，到达我的工作室进行空间的介入。一群平淡无奇的被河水冲刷了几百年的卵石，赋予它们一些不同的存在形式，就变成了所谓艺术。现在这些石头也都有不同的命运，有的依然还在后院堆放，只是恢复了随机的状态。有的用来压室外家具的一角用来对抗台风，还有的放在厕所里，又臭又硬。

目外还给很多艺术家提供过即兴的表演机会，有声音艺术、舞蹈艺术、行为艺术和影像艺术；让设计公司开过研讨会；让围棋职业棋手讲过AlphaGo；还给瑜伽老师做过工作坊；还烤过全羊。每一次的活动就有可能带来目外空间的微小变动，因此，它的每次被微介入的细节承载了很多不为人知的故事。

最后一个展览是一位年轻艺术家的油画展，其中一幅阐述窗外射进来的光线的作品，像极了平日里目外大厅里那夕阳充斥的场景。我就在展览结束后主动买了这一幅画，挂在了那个阳光最多的大厅墙面上。

这期间，整个建筑的封闭状态是暧昧的，比如不在乎雨水的地方只是用金属垂链来界定内外，一些侧面高处遮雨的设施甚至是用瓦楞穿孔板来简单处理的，而主要墙体和屋顶都是用的半透明的聚碳酸酯板，在用作放映室的那个房间，还为放映制作了一圈黑色的布帘，院子的围墙的废旧门板长满了肆意的常春藤和蔷薇。整个房子是在一种刚刚可以当作房子使用的边缘拼命试探，由于目外旁边是经常有大货车出入的艺术中心货运出口，一个吹弹可破的四面漏风的棚子和它们的宏大形成了鲜明对比。

目外一直作为高目华山路工作室的一个补充，我甚至一度调侃说自己是上海的"两院院士"——因为在风貌区和西岸滨江有两处院子。

目外工作室

直到两年后，华山路工作室续签无果，目外确定要成为新的办公室的时候，我们才慢慢开始了它从构筑物正式迈向建筑物的改造进程。当然之前作为职业建筑师对未来各种可能的预设还是起到了很大的作用，即使有很多新的诉求，也会在框架设定内找到填充的办法。

向建筑进化的最重要步骤就是确定和修改空气边界，进而明确封闭有空调区域、基本封闭无空调区域、不封闭需遮雨区域、不封闭无遮雨区域等——因为无论如何，我都不喜欢一个只有"标准室内"和"标准室外"的"标准建筑"。

在新的空间组织中，大厅里加设了两条空中连廊连接二楼几个小空间，并且利用不正交不垂直的钢梁与斜向的楼梯共同形成一个空间三角形，增加了结构的整体刚度。办公室设计选位的时候，同事们都倾向于保留中间拱顶的纪念性空间，而依旧采用华山路小办公室的工作习惯，这样可以回避建筑工作室大作坊的传统形式，也会比较节能。

有严格空气边界的几个办公室，屋顶和外墙都在阳光板和钢结构之间预留的小空隙中，塞进了夹心保温板。大厅拱顶上的阳光板内侧我加设了可开启的蜂巢遮阳帘，二楼的很多部分装了铝合金窗和推拉门，而拆下的瓦楞穿孔板用在了半室内的储藏室外墙，和原来竖条的木百叶垂直形成一个透气遮雨界面。而且，三年前种的爬山虎和风车茉莉已经翻上屋顶，成为又一个边界，为了让它们更好地生长，我还为其方便攀爬专门定制了巨幅的尼龙网和钢索。

在主要会议室和南院之间，我们用简易轻薄的铝合金框和用于衣橱的配件，制作了比较大的半透明的阳光板移门。这样看出去的院落，多了一层奇妙的滤镜。新办公室的"拉布鲁斯特"大厅，留下了以前很多展览的痕迹和作品，甚至包含了地上那句"展览作品请勿动手"。两个小办公室的室内，都用木结构搭建了夹层——不同的是普通员工的办公室要从外面上夹层，而这个夹层的重要功能则是放置打印机——也就是说，每次取打印纸，都需要走一次楼梯，也就达到了强制运动的目的。而两位主管员工的夹层楼梯是在室内，楼上作为拥有海量杂物的主管们的储藏室，楼下还预留了两位实习生的位置。

而我自己，还是很俗气地在二楼弄了一间彰显领导重要性的大办公室，而实际上我几乎从来不去，取而代之的是我一直在一楼的咖啡馆待着，咖啡馆成了我实际的办公室。

在这个整个目外空间中最不像建筑的咖啡馆里，从天棚到我的桌面这个大剖面中，一共有六层材质，屋顶遮阳网（后来被台风刮坏后拆除了）、PC阳光板屋面、竹竿遮阳、凸面镜反射层、尼龙网、遮阳布，其中前三种材料和后三种材料分属于不同标高而分别成组并分别属于自己的年代。这也是在不同使用阶段根据不同的需求和耐受度，并结合了高目的一些装置再利用而产生的这么一个复杂结果。

阳光板构成的构筑物在大众看来一般会形象地称之为"阳光房"，除了"吹弹可破"的视觉不稳定感，还有个缺点是夏天楼上会比较热。但我更喜欢平日里天光洒落的通透感以及其他三个季节的那种美轮美奂——这是与自然亲近的代价。在早年接受采访时，我曾说过："我知道这样做的缺点，但我更知道它的优点。"

因为我们的工作室人较少，所以二楼基本上是不用的。为了保证整个工作室底层在夏季的自然降温，我们在室内屋脊处设置了温控的排风系统。同时，如果有足够的时间的话，那些爬藤植物，会长满整个屋顶——爬藤的枯荣刚好对应着阳光房冬夏两季的建筑需求。这种利用季节平衡的手法还有空调冷凝水回收至室外花池的设计。

由于要时常面对艺术中心办活动时的大货车，办公室直面它们感觉不是很舒适，没有安全感。我就跟柳亦春村长商量是不是可以砌一堵墙在目外和货车回转场地之间做些视觉隔离。最后，在柳亦春的操刀设计下，一个1.5米高的红砖墙就立了起来(现在由于路面铺设了沥青变成了1.45米)。不少人对这个微妙的高度会不以为然，但据说西泽立卫来村里参观的时候围着这堵墙转了很久，足见这个暧昧是多么精确和吸引人。

这堵南墙和后来李忠辉建议的竹条西墙，共同庇护了目外，使得目外在一圈工地、垃圾房、货运通道之间，那么的遗世独立。

"生长"，是目外工作室最重要的特质——空间材料不停在变，使用功能不停在变，工作方式不停在变——所对应的物理学中讲的物质、能量、信息都在这个变化的时空里肆意演进。而且，就在本文撰写中，目外空间又经历了一次迭代——就是一地鸡毛的新冠肺炎疫情后，大家为了变换一种心情，我们将朝南的会议室改成了办公室，朝北的小办公室改成了工坊，而会议室则和咖啡馆合二为一。

使用属性的不停变化，导致材料、空间、功能、心理在这里显得暧昧而模糊，而这种暧昧和模糊的过程对于我来说就像一部简短的现代建筑史一样让人着迷。而未来在目外工作室寿终正寝之后，能记录这段历史的"画布"就是我们在建造之初就想好的南院那个巨幅的金属帘子，而画布上的"图文"则是爬山虎这些年的层层叠叠的生长轨迹，也算留下一个纪念。

其实，时间之于建筑等同于空间之于建筑。

我一直说，目外工作室是我自己最喜欢的房子，没有之一。

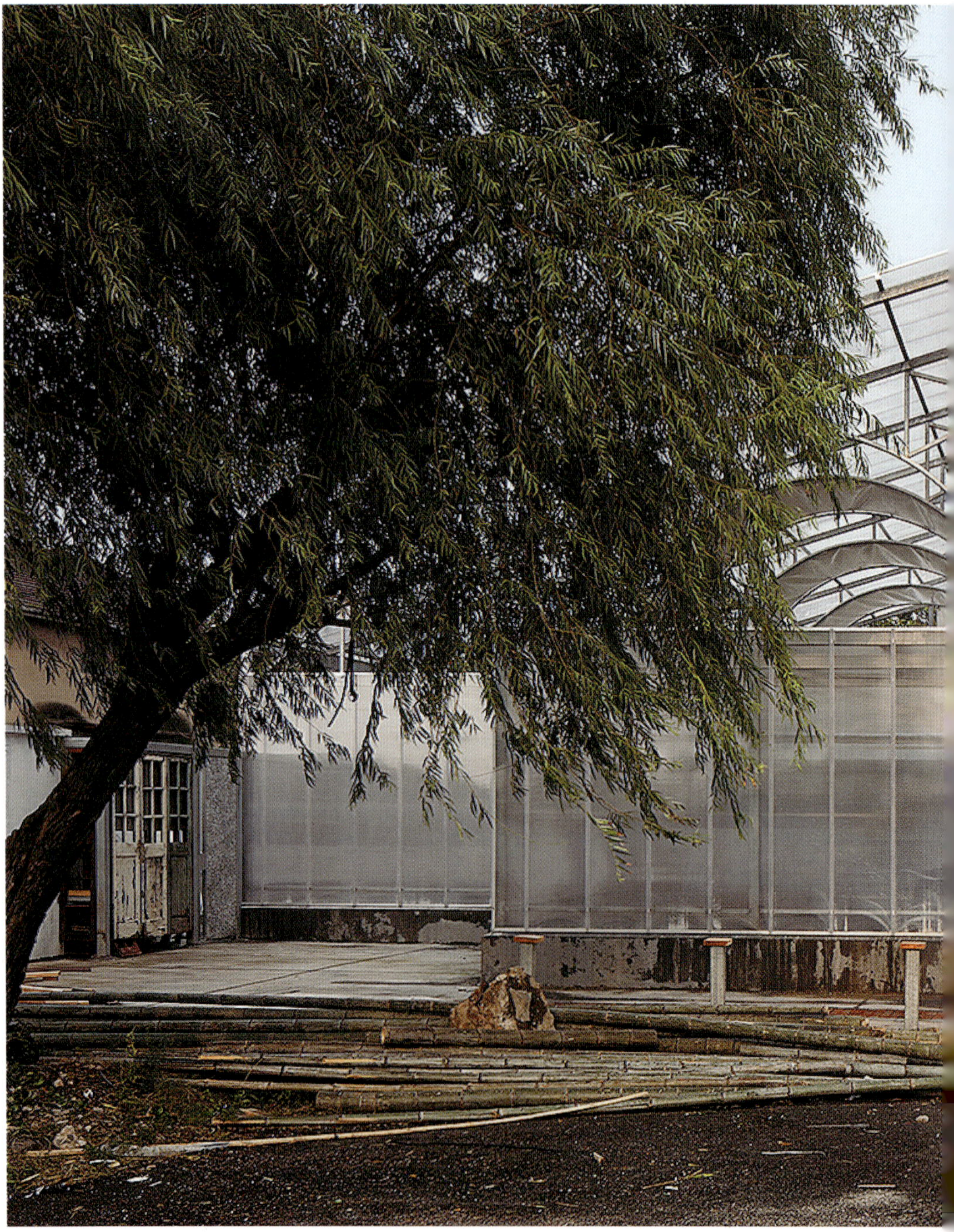

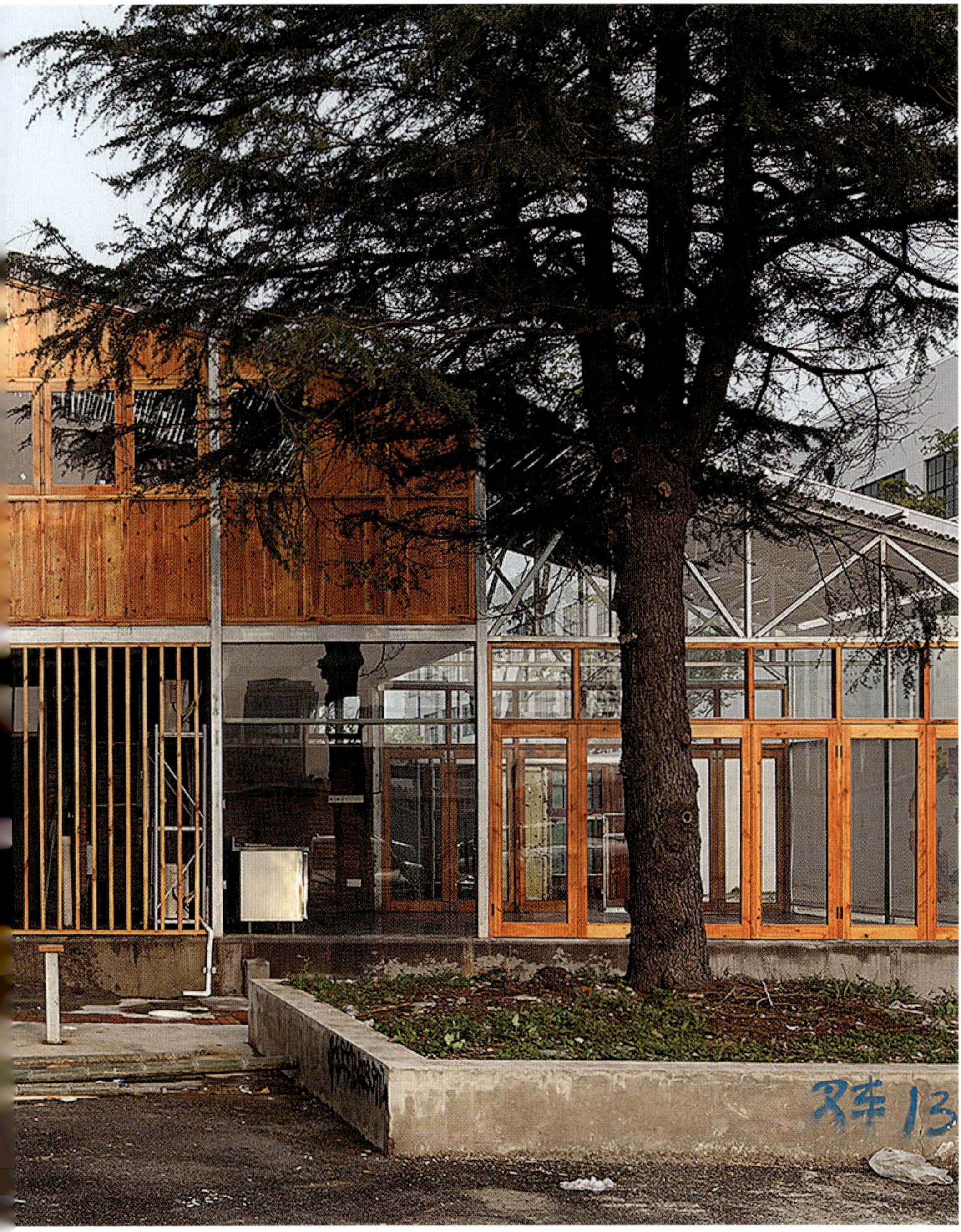

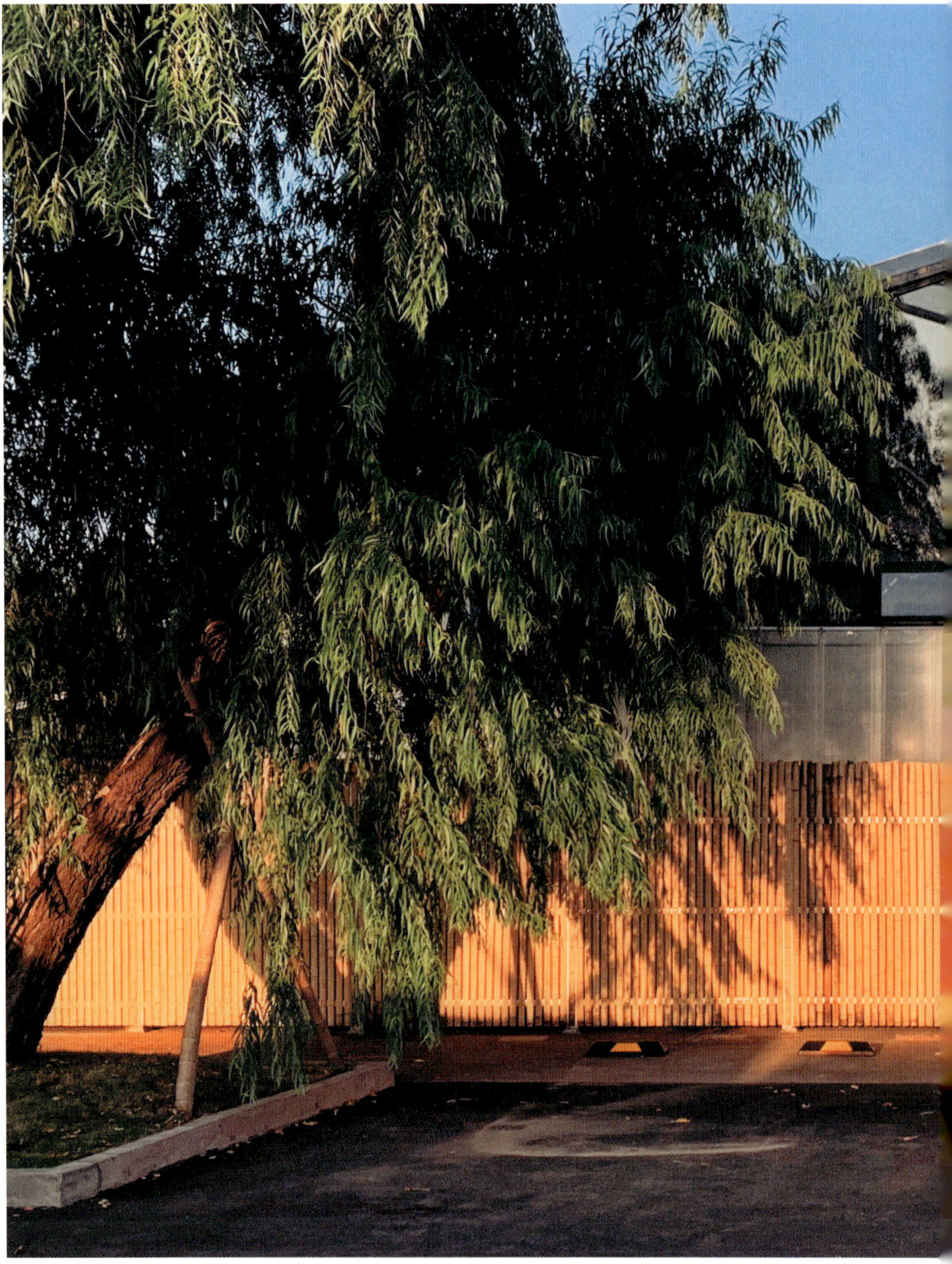

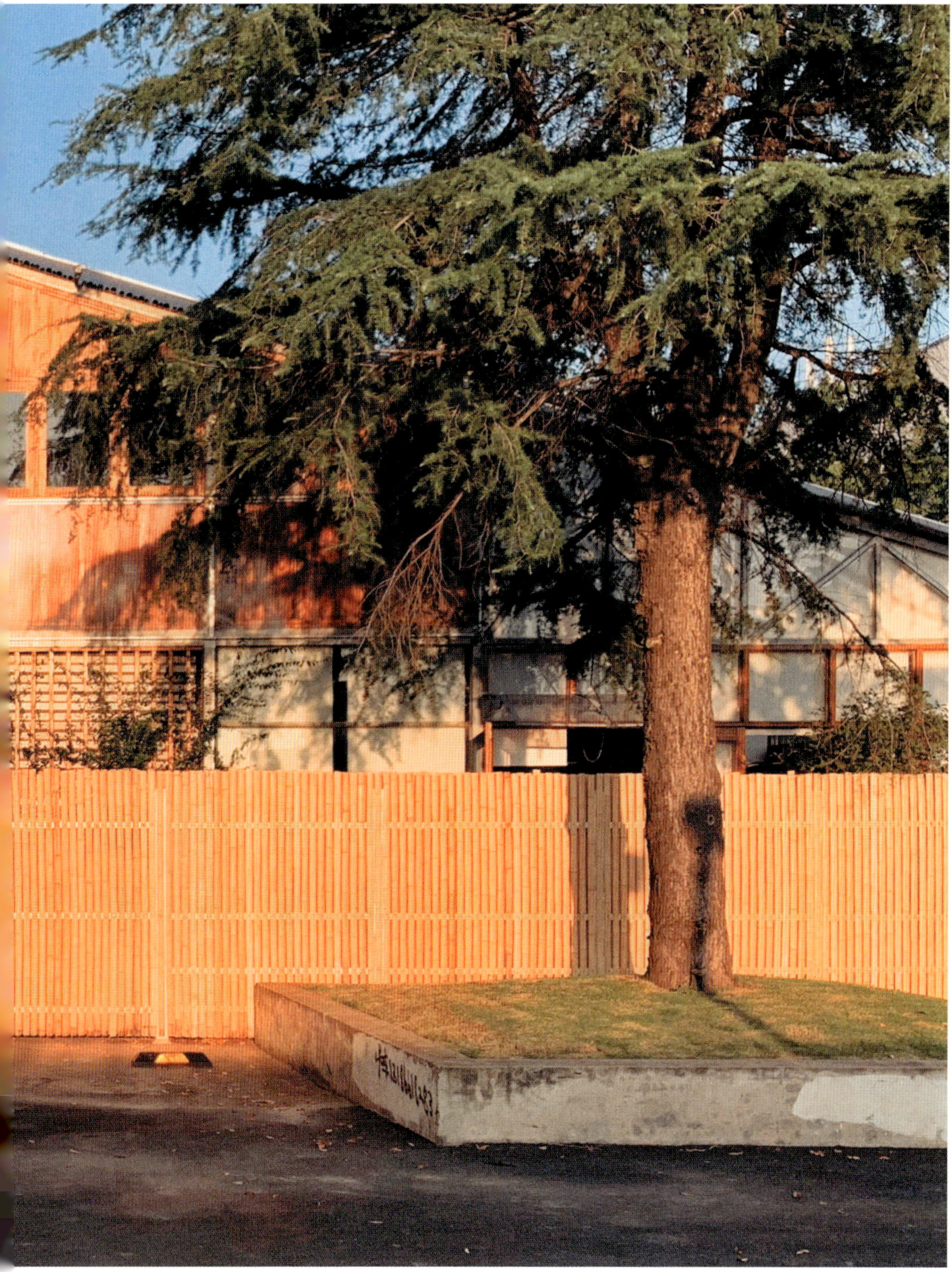

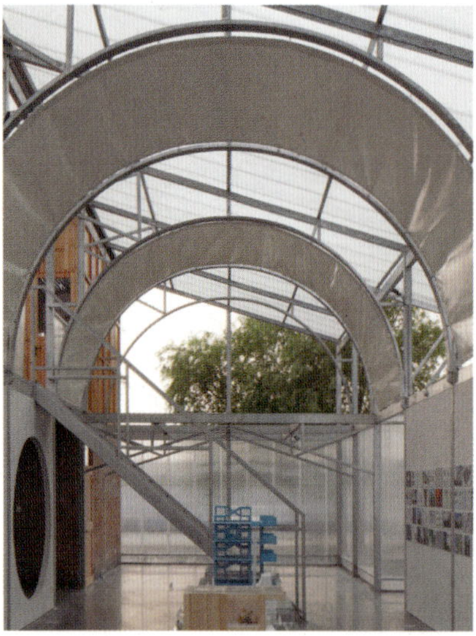

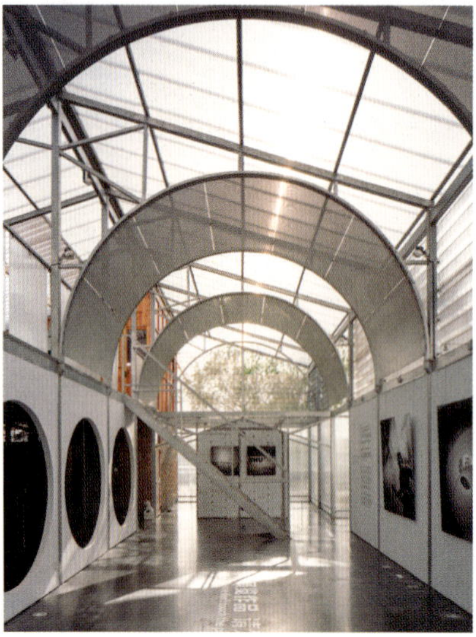

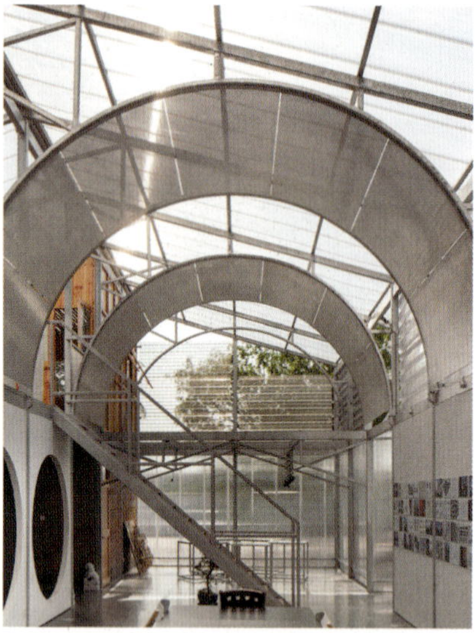

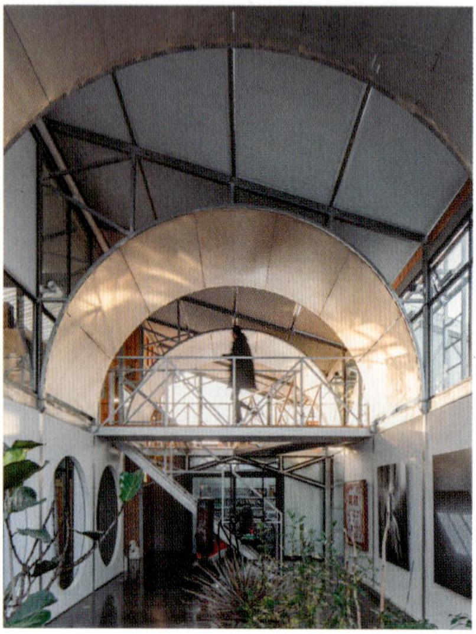

# 圣阿法狗 2⁵

# 圣阿法狗

吴清源大师在1928年东渡日本发展的同一年，国际现代建筑协会CIAM在瑞士成立，发起者为柯布西耶与格罗皮乌斯等人。这两件事在旁人看起来毫无关联，但围棋界都知道，在吴清源来到日本后成就了一个时代，以他和木谷实为首的年轻一代开创了围棋的"新布局"，堪称围棋的现代主义。这两个毫不相干的领域里的两位佼佼者有着极为类似的人生，柯布西耶和吴清源同为天才型人物，独步天下桀骜不驯，而格罗皮乌斯与木谷实则同样兢兢业业桃李满天下。在这两个领域里，大师们的上一辈也同样有一个极为类似的大师，就是建筑界的彼得·贝伦斯和围棋界的濑越宪作。

现代主义建筑大师曾有三人深受彼得·贝伦斯的影响，就是柯布西耶、格罗皮乌斯、密斯凡德罗。而围棋界的三位划时代人物也师承同一个大师濑越宪作先生，而这三个人就是吴清源、桥本宇太郎和曹薰铉。吴清源自然不消说，桥本宇太郎后来脱离日本棋院成立了关西棋院，曹薰铉在聂卫平如日中天的时刻，把应昌期先生为聂卫平定制的应氏杯收入囊中，只可惜，濑越宪作先生在1972年，因年老无法下棋而自杀身亡。

再往前推的话，建筑史的前现代时期，亨利·拉布鲁斯特设计圣热纳维耶夫图书馆的时候，日本大棋士赤星因彻与本因坊丈和弈出了"吐血名局"（1835年），勒杜克在修复巴黎圣母院的同年，秀策与赤星因彻的师傅幻庵因硕弈出了"耳赤名局"（1846年），与建筑界有所不同的是，日本围棋带有浓厚的武士道精神，赤星因彻下完那盘棋之后两年即患病不治身亡。

在欧洲甚嚣尘上的现代主义运动的同时，日本围棋也随着吴清源、木谷实和同辈们的十番棋擂争开启了围棋的现代主义时代。日本围棋的现代主义时代的前半段是吴清源创造的，后半段是木谷实的弟子们创造的。和欧洲的现代主义拥趸们唯柯布西耶首是瞻一样，日本也经历了十八年之久的"吴清源十番棋"统治阶段。很多人都描述日本围棋曾经是求道派，但是其实不然，那个胜者为王的时代，输棋就是输命，因为十番棋负者在下一次挑战的时候要被降级让子，这几乎是顶尖棋士的奇耻大辱。最后吴清源在1956年最后一次十番棋获胜后，将同级别的棋士统统降级，然后使"十番棋"这种围棋决斗方式失去了意义，取而代之的是后来的职业头衔战。而在1961年，第一届名人战期间，吴清源先生不幸出车祸脑部受伤，从棋坛隐退。而同期，建筑界的现代主义阶段走向尾声，有机现代主义、新陈代谢运动和后现代主义全球盛行，日本围棋也进入了群雄争霸，开启了日本围棋的鼎盛六超时代（六超指日本大竹英雄、林海峰、加藤正夫、武宫正树、小林光一、赵治勋六位超一流高手），而吴清源车祸那一年，中国有个8岁的少年刚刚拿起棋子，那个人叫聂卫平。

很多领域例如建筑学都将20世纪分为现代主义阶段和后现代主义阶段，大体是在1990年左右结束。我曾经请教过建筑学者，"1991年冷战结束后的阶段在建筑学上应该怎么叫？"学者也没有给我一个准确的答案，或许人类发展类似一个"收敛的无穷级数"，世界正以加速状态驱向一个终点，变化太快，已经混沌的无法界定。

而1988年的应氏杯标志着中国围棋的昙花一现，但成就了卧薪尝胆的韩国人，那个叫做曹薰铉的人。他放弃了在日本下职业比赛扬名立万的诱惑，而回国振兴韩国围棋，并培养了一百年里唯一堪比吴清源大师的李昌镐棋士。而这位曹薰铉的内弟子在将师傅的所有冠军头衔一个一个拿下的时候，据说复盘的时刻都不敢抬头正眼看他的师傅。曹薰铉带领韩国围棋开启了一个新时代，由于前一段日本的鼎盛时期被人们称为"求道"的围棋，而韩国这种"只求实效不讲道理"成为鲜明的韩国围棋风格，而这种理解后来也被证明是一种误读。

人类，由于是注重协作性而得以幸存的智人，有一种基因里的趋利避害属性，就是愿意相信权威，使之成为信仰，大家手拉手齐步走，扎堆儿群居，因为这样是最安全的。而且，智商越高的人越选择相信书本而回避身体这种低级获取信息的方式，因为那样获取最快，社会地位越高的人越喜欢选择伟大人物的肩膀而不愿脚踏实地，因为那样成功最快。我曾经作过一个比喻"你觉得在飞速的火车上看到的东西多还是在闲庭信步的路上看到的东西多？"协作、信仰、权威、典籍成就了现在的人类社会，鲜有人去质疑这个秩序，因为这个秩序是所有的人类互相交织并深陷其中的，就像在相对论出来之前，不会有人对牛顿力学提出异议，一样。因为人类思维逻辑形成于他所见所想的灌输与归纳，数据库的局限导致了可能准确也可能不准确的结果。人的大脑算力很强，而且能源消耗很小，但人类遗传没有把上一代甚至几代人的数据库遗传下来，我们对前辈的数据库了解是通过选择性归纳的史书和传授来获取的，所有的经验几乎都要重新建立，而基因只代表初始算法。

建筑和围棋是一个思维方式极为接近的两种智力"游戏"，至少人类把它们都解读成靠感觉、分析、计算和决策的技术。我们还给建筑多了些虚无的词比如协调、风格、文脉、语境，同时也在用一些教条的类似"几要素、n段式"的方法和类似"建筑学概论"的桎梏来限定学术边界。围棋也一样，在无数定式的缠绕中，日本围棋大师大竹英雄也曾经想通过"美学的围棋"来研究围棋的真谛，武宫正树也通过自己独门的"宇宙流"超越胜负师的我行我素来求道，吴清源大师也曾研究"六合之棋"。"厚重""轻灵""协调""均衡""关系"这些词语同时适用于两个领域，而精确的数字计算也是两个领域无法回避的基础，因此这两个行当由于足够复杂，又虚实结合，历史也足够长，人物也足够多，也就有足够多的理论和哲学让人迷失其中。

在AI封神之前，我跟很多人的想法是一样的，"计算"是电脑（有时候人类会混淆电脑、机器、AI的词义）的特长，而人类的"感觉、谋略、临场发挥的应变能力"是他们所没有的，因此很多非基础科学领域比如艺术、文学、建筑、经济、社会、设计等学科乃至围棋这个足够复杂的游戏，都被认为是电脑不能攻克的人类堡垒，电脑也经历了很多次幼稚的挑战并多次失败，使这个人类统一认知一直被笃信，直到2016年AlphaGo挑战李世石的第一盘棋结束。

在1991年后，对建筑界影响最深的恐怕非库哈斯莫属，这位出身记者的建筑界教父变魔术般的空间图解方法影响了整个建筑界，也彻底改变了建筑师与空间互动的方式，甚至他的事务所名字也命名为大都会建筑事务所（OMA）。1999年又成立了研究机构AMO，主要针对媒体、财务、科技、艺术等议题提供策略与原创的概念，同时关注建筑与人类行为、商业、文化的关系。他著书无数，将当代的建筑拥趸们的脑子洗得稀里哗啦。看来，传统建筑学不再是库哈斯的理论源泉，也就是说，摆脱了现代主义的教条和后现代主义的虚伪之后，任何关乎社会、政治、经济、人文等问题都能成为设计的起点。其实这就是个轮回，同1923年柯布西耶在《走向新建筑》里倡导的建筑师要向工程师学习一样，每次建筑学"不识庐山真面目，只缘身在此山中"的时候，就会在外部力量的作用下解体重生。脱离了社会、政治、科学、技术、人文的缠绕交集，建筑学找不到边界，也无所谓内核。

在韩国人曹薰铉夺得第一届应氏杯世界冠军之后，韩国围棋统治了今后的20年。这或许是个偶然现象，但不得不说韩国棋院的创办人、现代韩国围棋的奠基人赵南哲。赵南哲和日本六超一样都拜于木谷实门下，虽说后来同样在日本毅然回国（也有一说是兵役被迫回国）的曹薰铉是作为韩国人的英雄，但赵南哲则是韩国棋界的开国元帅，一个是神话的创造者，一个是体系的建立者。

在库哈斯设计Kunsthal的同年，也就是1992年，不到17岁的李昌镐夺得了第一个围棋世界大赛冠军，从此以后的15年，他18次问鼎并拿遍了所有世界大赛的头衔。而库哈斯设计北京央视大楼的同年，也就是2002年，一位叫李世石的"飞禽岛少年"横空出世，渐渐接过了李昌镐的接力棒，继续统治了棋坛十余年。这两人的成功是对日本传统求道围棋的挑战，李昌镐依靠缓慢厚重的棋风和"石佛"般的坚忍，在每一次半目胜负的关键时刻几乎都是他笑到最后——不过他倒是不怎么喜欢笑。李世石则相反，无论棋局还是现实生活，他都是一个不折不扣的坏小子，在棋局上屡屡满盘"僵尸"复活，棋盘下屡屡挑战韩国棋院导致棋院气得直接给了他九段称号，希望他不要再闹了。

在韩国统治的这些年里，基本上是中日韩对抗变成中韩对抗，日本围棋在六超之后，在国际比赛上几无建树。这个现象跟每一次建筑界的思潮更替无比类似，当一个体系足够成熟庞大并近乎宗教，而且完全可以让体系内的所有人处于安全区的时候，这个体系一定会走向衰败。而由于迷恋于六超及一百年里日本围棋的辉煌历史和保持求道的外部形象，新一代日本棋手没有改变的动因，依旧在两日制的国内头衔战中固守着日本围棋的尊严和体系，而在国际大赛上一事无成。在本格派、乱战派、求道派等词汇成为胜者或者败者或者旁观者的说辞论调之后，围棋各派如同哲学家辩论般鸡同鸭讲，各执一词："你下你的国际比赛，我赚我的高额奖金，胜者不一定为王，败者也不见得耻辱。"韩国围棋横扫棋坛的实用性似乎不符合传统日本围棋的"求道"之说，也就是日本围棋的潜台词"虽然你赢得多，但你依然很low"。所谓"实用"、"求道"的言语之争在2016年之后被彻底瓦解，准确的说是2016年之后的三年，AI对围棋的全新解读，让人类重新认识了围棋。

建筑学进入到21世纪之后，电脑及软件的发展，已经拓宽了设计师的想象力，虽说参数化、数字化等辅助人类进行思考的工具已经让人们看到了人工智能和人机协作的可能性，但工具依然是工具，人类依然是人类，尤其是参数化从几年前的话题中心变成如今的一个平常工具后，更多的人开始讨论数字化。我的理解是，参数化具有自主性，而数字化属于机械性或者是被动性，在复杂的建筑学里脱离人脑的自主性似乎还比较遥远，但利用数字化的机械性创造，却渐渐被广泛采用。

建筑学领域里也有着向史而新的经典建筑学派和拥抱未来的数字智能学派，前者是保守还是稳健，和后者是激进还是昙花一现，在当下的时代没有人说得清楚。而新技术也确实在悄然改变着建筑师的思维，比如除了参数化设计、数字化建造，也出现了通过热力学、结构力学、材料学来反哺建筑学的一些学者，但是距离"智能"还很遥远。

2014年底，吴清源大师百岁辞世——而2016年初，发生了几件大事：一是2016年的普利茨克奖颁给了智利建筑师亚历杭德罗·阿拉维纳（Alejandro Aravena）；二是高目的德富路中学终于建成；三是Deepmind公司的人工智能AlphaGo要挑战李世石五番棋，而那时，很少有人知道在2015年的10月，AlphaGo已经与职业棋手樊麾低调地下了五番棋并全胜。

我听到这个消息在呵呵了之后，也跟大家一样，不屑中带有疑问。为什么不挑战当时的世界第一人柯洁？ Deepmind公司给出的解释是他们计算了近十年的成绩，数据显示最好的棋手是李世石，而当时的李世石正被年轻气盛的柯洁四处欺负，无论是棋上还是言语上，当记者在两人赛前问柯洁如何展望比赛的时候，柯洁说李世石只有5%的胜算，羞辱完之后还能赢你，让人想起当年李世石年轻时候口出狂言地鄙视李昌镐的中盘力量弱一样，每一个曾经的桀骜不驯都会有新的桀骜不驯来治你，历史就是这么轮回的。但不管怎么说，李世石依然是那个时候最强大的棋手，代表人类参赛没有任何问题。由于人工智能在前几十年里的落后事迹，几乎所有的职业棋手都认为机器（人们有时候称AI为电脑而有时候是机器）不可能战胜人类，虽然前面有过未公开的测试比赛是AlphaGo对阵欧洲冠军樊麾二段5比0轻取，但人们对着"欧洲冠军""职业二段"这些头衔都会想当然的认为这人棋力不行，甚至有的看到过棋谱的职业棋手觉得AlphaGo也很臭啊，"下的那都不是棋"是围棋界评价业余的常用语。

在比赛（2016年3月）前，觉得人类必胜的我，只听到了两个不同的声音，说一定是机器5∶0横扫人类，这两个人一个是袁烽一个是刘小凯，其中刘小凯还是颇具棋力的围棋爱好者。当天大部分爱好者都是通过围棋App线上看的直播，但当时比赛直播的电视解说是我在事后几年才重新观看的，回头看到职业解说还在跟我一样地想当然认为电脑"计算"厉害但大局观不行、不可能比得过人类的"感觉"这种说法，而反观当下棋界普遍颠覆的现状再回看这个四年前的视频和我笃定的认知，真是恍若隔世。

第一局开局AlphaGo就下了一个"被老师打屁股"的定式，然后就进行了直线攻杀，一个妙手加几步退让就结束了。几年后用AI复盘，李世石全盘没有机会。到了第四局的时候，事实上比赛结果已经出来了，就是人类已经0∶3输了，在这一局小李下出了颇具视觉冲击力的"神之一挖"，结果使阿尔法狗（后来大家对Alphago的昵称）忽然崩溃，虽然后来的研究证明这手棋不足以致胜，是电脑出了某些Bug（像极了人类的一紧张），但配合一下视觉冲击效果，人类就把这手棋解读成为"神之一挖"，人类是最会通过视觉加结果进行解读的动物。但谁曾想到，这局棋竟是人类围棋战胜顶尖AI的最后一局。最后结果是4∶1，这已经彻底颠覆了我的观念。

当时的柯洁还口出狂言说"它（他）能战胜李世石但赢不了我"，但一年后AlphaGo对战柯洁的第二局时，19岁的少年捂着心脏创造了人类在百手之后与AI胜率最接近的一局棋，也就是无限接近上帝的一局棋，他用到达心脏工作极限的算力妄想使AlphaGo的芯片也能发烫一下，但可能只有Deepmind公司知道芯片当时的温度，哈希比斯也承认那是所有人机对弈中人类胜率的峰值。后来柯洁忍不住痛哭的样子似乎是为了自己绝望的一击和人类的悲哀而哭泣。

我内心的颠覆不是为人类的弱小感到悲哀，也不是对AI即将征服人类感到恐惧，而是对AlphaGo作为硅基生命通过围棋展示出来的所谓"哲学"和"美学"感到迷茫。棋谱是沟通人类和AI的语言，在他的棋里我们看到了简单直接的态度、看到了退让的狡猾，甚至看到了紧张的情绪，AlphaGo也甚至下出了看起来"美丽奔放"的好棋，也有安全运转的缓棋，而其实，这些人类词语在AlphaGo那里根本就不存在。

后来Deepmind公司两度公开了关于AlphaGo的论文，阐明了他的深度学习和模糊运算的思维方式。通过左右互搏海量对局建立的大数据为前提，以概率来进行价值判断，在数据库近似无穷大、算力无穷快、算法无限合理的前提下，AlphaGo似乎已经穷尽了围棋的所有变化。但后来的AlphaGo Zero（简称Zero），在没有人类痕迹的情况下，三天进化的版本可以100：0战胜AlphaGo李世石版本，四十天进化的版本89：11战胜了AlphaGo Master（战胜柯洁的版本，简称Master），而Master版本就在几个月前60：0网棋狂胜人类诸多高手，对于Zero这个瞠目结舌的进化速度，著名围棋App弈客上的一个留言颇有意味，"天上一日，地上一年。"而Deepmind公司之所以称这个版本叫Zero，也是一个宣言，就是逐本溯源放弃人类思维才可能最强大，才可能离上帝更近。

2017年Deepmind的论文里公布了AlphaGo Zero的83局棋谱，有20局是Zero对战master，剩下的是Zero的自战，而以上这些武林秘笈般的棋谱，我几乎全部认真看过或者听过高手们的详细讲解。一个有趣的人类认知是Master（有人类痕迹的版本）的棋很怪异，而Zero（没有人类痕迹的版本）的，却很正义，是不是可以联想到一个人类基本哲学"大道至简"和"邪不压正"？而且，对局中，一次一次的出现我不想承认的那个词，就是"美"，那种毫无意识基于理性而创造出来的人类却能感受得到的"美"。本来，数字世界的冷漠理性和人类世界的丰富感知没有机会也没有频道进行"手谈"，却在"手谈"这个游戏里一次一次地被转译。

此后的三年里，随着 AlphaGo 的退役，随着他的徒子徒孙们比如绝艺、星阵、Leela 成为替代上帝下凡的诸仙一般，改变着围棋的道路，虽然他们的水平最多接近 Master 版本，但对人类来说已经足够了。人们可以自行通过 AI 来反观围棋史上那些著名的对局，也可以自行拆解那些复杂的定式，结果令人**瞠目结舌**。对于职业棋手来说，以前的几大定式（大雪崩、村正妖刀、大斜、星位小飞挂后二路小飞）被证明根本不对，根本就是路线错误，你下就给你降十个点胜率。于是这些定式在职业比赛中瞬间消失，而这些定式曾经被推崇和研究逾百年，甚至有些复杂定式在吴清源时代产生了无穷分支变化，成为围棋研究的圭臬，而在今天——全都不复存在。而被初学的老师打屁股的开局点三三和小飞挂托角成为 AI 经常推荐的"只此一手"，使得在以前看起来最简单的入门定式引发了无穷尽的变化，还引出了人类不甘示弱的"芈氏飞刀"。AI 几乎没有分投（开局不挂角下在边上），这个倒是和人类口诀"金角银边草肚皮"一致，但他又几乎不下无忧角，这又让人类不好理解。但是人类以前很"哲学"的认为分投两边可以二选一所以很均衡，无忧角形状好所以比较坚固，现在才发现全局速度和全局子效才是第一位的，脱离全局的定式和形状不存在。这倒是暗合了吴清源大师在老年时代的一些理论，但终因为年事已高棋界大家只是尊重的呵呵一笑并不相信。而最让人遗憾的是，人类意识到自己错了的时候，大师已仙去。联想到与吃青春饭的围棋相反的建筑学领域，只要你活得够久，追随者就会够多，即使脱离一线快成傻逼了，都有大量信徒趋之若鹜，不禁扼腕。

最搞笑的还有，当用 AI 分析前面讲的那两盘日本名局"吐血名局"和"耳赤名局"时，多个 AI 告知人类，那几招被人们传诵百年的好棋并不是好棋，是个绝对的玩笑。但古代围棋故事里也有正确的，比如少年吴清源挑战秀哉名人时，秀哉那步著名的天外飞仙是 AI 推荐的唯一解。一些职业围棋工作者也经常利用 AI 进行棋手的大数据分析，比如李昌镐等人在巅峰时刻的 AI 重叠率，发现我们广泛认知的大李"官子强中盘弱"是个绝对的误读，大李的中盘力量明显强于同时期棋手，官子好收是中盘建立起来的优势而已。而用大数据分析后AI时代人类的进步，则惊人地发现柯洁的AI重叠率已经从大李的50%提高到了62%，而用AI分析所有棋手数据，发现即使我们天天骂柯洁输不该输的棋，但数据显示还是他最强。

以前人类最引以为豪的认为AI不能取代人类的虚空地带已经被AI量化了，"感觉"这个词已经属于理科生了。也就是说，对于人类职业围棋高手们而言，除了他们从小培养出的算力以外，他所学习过的几乎所有理论都被颠覆了！

而对于围棋爱好者来说，围棋的生活也瞬间改变。各种教学工具成为替代老师的新宠，比赛讲棋不再是听一个高手在那里夸夸其谈，而是解说员只要一部电脑甚至手机版的AI就可以。以前对局势的判断是一些模棱两可的语言，而当下替代的是AI后台的胜率和招法推荐，在对局者毫不知情的情况下，讲解者充当着暂时的上帝来打赌下一招对局者能不能跟AI推荐重叠，然后大家享受着猜对的惊讶和猜错的扼腕。局后的复盘除了礼节性的手谈以外，大家都会打开手机自行拆解。然后，一日制比赛再也不能中午休息了，两日制比赛再也不能回家了，也不允许随身带任何电脑设备了。比赛有AI作弊了，AI之间有国际比赛了。下网棋的时候，你也无法判断对方是人是狗了（狗是网上对AI的统称）——但有一点是肯定的，再去研究古谱"当湖十局"之类的棋谱，真的没有实战意义了。而且我要是再看到一本《围棋布局理论初探》之类的书，我会笑出声，然后棋友之间多了一个评价好棋坏棋的标准，就是下得"像不像狗"。

试想十六年后，会出现一批从来没有人类老师的职业围棋高手"HumanZero"们，会不会联想起某些电影？

而退役的围棋之神AlphaGo不知道躲在哪里，或许笑而不语，也同时向人类昭示着一个永生的概念，作为一串代码，只要给他一台拥有TPU的电脑，阿老师瞬间重生，且永不消亡。

最重要的一个事情是，在AlphaGo之后，顶尖棋手们的差距明显缩小，这似乎对柯洁这样的天才非常不公平，因为以前他对前半盘的理解明显高于其他人。而现在，大家在前五十手不会有很大差距，因为不管懂不懂的都是在模仿AI，反倒是经常看到柯洁前半盘落后后半盘逆转，似乎终于有了挖掘他更深潜力的机会。这个时候会不会想起那句"上帝面前人人平等"？

一次次被AI反映出的问题震撼，不是因为输赢也不是因为强弱，也不是人类会不会被征服被取代这类问题（放心，AI没有兴趣征服人类，征服在AI和人类之间悬殊的实力差距下完全是个伪命题）。正如发明了汽车后，我从来没有怀疑过人类的奔跑；发明飞机后，我也从未反思过人类能不能飞翔；在有了电脑绘图后，我也丝毫不觉得手绘是个什么问题；有了数码相机后胶片依然位于摄影鄙视链的顶端，这些新生的高科技并没有颠覆我们的既有认知，它们只是我们发明的工具而已。但AI在后来的与人类交流的过程中，含蓄地告知了人类，你们几千年发展下来的理论大部分是错的。他们（AlphaGo和他的徒子徒孙们）使用的方法是先将人类战胜的没有脾气，然后再对人类认知进行否定而且不容反驳，从而使人类心服口服地自行开悟。只能说，AlphaGo自此封神，而他借助的，只是一个绝对而客观的游戏而已。

我不只一次说过，科学在几百年前否定了神学，如今又昭示了神的存在。

因此，从某一天开始，我脑子里闪过St. AlphaGo这个词。

我相信有一个至高无上的存在，它客观存在的运行与人类是无关的，而没有宗教信仰的我，也不介意将其称之为上帝。人类对那个至高无上的存在进行很多的解读都是主观甚至是臆断的，建筑学也是一样。

马上就会有人问我同样的问题："围棋有输赢，建筑学没有，所以AI不可能替代人类思考建筑学问题。"

我们都知道二进制，是计算机算法的基础，当一个复杂数字被转换成二进制时，计算机处理起来就得心应手；而当一个复杂行为被分解成若干层级的二进制模型时，AI就可以简单介入进行分析决策，比如我们列出"出门和在家、吃饭和不吃、穿黑和穿白、中餐和西餐、走路和开车"这五组对比词语中，通过深度学习过的AI进行外部条件分析得出数据：出门70%、吃饭60%、穿白40%、西餐90%、走路60%，那么强算力的精确计算全选五个选项，即人类的"深思熟虑"后会做出"出门穿黑吃西餐走路去"的决定，如果弱算力只随机抽取三个选项，则相当如人类的"粗粗一想或一拍脑袋"决定"出门吃西餐"，至于穿黑还是穿白、走路还是开车就进行随机选项抽取（人类称为随意）。如果这个结论再参加到下一层级的复杂模型中，比如再加入时间、人物和地点的比对，那么一个相对复杂的行为就产生了——人类的大脑决策方式和AI其实没有什么不同。

随着AlphaGo的理性和人类的感性之间通过海量的对局互相转译，我也渐渐地明白了人类的思维方式，你的一次一次的学习、经验、判断、决策，只不过是大脑的数据积累和算法而已，所谓的"感觉"、"灵感"、"天赋"只不过是人类无法自我感知的客观存在而已。任何一个人类未知的并用复杂语言描述的虚无，其实都是大脑这个复杂运算体的运算结果。也由于数据库的容量问题，人类喜欢对未知的东西用语言加以描述，由于好奇和恐惧再将其夸大，当成为共识之后，又成了下一层级推论的基础，以讹传讹，越走越远。

那么在一个单程思维的围棋中已经完全碾压人类的情况下，AI参与到类似建筑学的复杂行为的日子还会远吗？只是要看模型、算法、算力的发展有多快而已——AlphaGo代表AI说："建筑学？建筑设计？不在话下。"

数年之中，经历了纠缠而痛苦的思考，我自认既无能力也无资格给出什么惊世的结论。一场注定要席卷各行各业的巨变已经在围棋界风起云涌，在建筑界却依然平静如水。作为凑巧同时涉足这两个领域的人，我感到自己有义务做一个知识的雷锋。

围棋和建筑学拥有类似的思维方式和发展轨迹，只不过是AlphaGo先选择了围棋而已。或许有一天，像围棋界被否定的几大定式和基础理论一样，我们的传统建筑学大厦或许在某一天也会轰然倒塌。或许，那也是建筑学被救赎和自救的机会。或许，还能正确地开始一段新的错误。

我也曾经悲伤地思考过建筑行业是否会被取代甚至消亡，但是我也开心地感悟到一个聊以慰藉的道理——由于未知天地的广阔和人类认知的渺小，关于专业态度和人生轨迹，我无法确定我正确到什么程度，但我能确定怎么都不会错误得很远。不管怎么说，我们人类能够触及到的最复杂算法还是来自于我们时常诟病的身体，因此，我还是笃信："生理是检验真理的唯一标准。"

人类并不需要去超越AI，因为那是不同维度的生命，人类与AI擦肩而过，就如同人类曾经的每一次发现一样，每一次发现都是认知的纠正。

有理由相信，这三年多在围棋界发生的事情将是很多领域即将到来的前传。

2019年7月于上海

# St. AI

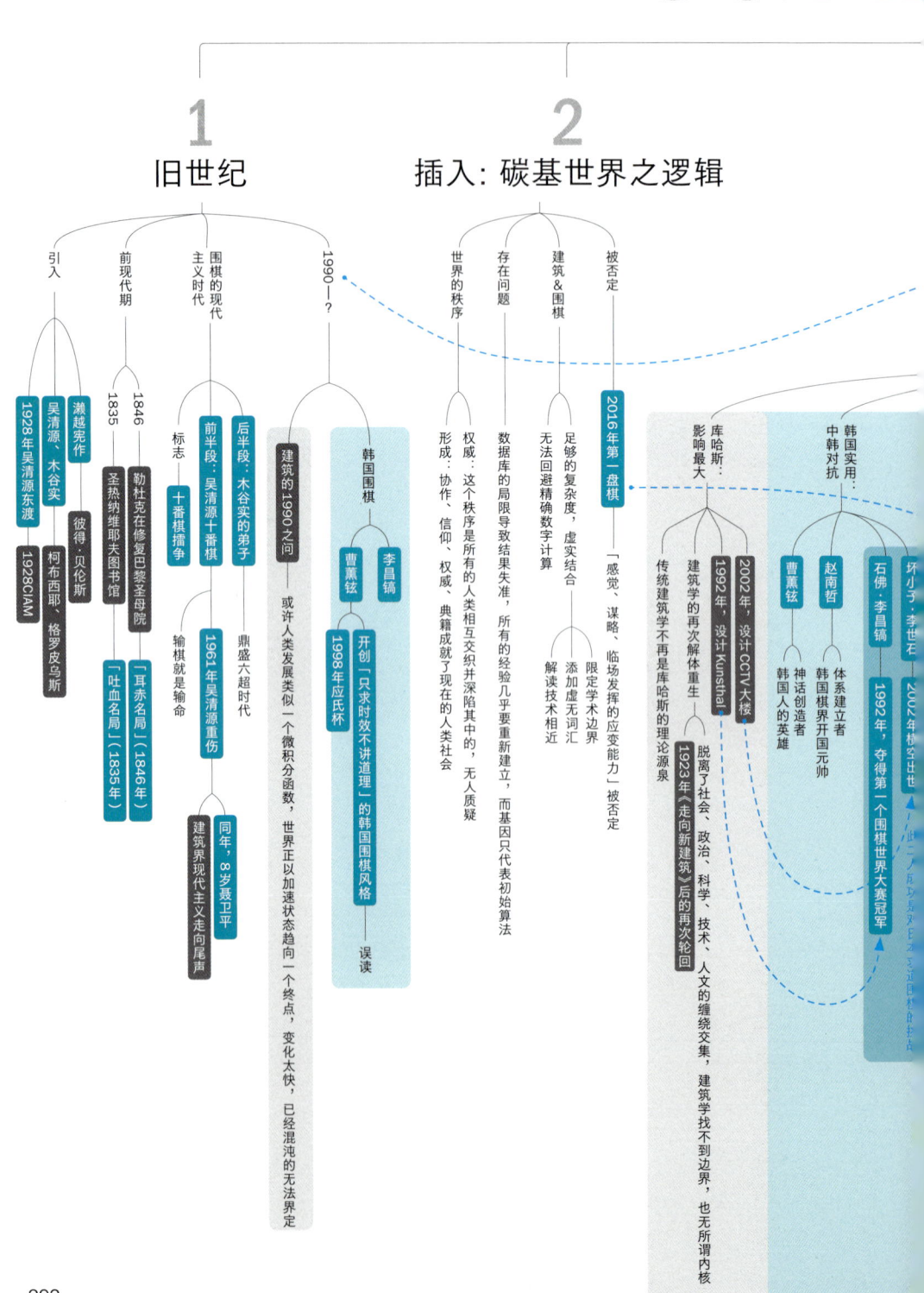

## 1 旧世纪

## 2 插入：碳基世界之逻辑

### 1 旧世纪分支

**引入**
- 1928年吴清源东渡
  - 濑越宪作
  - 吴清源、木谷实
- 1928 CIAM
  - 彼得·贝伦斯
  - 柯布西耶、格罗皮乌斯

**前现代期**
- 1835 圣热纳维耶夫图书馆
- 1846 勒杜克在修复巴黎圣母院
  - 标志
  - 〖耳赤名局〗（1835年）
  - 〖吐血名局〗（1846年）

**围棋的现代主义时代**
- 十番棋擂争
- 前半段：木谷实的弟子
- 后半段：吴清源十番棋
- 1961年吴清源重伤
  - 输棋就是输命
- 鼎盛六超时代
- 同年，8岁聂卫平
- 建筑界现代主义走向尾声

**1990—？**
- 建筑的1990之问
- 或许人类发展类似一个微积分函数，世界正以加速状态趋向一个终点，变化太快，已经混沌的无法界定
- 韩国围棋
  - 曹薰铉
  - 李昌镐
  - 1998年应氏杯
  - 开创「只求时效不讲道理」的韩国围棋风格
  - 误读

### 2 插入：碳基世界之逻辑

**世界的秩序**
- 形成：协作、信仰、权威、典籍成就了现在的人类社会
- 权威：这个秩序是所有的人类相互交织并深陷其中的，所有的经验几乎要重新建立，而基因只代表初始算法

**存在问题**
- 数据库的局限导致结果失准，无人质疑

**建筑&围棋**
- 无法回避精确数字计算
- 足够的复杂度，虚实结合
- 限定学术边界
- 添加虚无词汇
- 解读技术相近

**被否定**
- 2016年第一盘棋
- 「感觉、谋略、临场发挥的应变能力」被否定

**库哈斯：影响最大**
- 建筑学的再次解体重生
- 1992年，设计Kunsthal
- 2002年，设计CCTV大楼
- 传统建筑学不再是库哈斯的理论源泉
- 脱离了社会、政治、科学、技术、人文的缠绕交集
- 1923年《走向新建筑》后的再次轮回

**中韩对抗**
- 曹薰铉
  - 韩国棋界开国元帅
  - 神话创造者
  - 韩国人的英雄
- 赵南哲
  - 体系建立者

**韩国实用**
- 石佛·李昌镐
  - 1992年，夺得第一个围棋世界大赛冠军
- 坏小子·李世石
  - 2002年横空出世

建筑学找不到边界，也无所谓内核

## haGo

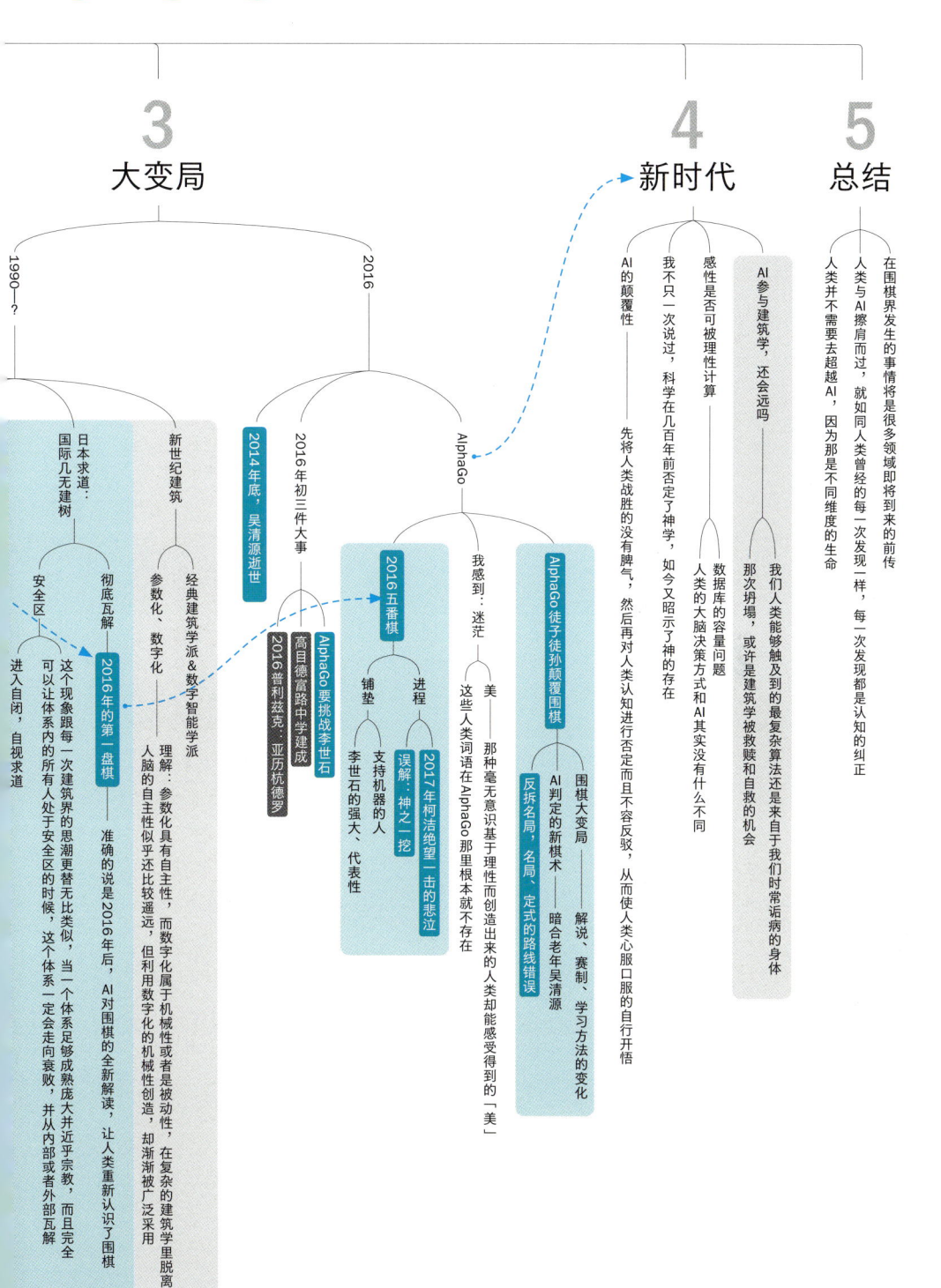

### 3 大变局

- 1990—？
  - 日本求道：国际几无建树
    - 安全区
      - 进入自闭，自视求道
  - 新世纪建筑
    - 经典建筑学&数字智能学派
      - 参数化、数字化
        - 理解：参数化具有自主性，而数字化属于机械性或者是被动性，人脑的自主性似乎还比较遥远，但利用数字化的机械性创造，却渐渐被广泛采用
    - 彻底瓦解
      - 2016年的第一盘棋
        - 准确的说是2016年后，AI对围棋的全新解读，让人类重新认识了围棋
        - 这个现象跟每一次建筑界的思潮更替无比类似，当一个体系足够成熟庞大并近乎宗教，这个体系一定会走向衰败，并从内部或者外部瓦解，而且完全可以让体系内的所有人处于安全区的时候

- 2016
  - 2014年底，吴清源逝世
  - 2016年初三件大事
    - 高目德富路中学建成
    - 2016普利兹克：亚历杭德罗
    - AlphaGo要挑战李世石
  - AlphaGo
    - 2016五番棋
      - 铺垫
        - 李世石的强大、代表性
      - 进程
        - 支持机器人
        - 误解：神之一挖
        - 2017年柯洁绝望一击的悲泣
    - 我感到：迷茫
      - 美
        - 那种毫无意识基于理性而创造出来的人类却能感受得到的「美」
        - 这些人类词语在AlphaGo那里根本就不存在
    - AlphaGo 徒子徒孙颠覆围棋
      - 围棋大变局
        - 反拆名局，名局、定式的路线错误
        - AI判定的新棋术
        - 解说、赛制、学习方法的变化
        - 暗合老年吴清源

### 4 新时代

- AI的颠覆性
  - 先将人类战胜的没有脾气，然后再对人类认知进行否定而且不容反驳，从而使人类心服口服的自行开悟
- 我不只一次说过，科学在几百年前否定了神学，如今又昭示了神的存在
- 感性是否可被理性计算
  - 数据库的容量问题
  - 人类的大脑决策方式和AI其实没有什么不同
- AI 参与建筑学，还会远吗
  - 我们人类能够触及到的最复杂算法还是来自于我们时常诟病的身体
  - 那次坍塌，或许是建筑学被救赎和自救的机会

### 5 总结

- 在围棋界发生的事情将是很多领域即将到来的前传
- 人类与AI擦肩而过，就如同人类曾经的每一次发现一样，每一次发现都是认知的纠正
- 人类并不需要去超越AI，因为那是不同维度的生命

项 目 资 料

## 1× 高目之春

项目名称　德富路中学
项目位置　上海市嘉定区洪德路618号
设计周期　2010—2016年
基地面积　27816平方米
建筑面积　12783平方米
业主单位　上海嘉定新城发展有限公司
高目团队　张佳晶、赵玉仕、徐文斌、易博文
合作单位　江苏省第一工业设计院上海分院 / 孙永刚

## 2× 住宅探索

项目名称　'96上海住宅设计国际竞赛
设计周期　1996—1997年
基地面积　120000平方米
建筑面积　150000平方米
高目团队　张佳晶、蒋力航、马捷、陈伯清

项目名称　塞纳维拉
项目位置　北京市朝阳区立水桥北里2号
设计周期　2000—2003年
基地面积　81347平方米
建筑面积　74475平方米
业主单位　北京塞纳维拉房地产开发有限公司
高目团队　张佳晶、袁青、施爱华、蔡海骏
合作单位　清华大学建筑设计研究院 / 张弘

## 3× 长江入海

项目名称　外高桥港第四期工程
项目位置　上海市浦东新区外高桥港区
设计周期　2001—2007年
基地面积　40000平方米
建筑面积　20000平方米
业主单位　上港集团外高桥港建设指挥部
高目团队　张佳晶、徐类邻、吴佳
合作单位　中元国际工程设计研究院（沪）/ 李峰亮

项目名称　外高桥港第五期工程
项目位置　上海市浦东新区外高桥港区
设计周期　2001—2007年
基地面积　41500平方米
建筑面积　21000平方米
业主单位　上港集团外高桥港建设指挥部
高目团队　张佳晶、黄巍、吴佳、孙庆霖
合作单位　中元国际工程设计研究院（沪）/ 李峰亮

## 4× 壹叁陆玖

项目名称　新希望半岛科技园
项目位置　上海市浦东新区张江高科技园区达尔文路88号
设计周期　2004—2007年
基地面积　42420平方米
建筑面积　37795平方米
业主单位　新希望集团有限公司
高目团队　张佳晶、吴光辉、徐文斌
合作单位　中国建筑东北设计研究院 / 孙永党、余莉

项目名称　新江湾城邻里中心
项目位置　上海市杨浦区新江湾城政悦路333号
设计周期　2005—2009年
基地面积　5715平方米
建筑面积　13735平方米
业主单位　上海市城市建设投资开发总公司
高目团队　张佳晶、金鑫、王幼笛、王明曜、徐文斌
合作单位　上海江欢成建筑设计有限公司

项目名称　厦门东方高尔夫售楼处
项目位置　厦门市海沧区东方高尔夫别墅区
设计周期　2005年
建筑面积　188平方米
业主单位　东方高尔夫乡村俱乐部综合旅游有限公司
高目团队　张佳晶、孙铭健

## 5× 地产实践

项目名称　三鑫花苑
项目位置　上海市静安区康定路1578号
设计周期　1997—2001年
基地面积　16979平方米
建筑面积　63309平方米
住宅套数　364套
业主单位　上海静安鑫农企业发展有限公司
高目团队　张佳晶、蒋力航、马捷
合作单位　中国轻工业上海设计院
　　　　　（现：中国海诚工程科技股份有限公司）

项目名称　永业公寓二期
项目位置　上海市卢湾区徐家汇路135弄
设计周期　2005—2008年
基地面积　32155平方米
建筑面积　134415平方米
住宅套数　841套
业主单位　上海馨空天地房地产开发有限公司
高目团队　张佳晶、徐文斌、吴光辉、孙铭健、黄子凯、陈群
合作单位　上海九格建筑工程设计事务所 / 陈海宝

项目名称　复兴商厦（外立面装饰工程）
项目位置　上海市卢湾区瑞金一路139号
设计周期　2009—2010年
建筑面积　7416平方米

| 业主单位 | 上海复兴建设发展有限公司 |
| 高目团队 | 张佳晶、徐文斌、黄子凯、黄巍 |
| 合作单位 | 上海中星志成建筑设计有限公司 / 吴志远 |

| 项目名称 | 万科旗忠别墅改造项目 |
| 项目位置 | 上海市闵行区旗忠村 |
| 设计周期 | 2008—2010年 |
| 建筑面积 | 1200平方米 |
| 业主单位 | 上海万科房地产开发有限公司 |
| 高目团队 | 张佳晶、徐文斌、赵玉仕、黄巍 |

| 项目名称 | 万科金色里城北会所 |
| 项目位置 | 上海市浦东新区高清路2861弄 |
| 设计周期 | 2006—2008年 |
| 建筑面积 | 1700平方米 |
| 业主单位 | 上海万科房地产开发有限公司 |
| 高目团队 | 张佳晶、郭振江、黄巍、孙庆霖 |

## 6× 潮浦之畔

| 项目名称 | 世博会龙馆 |
| 项目位置 | 上海市浦东新区黄浦江畔 |
| 设计周期 | 2007年 |
| 基地面积 | 65200平方米 |
| 建筑面积 | 75900平方米 |
| 业主单位 | 上海世博集团 |
| 高目团队 | 张佳晶、黄巍、王明曜、张科生 |

| 项目名称 | 潮河生态展示馆及历史博物馆 |
| 项目位置 | 承德市滦平县潮河畔 |
| 设计周期 | 2020年 |
| 基地面积 | 36100平方米 |
| 建筑面积 | 7160平方米 |
| 业主单位 | 承德阿那亚旅游开发有限公司 |
| 高目团队 | 张佳晶、徐文斌、黄巍、徐聪、易博文 |

## 7× 天空之城

| 项目名称 | 深圳石厦小学 |
| 项目位置 | 深圳市福田区石厦北四街3号 |
| 设计周期 | 2017年 |
| 基地面积 | 11679平方米 |
| 建筑面积 | 34109平方米 |
| 高目团队 | 张佳晶、徐文斌、易博文 |

| 项目名称 | 深圳梅丽小学 |
| 项目位置 | 深圳市福田区黄祠巷85号 |
| 设计周期 | 2017年 |
| 基地面积 | 10369平方米 |
| 建筑面积 | 32173平方米 |
| 高目团队 | 张佳晶、徐文斌、刘苏瑶 |

| 项目名称 | 深圳福田中学 |

| 项目位置 | 深圳市福田区福田路98号 |
| 设计周期 | 2018年 |
| 基地面积 | 41461平方米 |
| 建筑面积 | 122000平方米 |
| 高目团队 | 张佳晶、徐文斌、易博文、徐聪、李赫、黄巍 |

| 项目名称 | 深圳南约第二小学 |
| 项目位置 | 深圳市龙岗区宝龙街道宝荷路与碧新路交叉口 |
| 设计周期 | 2021年 |
| 基地面积 | 7030平方米 |
| 建筑面积 | 19174平方米 |
| 高目团队 | 张佳晶、徐文斌、赵芮澜 |

## 8× 窗含西岭

| 项目名称 | 云龙路中学 |
| 项目位置 | 四川省天府新区 |
| 设计周期 | 2021年 |
| 基地面积 | 32204平方米 |
| 建筑面积 | 24208平方米 |
| 业主单位 | 四川天府新区公园城市建设局 |
| 高目团队 | 张佳晶、徐文斌、徐聪、易博文、张启成、舒扬、赵芮澜 |

## 9× 分而治之

| 项目名称 | 东斯文里城市设计 |
| 项目位置 | 上海市静安区苏州河滨河现代服务业聚集区 |
| 设计周期 | 2014年 |
| 基地面积 | 65850平方米 |
| 建筑面积 | 234546平方米 |
| 业主单位 | 上海市静安区规划和土地管理局 |
| 高目团队 | 张佳晶、徐文斌、黄巍、李赫 |

## 10× 比白更白

| 项目名称 | 22HOUSE |
| 项目位置 | 上海市嘉定区云翔拓展大型居住社区13A—02A地块 |
| 设计周期 | 2012—2018年 |
| 基地面积 | 32677平方米 |
| 建筑面积 | 111700平方米 |
| 住宅套数 | 1200套 |
| 高目团队 | 张佳晶、徐文斌、赵玉仕、黄晓天 |

| 项目名称 | 福临佳苑 |
| 项目位置 | 上海市嘉定区平城路955弄 |
| 设计周期 | 2015—2017年 |
| 基地面积 | 12854平方米 |
| 建筑面积 | 48671平方米 |
| 住宅套数 | 564套 |

| 业主单位 | 上海市嘉定区公共租赁住房运营有限公司 |
| 高目团队 | 张佳晶、徐文斌、赵玉仕、黄晓天 |
| 合作单位 | 上海江南建筑设计有限公司 / |
|  | 袁斌、王自力、龚华 |

| 项目名称 | 龙南佳苑 |
| 项目位置 | 上海市徐汇区龙水南路336弄 |
| 设计周期 | 2015—2018年 |
| 基地面积 | 48112平方米 |
| 建筑面积 | 146106平方米 |
| 住宅套数 | 2021套 |
| 业主单位 | 上海汇成公共租赁住房建设有限公司 |
| 高目团队 | 张佳晶、徐文斌、黄巍、徐聪、易博文、张启成 |
| 合作单位 | 上海中星志成建筑设计有限公司 / |
|  | 李婕、曹勇、张红革、黄庆 |

## 11 × 白的拼配

| 项目名称 | 临港双限房（馨雅铭苑） |
| 项目位置 | 上海市浦东新区南汇新城方竹路423弄 |
| 设计周期 | 2015—2020年 |
| 基地面积 | 89313平方米 |
| 建筑面积 | 260668平方米 |
| 住宅套数 | 1683套 |
| 业主单位 | 上海港城开发（集团）有限公司 |
| 代建单位 | 上海万科房地产有限公司 |
| 高目团队 | 张佳晶、徐文斌、符杰、易博文、张启成 |
| 合作单位 | 上海天华建筑设计公司 / |
|  | 陈炯、王晓雪、吴英玉、李振杰 |

| 项目名称 | 湖滨天地 |
| 项目位置 | 上海市浦东新区南汇新城云鹃路480弄 |
| 设计周期 | 2015—2021年 |
| 基地面积 | 22060平方米 |
| 建筑面积 | 65682平方米 |
| 业主单位 | 上海港城开发（集团）有限公司 |
| 高目团队 | 张佳晶、徐文斌、张启成、徐聪 |
| 合作单位 | 上海中星志成建筑设计有限公司 / |
|  | 李婕、俞舟涛 |

## 12 × 见贤思齐

| 项目名称 | 奉贤市民中心天幕 |
| 项目位置 | 上海市奉贤区百秀路399号 |
| 设计周期 | 2013—2016年 |
| 建筑面积 | 4213平方米 |
| 业主单位 | 上海奉贤南桥新城建设发展有限公司 |
| 高目团队 | 张佳晶、黄巍、徐文斌 |

| 项目名称 | 思贤小筑 |
| 项目位置 | 上海市奉贤区年丰公园内 |
| 设计周期 | 2016—2018年 |
| 建筑面积 | 525平方米 |

| 业主单位 | 上海奉贤南桥新城建设发展有限公司 |
| 高目团队 | 张佳晶、徐文斌、徐聪、易博文、庄元培 |

## 13 × 上海之鱼

| 项目名称 | 那年那天 |
| 项目位置 | 上海市奉贤区金海湖 |
| 设计周期 | 2020—2022年 |
| 基地面积 | 5271平方米 |
| 业主单位 | 上海奉贤新城建设发展有限公司 |
| 高目团队 | 张佳晶、徐文斌、张启成 |
| 合作单位 | 中船第九设计研究院工程有限公司 / 佟晓红 |

| 项目名称 | 鱼跃桥、雁荡桥、无尽桥 |
| 项目位置 | 上海市奉贤区金海湖 |
| 设计周期 | 2017—2021 |
| 业主单位 | 上海奉贤新城建设发展有限公司 |
| 高目团队 | 张佳晶、徐文斌、易博文、徐聪 |
| 合作单位 | 上海浦东建筑设计研究院有限公司 / 赵磊 |

## 14 × 垂髫几何

| 项目名称 | 成都金马湖幼儿园 |
| 项目位置 | 成都市金马镇滨河大道 |
| 设计周期 | 2017年 |
| 基地面积 | 3071平方米 |
| 建筑面积 | 1912平方米 |
| 业主单位 | 成都东原海纳置业有限公司 |
| 高目团队 | 张佳晶、徐文斌、徐聪、李赫 |

| 项目名称 | 苏州高铁新城幼儿园 |
| 项目位置 | 苏州市高铁新城相融路及观鱼街交叉口 |
| 设计周期 | 2019年 |
| 基地面积 | 16225平方米 |
| 建筑面积 | 18186平方米 |
| 业主单位 | 苏州市相城区人民政府北河泾街道办事处 |
| 高目团队 | 张佳晶、徐文斌、易博文、徐聪 |

| 项目名称 | 蚱蜢幼儿园 |
| 项目位置 | 上海市奉贤区奉城镇 |
| 设计周期 | 2022年 |
| 基地面积 | 6913平方米 |
| 建筑面积 | 10170平方米 |
| 高目团队 | 张佳晶、徐文斌、舒杨 |

## 15 × 北纬四十

| 项目名称 | 犬舍 |
| 项目位置 | 秦皇岛市阿那亚社区六期文创街区31号 |
| 设计周期 | 2018—2021年 |
| 基地面积 | 4800平方米 |

建筑面积　4682平方米
业主单位　秦皇岛阿那亚房地产开发有限公司
高目团队　张佳晶、徐文斌、张启成、徐聪
合作单位　北京中外建建筑设计有限公司 / 陈斌、赵荣

## 16×幺幺零零

项目名称　上海市长宁区华山路1100弄16号
设计周期　2010—2018年
高目团队　张佳晶、徐文斌、黄巍、束航

## 17×装置艺术

项目名称　2B、九段、蔓延、鞯园
项目位置　上海当代艺术馆（MOCA）、
　　　　　上海当代艺术博物馆（PSA）、
　　　　　深圳坪山美术馆、上海天原河滨花园、
设计周期　2012—2020年
高目团队　张佳晶、黄巍

## 18×在水一方

项目名称　西岸听风台、西岸小方
项目位置　上海市徐汇区西岸龙腾大道近丰谷路
设计周期　2020年
建筑面积　73平方米
业主单位　上海西岸开发（集团）有限公司
高目团队　张佳晶、黄巍、杜嘉宸、陈逸

## 19×耄耋南桥

项目名称　奉贤老年大学
项目位置　上海市奉贤区江海路350号
设计周期　2014—2018年
基地面积　14680平方米
建筑面积　39458平方米
业主单位　上海奉贤区民政局
高目团队　张佳晶、徐文斌、徐聪
合作单位　上海之景市政建设规划设计有限公司 /
　　　　　金晓、鞠雪峰

## 20×我爱云南

项目名称　丽江渔歌
项目位置　云南省丽江市玉湖村
设计周期　2007年

基地面积　2559平方米
建筑面积　1100平方米
高目团队　张佳晶、黄巍、郭振江、雷敏

项目名称　白沙小筑
项目位置　云南省丽江市白沙古镇
设计周期　2017年
建筑面积　32平方米
高目团队　张佳晶、李赫
合作单位　Atelier 8 / Jorge Gonzalez

## 21×洛书河图

项目名称　雾灵山泡池
项目位置　承德市兴隆县雾灵山
设计周期　2017—2021年
基地面积　835平方米
建筑面积　123平方米
业主单位　兴隆县顺兴旅游房地产开发有限公司
高目团队　张佳晶、徐文斌、黄巍、徐聪、舒扬、叶文仪

## 22×聊宅志异

项目名称　聊宅志异（House Chatting）
项目位置　上海市
设计周期　2002—2021年
高目团队　高目全体成员

项目名称　徐汇滨江人才公寓
项目位置　上海市徐汇区机场西路近丰谷路
设计周期　2012年至今
基地面积　19287平方米
建筑面积　49420平方米
住宅套数　516套
业主单位　上海汇誉建设投资发展有限公司
高目团队　张佳晶、徐文斌、黄巍、易博文、莫琛、
　　　　　张珂维、林扬
合作单位　上海新建建筑设计有限公司 /
　　　　　金明龙、翟雷、田晓培

项目名称　城开紫竹租赁住宅
项目位置　上海市闵行区龙吴路及东川路口
设计周期　2020年至今
基地面积　47383平方米
建筑面积　169776平方米
住宅套数　1778套
业主单位　上海城泷置业有限公司
高目团队　张佳晶、徐文斌、徐聪、舒扬、张启成、
　　　　　易博文、叶文仪、林扬
合作单位　上海中房建筑设计有限公司 / 孙蓉、王一鸣

## 23 × 致敬江南

项目名称　阳澄湖莲花岛渔隐酒店
项目位置　苏州市阳澄湖度假区西洋村
设计周期　2018年
基地面积　3593平方米
建筑面积　4081平方米
业主单位　苏州阳澄湖生态休闲旅游有限公司
高目团队　张佳晶、徐文斌、易博文、胡霄月、张艾

项目名称　冯梦龙村喜宜酒店
项目位置　苏州市相城区 冯梦龙村
设计周期　2018—2021年
基地面积　6767平方米
建筑面积　12416平方米
业主单位　苏州梦龙农业文化旅游发展有限公司
高目团队　张佳晶、徐文斌、徐聪、易博文
合作单位　苏州东吴建筑设计院有限责任公司 /
　　　　　许克明、许超

项目名称　章堰村农民集中居住平移点
项目位置　上海市青浦区重固镇山周公路姚章路口
设计周期　2021年至今
基地面积　15803平方米
建筑面积　11289平方米
住宅套数　56套
业主单位　重固镇章堰村民委员会
高目团队　张佳晶、徐文斌、黄巍
合作单位　上海浚源建筑设计有限公司 / 王志超

## 24 × 西岸以西

项目名称　目外工作室
项目位置　上海市徐汇区龙腾大道2555-17号
设计周期　2014—2022年
基地面积　434平方米
建筑面积　375平方米
高目团队　张佳晶、黄巍

## 25 × 圣阿法狗

St. AlphaGo
时间　　　2016—2019年
作者　　　张佳晶、郑慧瑾
思维导图　周榕

（由于篇幅有限，以上项目信息中所列仅包含主要参与单位及个人，在此鸣谢所有参与者。）

图书在版编目（CIP）数据

目之所及 / 张佳晶著. – 上海：东华大学出版社，2023.4
ISBN 978-7-5669-2203-8
Ⅰ.①目… Ⅱ.①张… Ⅲ.①建筑设计-作品集-中国-现代 Ⅳ.①TU206

中国国家版本馆CIP数据核字(2023)第055393号

# 目之所及

张佳晶 著

出品：群岛ARCHIPELAGO
联合出品：波莫什
平面设计：七月合作社
特邀编辑：群岛ARCHIPELAGO
责任编辑：高路路
版次：2023年4月第1版
印次：2023年4月第1次印刷
印刷：上海盛通时代印刷有限公司
开本：787mm×1092mm，1/16
印张：19.5
字数：487千字
ISBN：978-7-5669-2203-8
定价：238.00元
出版发行：东华大学出版社
地址：上海市延安西路1882号
邮政编码：200051
出版社网址：dhupress.dhu.edu.cn
天猫旗舰店：http://dhdx.tmall.com
营销中心：021-62193056 62373056 62379558
本书若有印装质量问题，请向本社发行部调换。
版权所有 侵权必究

群岛ARCHIPELAGO是专注于城市、建筑、设计领域的出版传媒平台,由群岛ARCHIPELAGO策划、出版的图书曾荣获德国DAM年度最佳建筑图书奖、政府出版奖、中国最美的书等众多奖项;曾受邀参加中日韩"书筑"展、纽约建筑书展(群岛ARCHIPELAGO策划、出版的三种图书入选为"过去35年中全球最重要的建筑专业出版物")等国际展览。

群岛ARCHIPELAGO包含出版、新媒体与群岛BOOKS书店。

archipelago.net.cn